JN092637

無線従事者養成課程用
標　準　教　科　書

第三級海上無線通信士

法　　規

一般財団法人

情報通信振興会

は じ め に

本書は、電波法第41条第２項第２号の規定に基づく無線従事者規則第21条第１項第10号の規定により告示された無線従事者養成課程用の標準教科書です。

1　本書は、第三級海上無線通信士用「法規」の教科書であって、総務省が定める無線従事者養成課程の実施要領に基づく授業科目、授業内容及び授業の程度により編集したものです。（平成５年郵政省告示第553号、最終改正令和５年３月22日）

2　本書には、巻末に資料として、用語の定義、無線従事者免許申請書や無線局免許状等の様式その他本文を補完する事項を収録し、履修上の理解を深める一助としてあります。

凡　例

この教科書の中では、電波関係法令の名称を次のように略記してあります。

電　波　法……………………………………………(法)
電波法施行令…………………………………………(施行令)
電波法関係手数料令…………………………………(手数料令)
電波法施行規則………………………………………(施行)
無線局免許手続規則…………………………………(免許)
無線設備規則…………………………………………(設備)
無線局運用規則………………………………………(運用)
無線従事者規則………………………………………(従事者)
無線機器型式検定規則………………………………(型検)
特定無線設備の技術基準適合証明等に関する規則(証明)
登録検査等事業者等規則……………………………(登録検査)
測定器等の較正に関する規則………………………(較正)
電気通信事業法………………………………………(事業法)
国際電気通信連合憲章………………………………(憲章)
国際電気通信連合条約………………………………(条約)
無線通信規則…………………………………………(　ＲＲ　)

目　次

第１章　電波法の目的

第２章　無線局の免許

第3章 無線設備

第４章　無線従事者

第５章　運用

第6章 業務書類

第7章 監督

第8章 罰則等

第9章 関係法令

第10章 国際法規

資料編

第1章

電波法の目的

1－1　電波法の目的

電波法は、第1条に「この法律は、電波の公平かつ能率的な利用を確保することによって、公共の福祉を増進することを目的とする。」と規定しており、この法律の目的を明らかにしている。

今日、電波は、産業、経済、文化をはじめ社会のあらゆる分野に広く利用され、その利用分野は、陸上、海上、航空、宇宙へと広がり、またその需要は多岐にわたっている。しかし、使用できる電波には限りがあり、また、電波は空間を共通の伝搬路としているので、無秩序に使用すれば相互に混信するおそれがある。

したがって、電波法は、無線局の免許を所定の規準によって適正に行うとともに、無線設備の性能（技術基準）やこれを操作する者（無線従事者）の知識、技能について基準を定め、また、無線局を運用するに当たっての原則や手続を定めて電波の公平かつ能率的な利用を確保することによって公共の福祉を増進することを目的としているものである。

電波の公平な利用とは、利用する者の社会的な地位、法人や団体の性格、規模等を問わず、すべて平等の立場で電波を利用するという趣旨であり、必ずしも早い者勝ちを意味するものではなく、社会公共の利益や利便に適合することが前提となる。また、電波の能率的な利用とは、電波を最も効果的に利用することを意味しており、これも社会全体の必要性からみて効果的であるということが前提となるものである。

メ　モ

1－2　電波法令の概要

電波法令は、電波を利用する社会において、その秩序を維持するための規範であって、上記のように電波の利用の基本ルールを定めているのが電波法である。電波の利用方法には様々な形態があり、その規律すべき事項が技術的事項を含め細部にわたることが多いので、電波法においては基本的事項が規定され、細目的事項は政令（内閣が制定する命令）や総務省令（総務大臣が制定する命令）で定められている。これらの法律、政令及び省令を合わせて電波法令と呼んでいる。なお、法律、政令及び省令は、実務的、細目的な事項を更に「告示」に委ねている。

第三級海上無線通信士の資格に関係のある電波法令の名称と主な規定事項の概要は、次のとおりである。（　）内は本書における略称である。

1　電波法（法）

電波の利用に関する基本法であり、無線局の免許制度、無線設備の技術基準、無線従事者制度、無線局の運用、業務書類、監督、罰則等について基本的事項を規定している。

2　政　令

(1)　電波法施行令（施行令）

無線従事者が操作を行うことができる無線設備の範囲（主任無線従事者が行うことができる無線設備の操作の監督の範囲を含む。）等を規定している。

(2)　電波法関係手数料令（手数料令）

無線局の免許申請及び検査、無線従事者の国家試験申請及び免許申請等の手数料の額、納付方法等を規定している。

3　省　令

(1)　電波法施行規則（施行）

電波法を施行するために必要な事項及び電波法がその規定を省令に委任した事項のうち、他の省令に入らない事項、２以上の省令に共通して適用される事項等を規定している。

(2)　無線局免許手続規則（免許）

無線局の免許、再免許、変更、廃止等の手続等を規定している。

(3)　無線局（基幹放送局を除く。）の開設の根本的基準（無線局根本基準）

無線局（基幹放送局を除く。）の免許に関する基本的方針を規定している。

(4)　特定無線局の開設の根本的基準（特定無線局根本基準）

包括免許に係る特定無線局の免許に関する基本的方針を規定している。

(5)　無線設備規則（設備）

電波の質等及び無線設備の技術的条件を規定している。

(6)　無線局運用規則（運用）

無線局を運用する場合の原則、通信方法等を規定している。

(7)　無線従事者規則（従事者）

無線従事者国家試験、養成課程、無線従事者の免許、船舶局無線従事者証明、主任無線従事者講習、指定講習機関、指定試験機関等に関する事項を規定している。

(8)　無線機器型式検定規則（型検）

型式検定を要する無線設備の機器の型式検定の合格の条件、申請手続等を規定している。

(9)　特定無線設備の技術基準適合証明等に関する規則（証明）

技術基準適合証明の対象となる特定無線設備の種別、適合証明及び工事設計の認証に関する審査のための技術条件、登録証明機関、承認証明機関等に関する事項を規定している。

(注)　特定無線設備：小規模な無線局に使用するための無線設備であって、本規則で規定するもの

⑽　登録検査等事業者等規則（登録検査）

登録検査等事業者及び登録外国点検事業者の登録手続並びに登録に係る無線設備等の検査及び点検の実施方法等を規定している。

⑾　測定器等の較正に関する規則（較正）

無線設備の点検に用いる測定器等の較正に関する手続等を規定している。

1－3　用語の定義

電波法令の解釈を明確にするために、電波法では、基本的用語について、次のとおり定義している（法2条）。

①　「電波」とは、300万メガヘルツ以下の周波数の電磁波をいう。

②　「無線電信」とは、電波を利用して、符号を送り、又は受けるための通信設備をいう。

③　「無線電話」とは、電波を利用して、音声その他の音響を送り、又は受けるための通信設備をいう。

④　「無線設備」とは、無線電信、無線電話その他電波を送り、又は受けるための電気的設備をいう。

⑤　「無線局」とは、無線設備及び無線設備の操作を行う者の総体をいう。ただし、受信のみを目的とするものを含まない。

⑥　「無線従事者」とは、無線設備の操作又はその監督を行う者であって、総務大臣の免許を受けたものをいう。

①から⑥までのほか、電波法の条文においても、その条文中の用語について定義している。また、関係政省令においても、その政省令において使用する用語について定義している。

第三級海上無線通信士の資格に関係するものは、資料1のとおりである。

1－4　総務大臣の権限の委任

1　電波法に規定する総務大臣の権限は、総務省令で定めるところにより、その一部が総合通信局長（沖縄総合通信事務所長を含む。以下同じ。）に委任されている（法104条の３、施行51条の15）。

例えば、次の権限は、所轄総合通信局長（注）に委任されている。

(1)　固定局、陸上局（海岸局、航空局、基地局等）、移動局（船舶局、航空機局、陸上移動局等）等に免許を与え、免許内容の変更等を許可すること。

(2)　無線局の定期検査及び臨時検査を実施すること。

(3)　無線従事者のうち特殊無線技士（９資格）並びに第三級及び第四級アマチュア無線技士の免許を与えること。

2　電波法令の規定により総務大臣に提出する書類は、所轄総合通信局長を経由して総務大臣に提出するものとし、電波法令の規定により総合通信局長に提出する書類は、所轄総合通信局長に提出するものとされている（施行52条）。

(注)　所轄総合通信局長とは、申請者の住所、無線設備の設置場所、無線局の常置場所、送信所の所在地等の場所を管轄する総合通信局長である（資料２参照）。

第2章

無線局の免許

無線局を自由に開設することは許されていない。すなわち、有限で希少な電波の使用を各人の自由に任せると、電波の利用社会に混乱が生じ、電波の公平かつ能率的な利用は確保できない。このため、電波法は、まず無線局の開設について規律している。この原則となるものは、無線局を開設しようとする者は、総務大臣の免許を受けなければならない（法4条）こと、また免許を受けた後においてもその免許内容のうちの重要な事項を変更しようとするときは、あらかじめ総務大臣の許可を受けなければならない（法17条）こと等である。

無線局の免許に関する規定は、直接的には免許人を拘束するものであるが、無線従事者は、電波利用の重要部門に携わって無線局を適切に管理し運用する使命を有するとともに、免許人に代わって必要な免許手続等を行う場合が多いので、これらの規定をよく理解しておくことが必要である。

2－1　無線局の開設

無線局を開設するためには、このあと述べるように種々の手続が必要である。この手続及び事務処理の流れをわかりやすくするため図示すると、次ページの流れ図のようになる。

メ モ

☆無線局の免許申請から運用開始まで☆

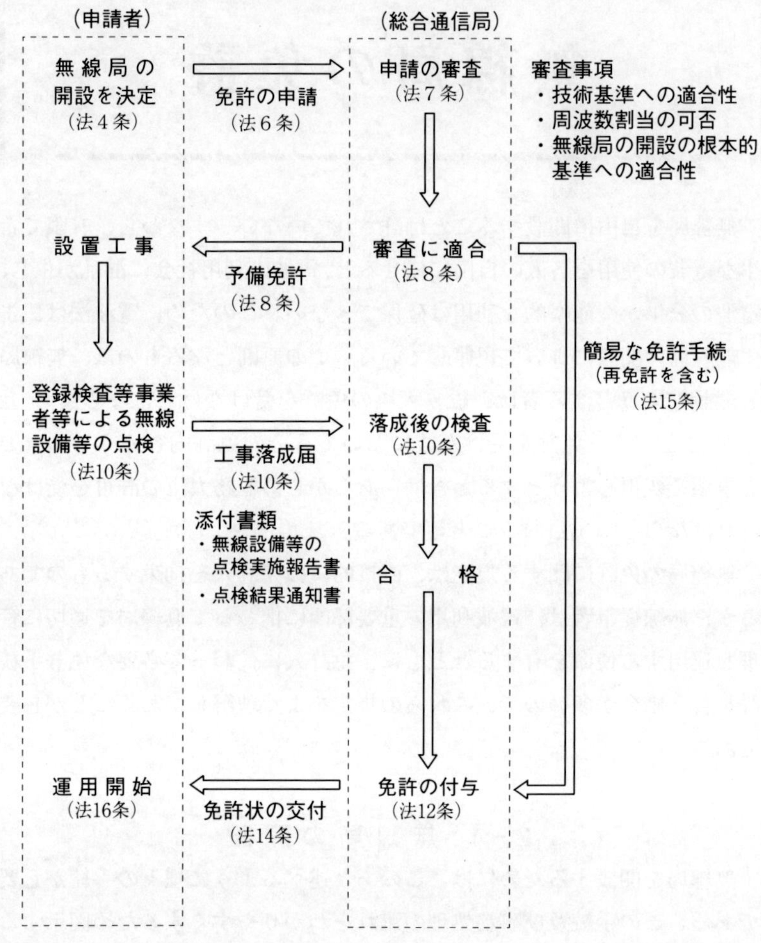

2－1－1　免許制度

無線局を開設しようとする者は、総務大臣の免許を受けなければならない。ただし、発射する電波が著しく微弱な無線局又は一定の条件に適合した無線設備を使用するもので、目的、利用等が特定された小電力の無線局及び登録局については、免許を要しない（法４条）。

【参考】　免許を要しない無線局

1　電波法第４条ただし書によるもの

(1)　発射する電波が著しく微弱な無線局で総務省令（施行６条１項）で定める次のもの

ア　当該無線局の無線設備から３メートルの距離において、その電界強度が、周波数帯の区分ごとに規定する値以下であるもの

イ　当該無線局の無線設備から500メートルの距離において、その電界強度が毎メートル200マイクロボルト以下のものであって、総務大臣が用途並びに電波の型式及び周波数を定めて告示するもの

ウ　標準電界発生器、ヘテロダイン周波数計その他の測定用小型発振器

(2)　26.9メガヘルツから27.2メガヘルツまでの周波数の電波を使用し、かつ、空中線電力が0.5ワット以下である無線局のうち総務省令（施行６条３項）で定めるものであって、電波法の規定により表示が付されている無線設備（「適合表示無線設備」という。）のみを使用するもの（市民ラジオの無線局）

(3)　空中線電力が１ワット以下である無線局のうち総務省令（施行６条４項）で定めるものであって、電波法第４条の３の規定により指定された呼出符号又は呼出名称を自動的に送信し、又は受信する機能その他総務省令で定める機能を有することにより他の無線局にその運用を阻害するような混信その他の妨害を与えないように運用することができるもので、かつ、適合表示無線設備のみを使用するもの

具体例を挙げれば、コードレス電話の無線局、特定小電力無線局、小電力セキュリティシステムの無線局、小電力データ通信システムの無線局、デジタルコードレス電話の無線局、ＰＨＳの陸上移動局、狭域通信システムの陸上移動局、５GHz帯無線アクセスシステムの陸上移動局又は携帯局、超広帯域無線システムの無線局などがある。

なお、特定小電力無線局（テレメーター、テレコントロール、データ伝送、医療用テレメーター、無線呼出し、ラジオマイク、移動体識別、ミリ波レーダー等）については、告示により用途、電波の型式及び周波数並びに空中線電力が定められている。

(4)　総務大臣の登録を受けて開設する無線局（登録局）

2　電波法第４条の２によるもの

(1)　本邦に入国する者が持ち込む無線設備（例：Wi-Fi端末等）が電波法

第３章に定める技術基準に相当する技術基準として総務大臣が告示で指定する技術基準に適合する等の条件を満たす場合は、当該無線設備を適合表示無線設備とみなし、入国の日から90日以内は無線局の免許を要しない（要旨）。

(2) 電波法第３章に定める技術基準に相当する技術基準として総務大臣が指定する技術基準に適合している無線設備を使用して実験等無線局（科学又は技術の発達のための実験、電波の利用の効率性に関する試験又は電波の利用の需要に関する調査に専用する無線局をいう。）（１の(3)の総務省令で定める無線局のうち、用途、周波数その他の条件に勘案して総務省令で定めるものに限る。）を開設しようとする者は、所定の事項を総務大臣に届け出ることができる。

この届出があったときは、当該実験等無線局に使用される無線設備は、適合表示無線設備でない場合であっても、当該届出の日から180日を超えない日又は当該実験等無線局を廃止した日のいずれか早い日までの間に限り、適合表示無線設備とみなし、無線局の免許を要しない（要旨）。

2－1－2　欠格事由

1　無線局の免許が与えられない者

次のいずれかに該当する者には、無線局の免許を与えない（法５条１項）。

(1) 日本の国籍を有しない人
(2) 外国政府又はその代表者
(3) 外国の法人又は団体
(4) 法人又は団体であって、(1)から(3)までに掲げる者がその代表者であるもの又はこれらの者がその役員の３分の１以上若しくは議決権の３分の１以上を占めるもの

2　欠格事由の例外

外国性排除のための欠格事由の例外として、次に掲げる無線局については、１の(1)から(4)までに掲げる者に対しても無線局の免許が与えられる（法５条２項）。

(1)　実験等無線局

(2)　アマチュア無線局（個人的な興味によって無線通信を行うために開設する無線局をいう。）

(3)　船舶の無線局（船舶に開設する無線局のうち、電気通信業務を行うことを目的とするもの以外のもの（実験等無線局及びアマチュア無線局を除く。）をいう。）

(4)　航空機の無線局（航空機に開設する無線局のうち、電気通信業務を行うことを目的とするもの以外のもの（実験等無線局及びアマチュア無線局を除く。）をいう。）

(5)　特定の固定地点間の無線通信を行う無線局（実験等無線局、アマチュア無線局、大使館、公使館又は領事館の公用に供するもの及び電気通信業務を行うことを目的とするものを除く。）

(6)　大使館、公使館又は領事館の公用に供する無線局（特定の固定地点間の無線通信を行うものに限る。）であって、その国内において日本国政府又はその代表者が同種の無線局を開設することを認める国の政府又はその代表者の開設するもの

(7)　自動車その他の陸上を移動するものに開設し、若しくは携帯して使用するために開設する無線局又はこれらの無線局若しくは携帯して使用するための受信設備と通信を行うために陸上に開設する移動しない無線局（電気通信業務を行うことを目的とするものを除く。）

(8)　電気通信業務を行うことを目的として開設する無線局

(9)　電気通信業務を行うことを目的とする無線局の無線設備を搭載する人工衛星の位置、姿勢等を制御することを目的として陸上に開設する無線局

3　無線局の免許が与えられないことがある者

(1)　次のいずれかに該当する者には、無線局の免許を与えないことができる（法５条３項）。

ア　電波法又は放送法に規定する罪を犯し罰金以上の刑に処せられ、その執行を終わり、又はその執行を受けることがなくなった日から２年を経過しない者

イ　無線局の免許の取消しを受け、その取消しの日から２年を経過しない者

ウ　認定開設者が特定基地局の開設計画に係る認定の取消しを受け、その取消しの日から２年を経過しない者

エ　無線局の登録の取消しを受け、その取消しの日から２年を経過しない者

(2)　特定基地局の開設計画の認定を受けた者であって、特定基地局の開設指針に定める納付期限までに、特定基地局開設料を納付していないものには、当該特定基地局開設料が納付されるまでの間、特定基地局の免許を与えないことができる（法５条６項）。

２－１－３　申請及びその審査

１　免許の申請

(1)　無線局の免許を受けようとする者は、無線局免許申請書に、次に掲げる事項を記載した書類（無線局事項書、工事設計書）を添えて、総務大臣に提出しなければならない（法６条１項抜粋）。

ア　目的（２以上の目的を有する無線局であって、その目的に主たるものと従たるものの区別がある場合にあっては、その主従の区別を含む。）

イ　開設を必要とする理由

ウ　通信の相手方及び通信事項

エ　無線設備の設置場所（船舶の無線局（人工衛星局の中継によってのみ無線通信を行うものを除く。(2)において同じ。）及び船舶地球局（船舶に開設する無線局であって、人工衛星局の中継によってのみ無線通信を行うもの（実験等無線局及びアマチュア無

線局を除く。）をいう。）の場合は、船舶名を記載する（免許別表２号３）。）

オ　電波の型式並びに希望する周波数の範囲及び空中線電力

カ　希望する運用許容時間（運用することができる時間をいう。）

キ　無線設備の工事設計及び工事落成の予定期日

ク　運用開始の予定期日

なお、免許の申請は、原則として、無線局の種別に従い、送信設備の設置場所ごとに行わなければならない（免許２条）。

(2)　船舶局（船舶の無線局のうち、無線設備が遭難自動通報設備又はレーダーのみのもの以外のものをいう。）の免許を受けようとする者は、(1)の書類に、(1)に掲げる事項のほか、次に掲げる事項を併せて記載しなければならない（法６条３項）。

ア　その船舶に関する次に掲げる事項

(ア)　所有者

(イ)　用途

(ウ)　総トン数

(エ)　航行区域

(オ)　主たる停泊港

(カ)　信号符字

(キ)　旅客船であるときは、旅客定員

(ク)　国際航海に従事する船舶であるときは、その旨

(ケ)　船舶安全法第４条第１項ただし書（９-２の２の(1)参照）の規定により無線電信又は無線電話の施設を免除された船舶であるときは、その旨

イ　電波法第35条の規定による措置をとらなければならない船舶局であるときは、そのとることとした措置

（注）電波法第35条については、３-９-３の３の(1)参照

ウ　船舶局、遭難自動通報局（携帯用位置指示無線標識のみを設置

するものを除く。）又は無線航行移動局の免許の申請をする場合において、申請者とその無線局の無線設備の設置場所となる船舶の所有者が異なるときは、申請者がその船舶を運行する者である事実を証する書面（用船契約書の写し等）を添付しなければならない（免許５条１項）。

(3) 船舶地球局（電気通信業務を行うことを目的とするものを除く。）の免許を受けようとする者は、(1)の書類に、(1)に掲げる事項のほか、その船舶に関する(2)のアの(ア)から(ク)までに掲げる事項を併せて記載しなければならない（法６条４項）。

(4) 免許申請書の様式は、無線局免許手続規則に規定されている（免許３条２項、別表１号）（資料３参照）。また、免許申請書に添付する無線局事項書及び工事設計書の様式は、無線局免許手続規則に無線局の種別ごとに規定されており、申請にはその無線局の種別に該当するものを使用する（免許４条、別表２号第１から別表２号の３第３）（資料４及び資料５参照）。

【参考】 電子申請等

電波利用における電子申請・届出システムのインターネット申請アプリケーションでは、無線局の免許申請・再免許申請・変更申請（届）・予備免許中の変更申請（届）・廃止届・特定無線局（携帯電話基地局等）に係る手続・無線局の登録申請・再登録申請等が行える。電波法令では、電波法施行規則第38条第７項、無線局免許手続規則第８条第２項等に電子申請等に係る規定がある。

２ 申請の審査

総務大臣は、免許の申請書を受理したときは、遅滞なくその申請が次の各号のいずれにも適合しているかどうかを審査しなければならない（法７条１項）。

(1) 工事設計が電波法第３章に定める技術基準に適合していること。

(2) 周波数の割当てが可能であること。

(3) 主たる目的及び従たる目的を有する無線局にあっては、その従たる目的の遂行がその主たる目的の遂行に支障を及ぼすおそれがないこと。

(4)　(1)から(3)までのほか、総務省令で定める無線局（基幹放送局を除く。）の開設の根本的基準に合致すること。

総務大臣は、申請の審査に際し、必要があると認めるときは、申請者に出頭又は資料の提出を求めることができる（法７条６項）。

２－１－４　予備免許

１　予備免許の付与

総務大臣は、２－１－３の２により審査した結果、その申請が各審査事項に適合していると認めるときは、申請者に対し、次に掲げる事項（これらの事項を「指定事項」という。）を指定して無線局の予備免許を与える（法８条１項）。

(1)　工事落成の期限

(2)　電波の型式及び周波数

(3)　呼出符号（標識符号を含む。）、呼出名称その他の総務省令で定める識別信号（以下「識別信号」という。）(注)

(4)　空中線電力

(5)　運用許容時間

(注)　総務省令で定める「識別信号」とは、次のものの総称でもある（施行６条の５）。

１　呼出符号（標識符号を含む。）

２　呼出名称

３　無線通信規則に規定する海上移動業務識別、船舶局選択呼出番号及び海岸局識別番号

２　予備免許中の変更

予備免許を受けた者が、予備免許に係る事項を変更しようとする場合の手続は、次のように規定されている。

(1) 工事落成期限の延長

総務大臣は、予備免許を受けた者から申請があった場合において、相当と認めるときは、工事落成の期限を延長することができる（法8条2項）。

(2) 工事設計の変更

予備免許を受けた者は、工事設計を変更しようとするときは、あらかじめ総務大臣の許可を受けなければならない。ただし、総務省令で定める工事設計の軽微な事項（施行10条1項、別表1号の3）については、この限りでない（法9条1項）。

ただし書の工事設計の軽微な事項について変更したときは、遅滞なくその旨を総務大臣に届け出なければならない（法9条2項）。

なお、この工事設計の変更は、周波数、電波の型式又は空中線電力に変更を来すものであってはならず、かつ、電波法に定める技術基準に合致するものでなければならない（法9条3項）。

(注) 周波数、電波の型式又は空中線電力に変更を来す場合は、(4)の指定事項の変更の手続が必要である。

(3) 通信の相手方等の変更

予備免許を受けた者は、無線局の目的、通信の相手方、通信事項、無線設備の設置場所を変更しようとするときは、あらかじめ総務大臣の許可を受けなければならない（法9条4項）。

(4) 指定事項の変更

総務大臣は、予備免許を受けた者が識別信号、電波の型式、周波数、空中線電力又は運用許容時間の指定の変更を申請した場合において、混信の除去その他特に必要があると認めるときは、その指定を変更することができる（法19条）。

(注) 電波の型式、周波数又は空中線電力の指定の変更を受けた場合には、(2)に示すところに従って、更に工事設計の変更の手続が必要である。

(5) 予備免許中の変更の申請書及び届出書の様式は、無線局免許手続規則に規定されている（免許12条２項別表４号）（資料７参照）。また、変更申請書又は変更届出書に添付する無線局事項書及び工事設計書の様式は、無線局免許手続規則に無線局の種別ごとに規定されており、申請又は届出にはその無線局の種別に該当するものを使用する（免許４条、12条、別表２号第１から別表２号の３第３）（資料４及び資料５参照）。

2－1－5　落成後の検査

1　予備免許を受けた者は、工事が落成したときは、その旨を総務大臣に届け出て（工事落成の届出書の提出）、その無線設備、無線従事者の資格（主任無線従事者の要件、船舶局無線従事者証明及び遭難通信責任者の要件を含む。）及び員数並びに時計及び書類（注）について検査を受けなければならない（法10条１項）。この検査を「落成後の検査」という。

（注）　この検査の対象になっている無線設備から書類までの事項を総称して「無線設備等」という（法10条１項）。

2　落成後の検査を受けようとする者が、当該検査を受けようとする無線設備等について総務大臣の登録を受けた者（登録検査等事業者又は登録外国点検事業者）が総務省令で定めるところにより行った点検の結果を記載した書類（無線設備等の点検実施報告書（資料31参照）に点検結果通知書（資料33参照）が添付されたもの（注））を添えて工事落成の届出書を提出した場合は、検査の一部が省略される（法10条２項、施行41条の６、免許13条）。

（注）　検査の一部が省略されるためには、適正なものであって、かつ、点検を実施した日から起算して３箇月以内に提出されたものでなければならない。

3　工事落成の届出書の様式は、無線局免許手続規則に規定されている（免許13条２項、別表３号の２）（資料６参照）。

4　検査の結果は、無線局検査結果通知書（資料28参照）により通知される（施行39条１項）。

【参考】 登録検査等事業者制度

登録検査等事業者制度は、無線局の検査に民間能力を活用するため、無線局の落成後の検査、変更検査及び定期検査（電波法第73条の検査）において、総務大臣の登録を受けた者（注）が行った無線設備等の検査又は点検の結果を活用することによって、検査の全部又は一部を省略することとする制度である。

（注） 総務大臣の登録を受けた者は、次の⑴又は⑵に掲げるものである。

⑴ 電波法第24条の２第１項の登録を受けた者（「登録検査等事業者」という。）（法24条の３）

⑵ 電波法第24条の13第１項の登録を受けた者（「登録外国点検事業者」という。）（法24条の13・２項）。

なお、登録検査等事業者及び登録外国点検事業者を「登録検査等事業者等」という（登録検査１条）。

1　検査の一部省略に係るもの

登録検査等事業者又は登録外国点検事業者が行った無線局（人の生命又は身体の安全の確保のためその適正な運用の確保が必要な無線局として総務省令で定めるもの（資料34参照）のうち、国が開設するものを除く。）の無線設備等の点検の結果を活用することによって、落成後の検査、変更検査又は定期検査の一部を省略することとする制度である（法10条２項、18条２項、73条４項、施行41条の６、登録検査19条）。

2　検査の省略に係るもの

登録検査等事業者が無線局（人の生命又は身体の安全の確保のためその適正な運用の確保が必要な無線局として総務省令で定めるもの（資料34参照）を除く。）の無線設備等の検査を行い、免許人から当該無線局の検査の結果が電波法令の規定に違反していない旨を記載した書類の提出があったときは、定期検査を省略することとする制度である（法73条３項、施行41条の５、登録検査15条）。

なお、登録検査等事業者等が検査又は点検を行う無線設備等に係る無線局の種別等については、当該登録検査等事業者等の業務実施方法書に記載するとともに、当該実施方法書に従って適切に検査又は点検を行うこととされている（登録検査２条、16条、19条）。

また、登録検査等事業者等は、総務大臣が備える登録検査等事業者登録簿又は登録外国点検事業者登録簿に登録され、登録証を有している（法24条の３、法24条の４、24条の13・２項）。

２－１－６　免許の付与又は拒否

１　免許の付与

(1)　総務大臣は、落成後の検査を行った結果、その無線設備が工事設計（変更があったときは、変更後のもの）に合致し、無線従事者の資格及び員数並びに時計及び書類がそれぞれ電波法令の規定に違反しないと認めるときは、遅滞なく申請者に対し免許を与えなければならない（法12条）。

(2)　適合表示無線設備のみを使用する無線局その他総務省令で定める無線局の免許については、総務省令で定める簡易な手続によることができることとされている（法15条）。次に掲げる無線局については、免許の申請を審査した結果、審査事項に適合しているときは、免許手続の簡略（予備免許から落成後の検査までの手続が省略される。これを「簡易な免許手続」という。）が適用されて免許が与えられる（免許15条の４、15条の５、15条の６）。

ア　適合表示無線設備のみを使用する無線局（宇宙無線通信を行う実験試験局を除く。）

イ　無線機器型式検定規則による型式検定に合格した無線設備の機器を使用する遭難自動通報局その他総務大臣が告示する無線局

ウ　特定実験試験局（総務大臣が公示する周波数、当該周波数の使用が可能な地域及び期間並びに空中線電力の範囲内で開設する実験試験局をいう（免許２条１項）。）

【参考】　無線局の免許の申請から免許の付与までの一般的な手続、順序の概略は、次のとおりである。

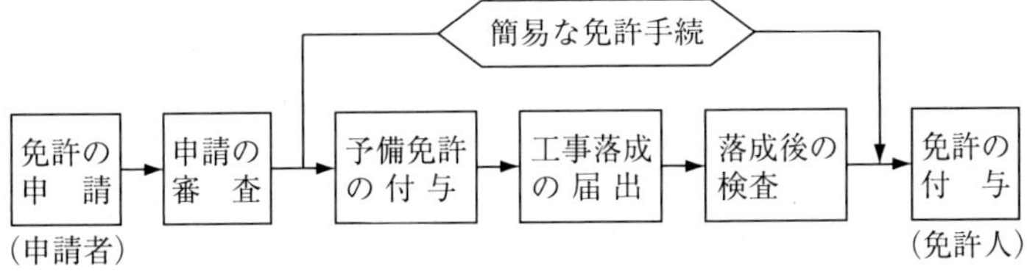

2　免許の拒否

指定された工事落成の期限（工事落成の期限の延長が認められたときは、その期限）経過後2週間以内に工事落成の届出がないときは、総務大臣は、その無線局の免許を拒否しなければならない（法11条）。

2－2　免許の有効期間

2－2－1　免許の有効期間

免許の有効期間は、電波が有限な資源であり、電波の利用に関する国際条約の改正や無線技術の進展、電波利用の増大等に対応して、電波の公平かつ能率的な利用を確保するため、一定期間ごとに周波数割当ての見直しを行うため設けられたものである。

1　免許の有効期間は、免許の日から起算して5年を超えない範囲内において総務省令で定める。ただし、再免許を妨げない（法13条1項）。

2　1の規定にかかわらず、船舶安全法第4条（同法第29条の7の規定に基づく政令において準用する場合を含む。）の船舶の船舶局（「義務船舶局」という。）及び航空法第60条の規定により無線設備を設置しなければならない航空機の航空機局（「義務航空機局」という。）の免許の有効期間は、無期限である（法13条2項）。

3　2以外の船舶局、無線航行移動局（船舶における無線設備がレーダーのみのもの又はレーダーと遭難自動通報設備のみのもの）、船舶地球局、海岸局、海岸地球局等の免許の有効期間は、5年である（施行7条）。

2－2－2　再免許

無線局の免許には、義務船舶局及び義務航空機局（これらの無線局の免許の有効期間は、無期限である。）を除いて免許の有効期間が定められており、その免許の効力は、有効期間が満了すると同時に失効することになる。このため、免許の有効期間満了後も継続して無線局を開設す

【参考】

義　務　船　舶　局　の　範　囲

○印の欄の船舶の船舶局→義務船舶局を示す。
×印の欄の船舶→船舶安全法施行規則第２条、第４条、第４条の２で無線電信等の施設を免除、適用除外

<table>
<tr><th rowspan="2">船舶の区分</th><th rowspan="2">船舶の長さ</th><th colspan="5">航　行　区　域</th></tr>
<tr><th>①平水</th><th>②限定沿海</th><th>③沿海（②を除く。）</th><th>近海</th><th>遠洋</th></tr>
<tr><td>① 旅客船</td><td>—</td><td>○</td><td>○</td><td>○</td><td>○</td><td>○</td></tr>
<tr><td rowspan="2">② ①③④⑤以外の船舶（貨物船）</td><td>12m以上</td><td>×</td><td>×</td><td>○</td><td>○</td><td>○</td></tr>
<tr><td>12m未満</td><td>×</td><td>×</td><td>×</td><td>○</td><td>○</td></tr>
<tr><td colspan="7">③ 総トン数20トン未満の小型兼用船</td></tr>
<tr><td rowspan="2">専ら漁労に従事する場合</td><td colspan="2">本邦100海里以内で漁労に従事</td><td colspan="2">本邦100海里超で漁労に従事</td><td colspan="2" rowspan="2"></td></tr>
<tr><td colspan="2">×</td><td colspan="2">○</td></tr>
<tr><td rowspan="3">漁労以外に従事する場合</td><td></td><td></td><td>②限定沿海</td><td colspan="2">③沿海（②を除く。）</td><td></td></tr>
<tr><td>12m以上</td><td></td><td>×</td><td>○</td><td>○</td><td>○</td></tr>
<tr><td>12m未満</td><td></td><td>×</td><td>×</td><td>○</td><td>○</td></tr>
<tr><td>漁船</td><td colspan="2">本邦100海里以内で漁労に従事</td><td colspan="2">本邦100海里超で漁労に従事</td><td colspan="2"></td></tr>
<tr><td>④ 総トン数20トン以上の漁船</td><td colspan="2">○</td><td colspan="2">○</td><td colspan="2"></td></tr>
<tr><td>⑤ 総トン数20トン未満の漁船</td><td colspan="2">×</td><td colspan="2">○</td><td colspan="2"></td></tr>
</table>

（船舶安全法第４条、同法第32条の２の船舶の範囲を定める政令）

るためには、再免許の手続を行い新たな免許を受ける必要がある。

再免許とは、無線局の免許の有効期間の満了と同時に、旧免許内容を存続し、そのまま新免許に移しかえるという新たに形成する処分（免許）である。

1　再免許の申請

(1)　再免許を申請しようとするときは、所定の事項を記載した申請書を総務大臣又は総合通信局長に提出して行わなければならない（免許16条１項）。

(2)　再免許申請書の様式は、無線局免許手続規則に規定されている

（免許16条２項、別表１号）（資料３参照）。また、再免許申請書に添付する無線局事項書及び工事設計書の様式は、無線局免許手続規則に無線局の種別ごとに規定されており、申請にはその無線局の種別に該当するものを使用する（免許４条、16条の２、別表２号第１から別表２号の３第３）（資料４及び資料５参照）。

2　申請の期間

⑴　再免許の申請は、アマチュア局及び特定実験試験局である場合を除き、免許の有効期間満了前３箇月以上６箇月を超えない期間において行わなければならない。ただし、免許の有効期間が1年以内である無線局については、その有効期間満了前１箇月までに行うことができる（免許18条１項）。

⑵　⑴の規定にかかわらず、再免許の申請が総務大臣が別に告示する無線局（船舶局、遭難自動通報局等）に関するものであって、その申請を電子申請等により行う場合にあっては、免許の有効期間満了前１箇月以上６箇月を超えない期間に行うことができる（免許18条２項）。

⑶　⑴及び⑵の規定にかかわらず、免許の有効期間満了前１箇月以内に免許を与えられた無線局は、免許を受けた後直ちに再免許の申請を行わなければならない（免許18条３項）。

【参考】

１　簡易な免許手続

再免許は、新旧の免許内容の同一性が前提となっているので（周波数の指定の変更を行う等の例外がある）、免許の継続と考えられることから、その免許手続は、簡易なものとなっている（法15条、免許15条から20条）。

２　再免許の申請の審査及び免許の付与

総務大臣又は総合通信局長は、電波法第７条の規定により再免許の申請を審査した結果、その申請が審査事項に適合していると認めるときは、簡易な免許手続を適用し、申請者に対し、次に掲げる事項を指定して、無線局の免許を与える（免許19条）。

(1)　電波の型式及び周波数
(2)　識別信号
(3)　空中線電力
(4)　運用許容時間

2－3　免許状記載事項及びその変更等

2－3－1　免許状記載事項

1　免許状の交付

総務大臣は、免許を与えたときは、免許状（資料８参照）を交付する（法14条１項）。

【参考】

免許状は、総務大臣が適法に免許を与えた合法局であるということを対外的に証明する書類である。

2　免許状記載事項

免許状には、次に掲げる事項が記載される（法14条２項）。

(1)　免許の年月日及び免許の番号
(2)　免許人（無線局の免許を受けた者をいう。）の氏名又は名称及び住所
(3)　無線局の種別
(4)　無線局の目的（主たる目的及び従たる目的を有する無線局については、その主従の区別を含む。）
(5)　通信の相手方及び通信事項
(6)　無線設備の設置場所
(7)　免許の有効期間
(8)　識別信号（呼出名称等）
(9)　電波の型式及び周波数
(10)　空中線電力
(11)　運用許容時間

2－3－2　指定事項又は無線設備の設置場所の変更等

1　指定事項の変更

総務大臣は、免許人が識別信号（呼出名称等）、電波の型式、周波数、空中線電力又は運用許容時間の指定の変更を申請した場合において、混信の除去その他特に必要があると認めるときは、その指定を変更することができる（法19条）。

なお、電波の型式、周波数又は空中線電力の指定の変更は、電波法第17条の無線設備の変更の工事を伴うので、無線設備の変更の工事の手続が必要である。

2　無線設備の設置場所等の変更

⑴　免許人は、免許状に記載された次の事項を変更し、又は無線設備の変更の工事をしようとするときは、あらかじめ総務大臣の許可を受けなければならない。ただし、⑵に掲げる事項を内容とする無線局の目的の変更は、これを行うことができない（法17条1項）。

ア　無線局の目的　イ　通信の相手方　ウ　通信事項

エ　無線設備の設置場所

⑵　目的の変更を行うことができない事項

ア　基幹放送局以外の無線局が基幹放送を行うこととすること。

イ　基幹放送局が基幹放送をしないこととすること。

⑶　無線設備の変更の工事が総務省令で定める軽微な変更（軽微な事項）に該当するときは、あらかじめ許可を受けなくともよいが、変更又は変更の工事をした後、遅滞なく、その旨を総務大臣に届け出なければならない（法17条2項、3項、9条2項）。

⑷　無線設備の変更の工事は、周波数、電波の型式又は空中線電力に変更を来すものであってはならず、かつ、電波法に定める技術基準に合致するものでなければならない（9条3項）。

なお、無線設備の変更の工事に伴って、周波数、電波の型式又は空中線電力が変わる場合は、指定事項の変更の手続が必要である

（法17条３項）。

3　変更申請書等の様式

無線局の変更申請書又は変更届出書の様式は、無線局免許手続規則に規定されている（免許12条２項、25条１項、別表４号）（資料７参照）。また、変更申請書又は変更届出書に添付する無線局事項書及び工事設計書の様式は、無線局免許手続規則に無線局の種別ごとに規定されており、申請又は届出にはその無線局の種別に該当するものを使用する（免許４条、12条、25条、別表２号第１から別表２号の３第３）（資料４及び資料５参照）。

【参考】　周波数等の変更の命令

周波数等の指定の変更又は無線設備の設置場所の変更は、免許人の申請に基づいて行うほか、総務大臣は、電波の規整その他公益上必要があるときは、その無線局の目的の遂行に支障を及ぼさない範囲内に限り、当該無線局（登録局を除く。）の周波数若しくは空中線電力の指定を変更し、又は登録局の周波数若しくは空中線電力若しくは人工衛星局の無線設備の設置場所の変更を命ずることができるとされている（法71条１項）。

4　記載事項の変更の届出

(1)　船舶局又は船舶地球局（電気通信業務を行うことを目的とするものを除く。）の免許人は、その無線局の免許申請書の添付書類に記載したその船舶に関する電波法第６条第３項又は第４項に規定する事項に変更があったときは、速やかにその旨を文書によって、総合通信局長に届け出なければならない（施行43条１項）。

(2)　遭難自動通報局（携帯用位置指示無線標識のみを設置するものを除く。）、無線航行移動局又は船舶地球局（電気通信業務を行うことを目的とするものに限る。）の免許人は、その無線局の無線設備の設置場所である船舶の所有者又は主たる停泊港に変更があったときは速やかにその旨を文書によって、総合通信局長に届け出なければならない（施行43条２項）。

2－3－3　変更検査

1　2－3－2の2により無線設備の設置場所の変更又は無線設備の変更の工事の許可を受けた免許人は、総務大臣の検査（「変更検査」という。）を受け、その変更又は工事の結果が許可の内容に適合していると認められた後でなければ、許可に係る無線設備を運用してはならない。ただし、総務省令（施行10条の4、別表2号）で定める場合は、変更検査を受けることを要しない（法18条1項）。

2　変更検査を受けようとする者が、当該検査を受けようとする無線設備について登録検査等事業者又は登録外国点検事業者が、総務省令で定めるところにより行った点検の結果を記載した書類（無線設備等の点検実施報告書（資料31参照）に点検結果通知書（資料33参照）が添付されたもの（注））を無線設備の設置場所変更又は変更工事完了の届出書に添えて提出した場合は、検査の一部が省略される（法18条2項、施行41条の6、免許25条6項）。

（注）　検査の一部が省略されるためには、無線設備等の点検実施報告書が適正なものであって、かつ、点検を実施した日から起算して3箇月以内に提出されたものでなければならない。

3　無線設備の設置場所変更又は変更工事完了の届出書の様式は、無線局免許手続規則に規定されている（免許25条5項、別表3号の2）（資料6参照）。

4　検査の結果は、無線局検査結果通知書（資料28参照）により通知される（施行39条1項）。

2－4　免許の承継

無線局の免許は、免許人としての人格が変われば、原則として、その効力は消滅すると考えられるが、特に行政上及び社会経済活動上の便宜から免許人が変わっても、引き続き免許人の地位の承継が認められる場合がある。電波法上この承継が認められるのは、次に掲げる相続、法人の合併又は分割、事業の全部譲渡及び船舶や航空機の運行者の変更の場合である。

1　免許人について相続があったときは、その相続人は、免許人の地位を承継する（法20条１項）。

2　免許人が無線局をその用に供する事業の全部の譲渡をしたときは、譲受人は、総務大臣の許可を受けて免許人の地位を承継することができる（法20条３項）。

3　電波法第５条（欠格事由）及び第７条（申請の審査）の規定は、２の許可に準用する（法20条６項）。

4　船舶局若しくは船舶地球局（電気通信業務を行うことを目的とするものを除く。）のある船舶又は無線設備が遭難自動通報設備若しくはレーダーのみの無線局のある船舶について、船舶の所有権の移転その他の理由により船舶を運行する者に変更があったときは、変更後船舶を運行する者は、免許人の地位を承継する（法20条７項）。

5　１及び４の規定により免許人の地位を承継した者は、遅滞なく、その事実を証する書面（注）を添えてその旨を総務大臣に届け出なければならない（法20条９項）。

（注）　船舶国籍証書の写し
　　　漁船登録票の写し
　　　売買契約書又は用船契約書の写し　等

6　１から５までの規定は、２－１－４の１の予備免許を受けた者に準用する（法20条10項）。

2－5　免許の特例等

2－5－1　外国において取得した船舶又は航空機の無線局の免許の特例

1　船舶の無線局又は航空機の無線局であって、外国において取得した船舶又は航空機に開設するものについては、総務大臣は、電波法第６

条から第14条（免許の申請から免許状の交付）までの規定によらないで免許を与えることができる（法27条１項）。

２　１の規定による免許は、その船舶又は航空機が日本国内の目的地に到着した時に、その効力を失う（法27条２項）。

３　外国において取得した船舶又は航空機に開設する無線局の免許を受けようとする者は、無線局免許手続規則別表第１号の申請書（資料３参照）に船舶局にあっては同規則別表第２号第３の、航空機局にあっては同規則別表第２号第４の無線局事項書を添えて、総合通信局長に提出しなければならない（免許31条の２・１項）。

４　総合通信局長は、３の申請があった場合において、その申請が適当と認めるときは、申請者に対し免許を与える（免許31条の２・２項）。

５　２の規定により免許の効力が失われた場合に、免許人が新たな免許状の交付を受けたときは、遅滞なく旧免許状を返さなければならない（免許31条の２・３項）。

２－５－２　特定無線局の免許の特例

無線局を開設しようとする場合は、原則として、無線局ごとに免許の申請を行うこととされているが、特例として、特定無線局を２以上開設しようとする者は、その特定無線局が目的、通信の相手方、電波の型式及び周波数並びに無線設備の規格を同じくするものである限りにおいて、個々の無線局ごとに免許を申請することなく、複数の特定無線局を包括して対象とする免許を申請することができる（法27条の２）。

【参考】

1　特定無線局に係る包括免許制度は、 平成９年５月の電波法の一部改正によって導入された免許制度である（平成９年10月１日施行）。同一タイプの複数の無線局を包括して免許する（「包括免許」という。）ことにより、免許制度の合理化を図ることとされたものである。免許申請手数料も大幅に軽減される。

2　特定無線局とは、次の⑴又は⑵のいずれかに該当する無線局であって、適合表示無線設備（小規模な無線局に使用される総務省令で定める無線設備であって、技術基準に適合しているものであることの表示が付されたもの）のみを使用するものをいう（法27条の２）。

⑴　移動する無線局であって、通信の相手方である無線局からの電波を受けることによって自動的に選択される周波数の電波のみを発射するもののうち、総務省令（施行15条の２・１項）で定める無線局

具体的な例としては、携帯電話用の端末の無線局（陸上移動局）がある。

⑵　電気通信業務を行うことを目的として陸上に開設する移動しない無線局であって、移動する無線局を通信の相手方とするもののうち、無線設備の設置場所、空中線電力等を勘案して総務省令(施行15条の２・２項)で定める次の無線局

ア　広範囲の地域において同一の者により開設される無線局に専ら使用させることを目的として総務大臣が別に告示する周波数の電波のみを使用する基地局（イに掲げるものを除く。）

具体的な例としては、電気通信業務用の基地局（携帯電話用の基地局）がある。

イ　屋内その他他の無線局の運用を阻害するような混信その他の妨害を与えるおそれがない場所に設置する基地局

具体的な例としては、電気通信業務用の基地局のうち、屋内に設置される小規模なもの（フェムトセル基地局）がある。

ウ　広範囲の地域において同一の者により開設される無線局に専ら使用させることを目的として総務大臣が別に告示する周波数の電波のみを使用する陸上移動中継局

具体的な例としては、携帯電話等の不感地帯対策用の陸上移動中継局がある。

2－6　無線局の廃止

免許人は、その無線局を廃止するときは、その旨を総務大臣に届け出なければならない（法22条）。

免許人が無線局を廃止したときは、免許は、その効力を失う（法23条）。

2－6－1　廃止届

1　無線局の廃止の届出は、その無線局を廃止する前に、次に掲げる事項を記載した届出書を総務大臣又は総合通信局長に提出して行うもの

とする（免許24条の３・１項）。

⑴　免許人の氏名又は名称及び住所並びに法人にあっては、その代表者の氏名

⑵　無線局の種別及び局数

⑶　識別信号（包括免許の特定無線局を除く。）

⑷　免許の番号又は包括免許の番号

⑸　廃止する年月日

【参考】

災害等により運用が困難となった無線局に係る廃止の届出は、当該無線局の廃止後遅滞なく、当該災害により無線局の運用が困難となった日に廃止した旨及びその理由並びに上記⑴から⑸に掲げる事項を記載した届出書を提出して行うことができる。その場合、⑸については、廃止した年月日を記載することとなる。

2　無線局の廃止の届出書の様式は、無線局免許手続規則に規定されている（免許24条の３・２項、別表７号）（資料11参照）。

2－6－2　電波の発射の防止

1　無線局の免許等（注１）がその効力を失ったときは、免許人等（注２）であった者は、遅滞なく空中線の撤去その他の総務省令で定める電波の発射を防止するための措置をとらなければならない（法78条）。

（注１）　免許等とは、無線局の免許又は電波法第27条の18第１項の登録をいう（法25条１項）。

（注２）　免許人等とは、免許人又は登録人をいう（法６条１項）。

2　総務省令で定める電波の発射を防止するために必要な措置は、次の表のとおりである（施行42条の４）。

無　線　設　備	必　要　な　措　置
1　携帯用位置指示無線標識、衛星非常用位置指示無線標識、捜索救助用レーダートランスポンダ、捜索救助用位置指示送信装置、無線設備規則第45条の３の５に規定する無線設備(注１)、航空機用救命無線機及び航空機用携帯無線機	電池を取り外すこと。
2　固定局、基幹放送局及び地上一般放送局の無線設備	空中線を撤去すること（空中線を撤去することが困難な場合にあっては、送信機、給電線又は電源設備を撤去すること。）。
3　人工衛星局その他の宇宙局（宇宙物体に開設する実験試験局を含む。）の無線設備	当該無線設備に対する遠隔指令の送信ができないよう措置を講じること。
4　特定無線局（電波法第27条の２第１号に掲げる無線局に係るものに限る。）の無線設備	空中線を撤去すること又は当該特定無線局の通信の相手方である無線局の無線設備から当該通信に係る空中線若しくは変調部を撤去すること。
5　電波法第４条の２第２項の届出(注２)に係る無線設備	無線設備を回収し、かつ、当該無線設備が電波法第４条の規定に違反して開設されることがないよう管理すること。
6　その他の無線設備	空中線を撤去すること。

（注１）航海情報記録装置又は簡易型航海情報記録装置を備える衛星位置指示無線標識
（注２）２－１－１【参考】の２の(2)参照

２－６－３　免許状の返納

免許がその効力を失ったときは、免許人であった者は、１箇月以内にその免許状を返納しなければならない（法24条）。

（注）　２−６−１の【参考】における災害等により廃止した無線局に係る免許状は、当該無線局が廃止された日から一月以内に返納されたものとみなす（免許24条の３・３項）。

第3章 無線設備

無線設備とは、「無線電信、無線電話その他電波を送り、又は受けるための電気的設備」をいう（法２条４号）。また、無線設備は、無線設備の操作を行う者とともに、無線局を構成する重要な物的要素である。

無線設備を電波の送信・受信の機能によって分類すれば、次のようになる。

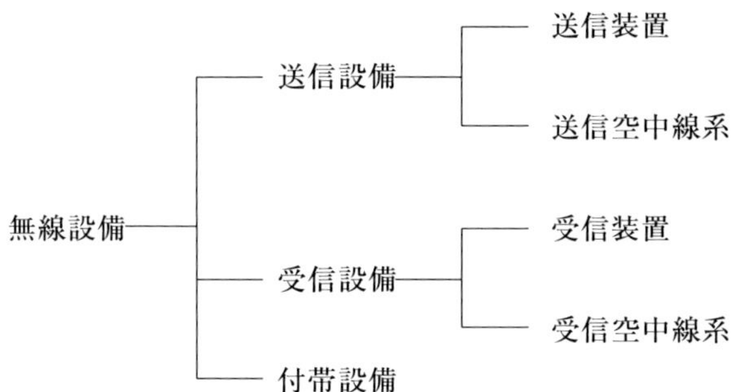

無線設備の良否は、電波の能率的な利用に大きな影響を及ぼすものである。このため、電波法令では、無線設備に対して詳細な技術基準を設けている。

無線局の無線設備は、常に技術基準に適合していなければならないので、無線従事者は、無線設備の適切な保守管理を行うことによって、その機能の維持を図ることが必要である。

3－1 電波の質

電波法では、「送信設備に使用する電波の周波数の偏差及び幅、高調

メ モ

波の強度等電波の質は、総務省令（設備５条から７条）で定めるところに適合するものでなければならない。」と規定している（法28条）。

３－１－１　周波数の偏差

無線局に指定された電波の周波数と実際に空中線から発射される電波の周波数は、一致することが望ましいが、常に完全に一致するように保つことは技術的に困難である。このため、空中線から発射される電波の周波数について一定限度の偏差、すなわち、ある程度までのずれを認め、このずれの範囲内のものであればよいとされている。これが周波数の許容偏差であり、百万分率又はヘルツで表される（施行２条）（資料１参照）。

周波数の許容偏差は、周波数帯及び無線局の種別ごとに規定されている（設備５条、別表１号）（資料12参照）。

３－１－２　周波数の幅

情報を送るための電波は、搬送波の上下の側波帯となって発射されるので、側波帯を含めた全発射の幅が必要であり、この幅を占有周波数帯幅という（施行２条）（資料１参照）。

電波を能率的に使用し、かつ、他の無線局の無線通信に混信等の妨害を与えないようにするためには、この周波数帯幅を必要最小限に止めることが望ましい。発射電波に許容される占有周波数帯幅の許容値は、電波の型式、周波数帯、無線局の種別等に応じ無線設備ごとに規定されている（設備６条、別表２号）（資料13参照）。

３－１－３　高調波の強度等

送信機で作られ空中線から発射される電波には、搬送波（無変調）のみの発射又は所要の情報を送るために変調された電波の発射のほかに、不必要な高調波発射、低調波発射、寄生発射等の不要発射が同時に発射される。この不要発射は、他の無線局の電波に混信等の妨害を与えることとなるので、一定のレベル以下に抑えることが必要である。無線設備規則では、周波数帯別に、又は無線局の種別等に応じた無線設備ごとに、帯域外領域におけるスプリアス発射の強度の許容値及びスプリアス領域における不要発射の強度の許容値が規定されている（設備７条、別表３号）（資料14参照）。

３－２　電波の型式の表示等

３－２－１　電波の型式の表示方法

１　電波の型式とは、発射される電波がどのような変調方法で、どのような内容の情報を有しているかなどを記号で表示することであり、次のように分類し、一定の３文字の記号を組み合わせて表記される（施行４条の２）（資料16参照）。

(1)　主搬送波の変調の型式（無変調、振幅変調、角度変調、パルス変調等の別、両側波帯、単側波帯等の別、周波数変調、位相変調等の別等）

(2)　主搬送波を変調する信号の性質（変調信号のないもの、アナログ信号、デジタル信号等の別）

(3)　伝送情報の型式（無情報、電信、ファクシミリ、データ伝送、遠隔測定又は遠隔指令、電話、テレビジョン又はこれらの型式の組合せの別）

２　電波の型式の例を示すと次のとおりである。

(1)　アナログ信号の単一チャネルを使用する電話の電波の型式の例

Ａ３Ｅ　　振幅変調で両側波帯を使用する電話

Ｊ３Ｅ　　振幅変調で抑圧搬送波の単側波帯を使用する電話

Ｆ３Ｅ　　周波数変調の電話

Ｈ３Ｅ　　振幅変調で全搬送波の単側波帯を使用する電話

(2)　デジタル信号の単一チャネルを使用し変調のための副搬送波を使用しないものの電波の型式の例

Ｇ１Ｂ　位相変調をした電信で自動受信を目的とするもの

（使用例　衛星非常用位置指示無線標識）

Ｇ１Ｄ　位相変調をしたデータ伝送

（使用例　インマルサット）

Ｇ１Ｅ　位相変調をした電話

（使用例　インマルサット）

Ｇ１Ｗ　位相変調の電信、電話、データ伝送等を組み合わせたもの

（使用例　インマルサット）

Ｆ１Ｂ　周波数変調の電信で自動受信を目的とするもの

（使用例　ナブテックス放送、デジタル選択呼出し、狭帯域直接印刷電信）

Ｆ１Ｄ　周波数変調をしたデータ伝送

（使用例　船舶自動識別装置、捜索救助用位置指示送信装置）

(3)　デジタル信号の単一チャネルを使用し変調のための副搬送波を使用するものの電波の型式の例

Ｆ２Ｂ　周波数変調の電信で自動受信を目的とするもの

（使用例　デジタル選択呼出し（VHF））

(4)　レーダーの電波の型式の例

Ｐ０Ｎ　パルス変調で情報を送るための変調信号のない無情報の伝送

3－2－2　周波数の表示方法

1　電波の周波数は、次のように表示される。ただし、周波数の使用上特に必要がある場合は、この表示方法によらないことができる（施行４条の３・１項）。

3,000kHz以下のもの　「kHz」（キロヘルツ）

3,000kHzを超え3,000MHz以下のもの　「MHz」（メガヘルツ）

3,000MHzを超え3,000GHz以下のもの　「GHz」（ギガヘルツ）

2　電波のスペクトルは、その周波数の範囲に応じ、次の表に掲げるように９つの周波数帯に区分されている（施行４条の３・２項）。

周波数帯の周波数の範囲	周波数帯の番号	周波数帯の略称	メートルによる区分	波長（参考）
3kHzを超え30kHz以下	4	ＶＬＦ	ミリアメートル波	10km以上
30kHzを超え300kHz以下	5	ＬＦ	キロメートル波	10km～1km
300kHzを超え3,000kHz以下	6	ＭＦ	ヘクトメートル波	1km～100m
3MHzを超え30MHz以下	7	ＨＦ	デカメートル波	100m～10m
30MHzを超え300MHz以下	8	ＶＨＦ	メートル波	10m～1m
300MHzを超え3,000MHz以下	9	ＵＨＦ	デシメートル波	1m～10cm
3GHzを超え30GHz以下	10	ＳＨＦ	センチメートル波	10cm～1cm
30GHzを超え300GHz以下	11	ＥＨＦ	ミリメートル波	1cm～1mm
300GHzを超え3,000GHz（又は３THz）以下	12		デシミリメートル波	1mm～0.1mm

（注）THz ＝テラヘルツ

【参考】

1　海上移動業務又は海上無線航行業務において、Ｈ２Ａ電波、Ｈ２Ｂ電波、Ｈ２Ｄ電波、Ｈ３Ｅ電波、Ｊ２Ｃ電波、Ｊ３Ｃ電波、Ｊ３Ｅ電波又はＲ３Ｅ電波を使用する場合は、その搬送周波数をもって、当該電波を示す周波数とする（施行４条の３の２）。

2　無線局運用規則では、中波帯、中短波帯及び短波帯を次のように区分している（運用２条）。

(1)　中波帯：285 kHzから535 kHzまでの周波数帯

(2)　中短波帯：1,606.5 kHzから4,000 kHzまでの周波数帯

(3)　短波帯：4,000 kHzから26,175 kHzまでの周波数帯

3－2－3　空中線電力の許容偏差

実際に電波を発射する場合の送信設備の空中線電力を無線局に指定されたものと一致するように保つことは困難であるので、ある程度までのずれ（偏差）が認められる。その許容偏差は、総務省令（設備14条）で無

線局の送信設備別に上限と下限（パーセント）が規定されている（資料15参照）。

3－3　送信装置

3－3－1　具備すべき電波

船舶局は、その区別、使用する無線設備ごとに、送信及び受信できなければならない電波の型式及び周波数が規定されている。

1　デジタル選択呼出装置により通信を行う船舶局は、当該船舶局の区別に従い、次の表に掲げる電波を送り、及び受けることができるものでなければならない（施行12条１項）。

船舶局の区別	具備すべき電波	
	送る電波の型式及び周波数	受ける電波の型式及び周波数
1,606.5kHzを超え3,900kHz以下の周波数帯の電波を送信に使用するもの	Ｆ１Ｂ電波2,177kHz及び2,187.5kHz並びに総合通信局長が指示する電波	Ｆ１Ｂ電波2,177kHz及び2,187.5kHz並びに総合通信局長が指示する電波
4MHzを超え26.175MHz以下の周波数帯の電波を送信に使用するもの	F1B電波4,207.5 kHz、6,312 kHz、8,414.5kHz、12,577kHz及び16,804.5kHz並びに総合通信局長が指示する周波数	F1B電波4,207.5 kHz、6,312 kHz、8,414.5kHz、12,577kHz及び16,804.5kHz並びに総合通信局長が指示する周波数
156MHzを超え157.45MHz以下の周波数帯の電波を送信に使用するもの	Ｆ２Ｂ電波156.525MHz	Ｆ２Ｂ電波156.525MHz

2　１の船舶局で無線電話により通信を行うものは、１の規定によるほか、当該船舶局の区別に従い、次の表に掲げる電波を送り、及び受けることができるものでなければならない（施行12条２項）。

船舶局の区別	具備すべき電波	
	送る電波の型式及び周波数	受ける電波の型式及び周波数
1,606.5kHzを超え3,900kHz以下の周波数帯の電波を送信に使用するもの	Ｊ３Ｅ電波2,182kHz及び総合通信局長が指示する周波数	Ｊ３Ｅ電波2,182kHz及び総合通信局長が指示する周波数
4MHzを超え26.175MHz以下の周波数帯の電波を送信に使用するもの	Ｊ３Ｅ電波4,125kHz、6,215kHz、8,291kHz、12,290kHz及び16,420kHz並びに総合通信局長が指示する周波数	Ｊ３Ｅ電波4,125kHz、6,215kHz、8,291kHz、12,290kHz及び16,420kHz並びに総合通信局長が指示する周波数
156MHzを超え157.45MHz以下の周波数帯の電波を送信に使用するもの	Ｆ３Ｅ電波156.8MHz及び総合通信局長が指示する周波数	Ｆ３Ｅ電波156.8MHz及び総合通信局長が指示する周波数

3　１の船舶局で、狭帯域直接印刷電信装置により通信を行うものは、１の規定によるほか、当該船舶局の区別に従い、次の表に掲げる電波を送り、及び受けることができるものでなければならない（施行12条３項）。

船舶局の区別	具備すべき電波	
	送る電波の型式及び周波数	受ける電波の型式及び周波数
1,606.5kHzを超え3,900kHz以下の周波数帯の電波を送信に使用するもの	Ｆ１Ｂ電波2,174.5kHz及び総合通信局長が指示する周波数	Ｆ１Ｂ電波2,174.5kHz及び総合通信局長が指示する周波数
4MHzを超え26.175MHz以下の周波数帯の電波を送信に使用するもの	F1B電波4,177.5kHz、6,268kHz、8,376.5kHz、12,520kHz及び16,695kHz並びに総合通信局長が指示する周波数	F1B電波4,177.5kHz、6,268kHz、8,376.5kHz、12,520kHz及び16,695kHz並びに総合通信局長が指示する周波数

4　デジタル選択呼出装置による通信を行わない船舶局は、その無線設備において、総務大臣が別に告示する電波を送り、及び受けることが

できるものでなければならない（施行12条４項）。

5　船舶自動識別装置又は簡易型船舶自動識別装置を備える船舶局は、当該無線設備において、Ｆ１Ｄ電波161.975MHz及び162.025MHzの電波を送り、Ｆ２Ｂ電波156.525MHz並びにＦ１Ｄ電波161.975MHz及び162.025MHzの電波を受けることができるものでなければならない（施行12条５項）。

【参考】

船舶自動識別装置（ＡＩＳ：Automatic Identification System）は、船舶の位置情報や針路、船速などの航海情報、船名や積み荷等の固有情報を最新のＴＤＭＡ（時分割多元接続）技術を使いＶＨＦ帯の電波で定期的に放送するとともに、他船から放送されたこれらの船舶情報を常時受信し表示するシステムである。（資料１の１の⒅参照）

6　船舶地球局は、次の各号に掲げる船舶地球局の区別に従い、当該各号に定める電波を送り、及び受けることができるものでなければならない（施行12条６項）。

⑴　国際移動通信衛星機構が監督する法人が開設する人工衛星局（「インマルサット人工衛星局」という。）の中継により海岸地球局と通信を行うために開設する船舶地球局（「インマルサット船舶地球局」という。）

総務大臣が別に告示する電波

⑵　非静止衛星（対地静止衛星（地球の赤道面上に円軌道を有し、かつ、地球の自転軸を軸として地球の自転と同一の方向及び周期で回転する人工衛星をいう。）以外の人工衛星をいう。）に開設する人工衛星局の中継により海岸地球局と通信を行う船舶地球局

Ｑ７Ｗ電波1,618.25MHzから1,626.5MHzまでの周波数帯のうち総合通信局長が指示する電波

7　双方向無線電話を備える船舶局は、当該無線設備において、Ｆ３Ｅ電波156.8MHz及び総合通信局長が指示する電波を送り、及び受けることができるものでなければならない（施行12条７項）。

8　船舶航空機間双方向無線電話を備える船舶局は、当該無線設備において、Ａ３Ｅ電波121.5MHz及び123.1MHzの電波を送り、及び受けることができるものでなければならない（施行12条８項）。

9　次の表の左欄に掲げる無線設備を備える無線局は、当該無線設備において、それぞれ同表の右欄に掲げる電波を送ることができるものでなければならない（施行12条９項）。

無　線　設　備	電波の型式及び周波数
携帯用位置指示無線標識	Ａ３Ｘ電波121.5MHz及びＧ１Ｂ電波406.025MHz、406.028MHz、406.031MHz、406.037MHz又は406.04MHz
衛星非常用位置指示無線標識	Ａ３Ｘ電波121.5MHz及びＧ１Ｂ電波又はＧ１Ｄ電波406.025MHz、406.028MHz、406.031MHz、406.037MHz又は406.04MHz並びにＦ１Ｄ電波161.975MHz及び162.025MHz
捜索救助用レーダートランスポンダ	Ｑ０Ｎ電波9,200MHzから9,500MHzまで
捜索救助用位置指示送信装置	Ｆ１Ｄ電波161.975MHz及び162.025MHz
無線設備規則第45条の３の５に規定する無線設備（注）	Ａ３Ｘ電波121.5MHz及びＧ１Ｂ電波又はＧ１Ｄ電波406.028MHz、406.031MHz、406.037MHz又は406.04MHz並びにＦ１Ｄ電波161.975MHz及び162.025MHz

（注）航海情報記録装置又は簡易型航海情報記録装置を備える衛星位置指示無線標識

10　次の表の左欄に掲げる無線設備を備える船舶局は、当該無線設備において、それぞれ同表の右欄に掲げる電波を受けることができるものでなければならない（施行12条10項）。

無　線　設　備	電波の型式及び周波数
ナブテックス受信機	Ｆ１Ｂ電波424kHz又は518kHz
高機能グループ呼出受信機	Ｇ１Ｄ電波1,530MHzから1,545MHzまで又はＱ７Ｗ電波1,618.25MHzから1,626.5MHzまで

地上無線航法装置（注１）	Ｐ０Ｎ電波100kHz
衛星無線航法装置（注２）	Ｇ７Ｘ電波1,227.6MHz又は1,575.42 MHz

（注１） 陸上の無線局からの電波を受信して無線航行を行うための受信設備をいう。（例：ロラン受信機）

（注２） 人工衛星局からの電波を受信して無線航行及び時刻の取得を行うための受信設備をいう。（例：GPS受信機）

３－３－２ 周波数安定のための条件

発射される電波の周波数を許容偏差内に維持するため種々の条件が設けられている。

１ 電源、発振回路等の条件

(1) 周波数をその許容偏差内に維持するため、送信装置は、できる限り電源電圧又は負荷の変化によって発振周波数に影響を与えないものでなければならない（設備15条１項）。

(2) 周波数をその許容偏差内に維持するため、発振回路の方式は、できる限り外囲の温度若しくは湿度の変化によって影響を受けないものでなければならない（設備15条２項）。

(3) 移動局の送信装置は、実際上起こり得る振動又は衝撃によっても周波数をその許容偏差内に維持するものでなければならない（設備15条３項）。

２ 水晶発振子の条件

水晶発振回路に使用する水晶発振子は、周波数をその許容差内に維持するため、次の条件に適合するものでなければならない（設備16条）。

(1) 発振周波数が当該送信装置の水晶発振回路により又はこれと同一の条件の回路によりあらかじめ試験を行って決定されているものであること。

(2) 恒温槽を有する場合は、恒温槽は水晶発振子の温度係数に応じその温度変化の許容値を正確に維持するものであること。

3－4　受信設備

3－4－1　副次的に発する電波等の限度

1　受信設備は、その副次的に発する電波又は高周波電流が、総務省令で定める限度を超えて他の無線設備の機能に支障を与えるものであってはならない（法29条）。

2　副次的に発する電波が他の無線設備の機能に支障を与えない限度は、受信空中線と電気的常数の等しい擬似空中線回路を使用して測定した場合に、その回路の電力が４ナノワット以下でなければならない（設備24条１項）。

3－4－2　その他の条件

受信設備は、なるべく次の条件に適合するものでなければならない（設備25条）。

1　内部雑音が小さいこと。

2　感度が十分であること。

3　選択度が適正であること。

4　了解度が十分であること。

3－5　送受信空中線

3－5－1　送信空中線の型式及び構成等

1　送信空中線の型式及び構成は、次の各号に適合するものでなければならない（設備20条）。

(1)　空中線の利得及び能率がなるべく大であること。

(2)　空中線と給電線との整合が十分であること。

(3)　満足な指向特性が得られること。

2　空中線の指向特性は、次に掲げる事項によって定める（設備22条）。

(1)　主輻射方向及び副輻射方向

(2)　水平面の主輻射の角度の幅

(3) 空中線を設置する位置の近傍にあるものであって電波の伝わる方向を乱すもの

(4) 給電線よりの輻射

3－5－2 受信空中線

受信空中線には、送信空中線の規定が準用される（設備26条）。

3－6 安全施設

電波法では、「無線設備には、人体に危害を及ぼし、又は物件に損傷を与えることがないように、総務省令（施行21条の３から27条）で定める施設をしなければならない。」と規定している（法30条）。

3－6－1 無線設備の安全性の確保

無線設備は、破損、発火、発煙等により人体に危害を及ぼし、又は物件に損傷を与えることがあってはならない（施行21条の３）。

3－6－2 電波の強度に対する安全施設

1 無線設備には、当該無線設備から発射される電波の強度（電界強度、磁界強度、電力束密度及び磁束密度をいう。）が電波法施行規則別表第２号の３の３に定める値を超える場所（人が通常、集合し、通行し、その他出入りする場所に限る。）に取扱者のほか容易に出入りすることができないように、施設をしなければならない。ただし、次の各号に掲げる無線局の無線設備については、この限りでない（施行21条の４・１項）。

(1) 平均電力が20ミリワット以下の無線局の無線設備

(2) 移動する無線局の無線設備

(3) 地震、台風、洪水、津波、雪害、火災、暴動その他非常の事態が発生し、又は発生するおそれがある場合において、臨時に開設する

無線局の無線設備

(4)　(1)から(3)までに掲げるもののほか、この規定を適用することが不合理であるものとして総務大臣が別に告示する無線局の無線設備

2　電波の強度の算出方法及び測定方法については、総務大臣が別に告示（注）する（施行21条の４・２項）。

（注）平成11年告示第300号

3－6－3　高圧電気に対する安全施設

1　高圧電気（高周波若しくは交流の電圧300ボルト又は直流の電圧750ボルトを超える電気をいう。）を使用する電動発電機、変圧器、ろ波器、整流器その他の機器は、外部から容易にふれることができないように、絶縁しゃへい体又は接地された金属しゃへい体の内に収容しなければならない。ただし、取扱者のほか出入できないように設備した場所に装置する場合は、この限りでない（施行22条）。

2　送信設備の各単位装置相互間をつなぐ電線であって高圧電気を通ずるものは、線溝若しくは丈夫な絶縁体又は接地された金属しゃへい体の内に収容しなければならない。ただし、取扱者のほか出入できないように設備した場所に装置する場合は、この限りでない（施行23条）。

3　送信設備の調整盤又は外箱から露出する電線に高圧電気を通ずる場合においては、その電線が絶縁されているときであっても、電気設備に関する技術基準を定める省令（昭和40年経済産業省令第61号）の規定するところに準じて保護しなければならない（施行24条）。

4　送信設備の空中線、給電線若しくはカウンターポイズであって高圧電気を通ずるものは、その高さが人の歩行その他起居する平面から2.5メートル以上のものでなければならない。ただし、次の各号の場合は、この限りでない（施行25条）。

(1)　2.5メートルに満たない高さの部分が、人体に容易にふれない構造である場合又は人体が容易にふれない位置にある場合

(2) 移動局であって、その移動体の構造上困難であり、かつ、無線従事者以外の者が出入しない場所にある場合

3－6－4　空中線等の保安施設

無線設備の空中線系には避雷器又は接地装置を、また、カウンターポイズには接地装置をそれぞれ設けなければならない。ただし、26.175 MHz を超える周波数を使用する無線局の無線設備及び陸上移動局又は携帯局の無線設備の空中線については、この限りでない（施行26条）。

3－7　保護装置

3－7－1　電源回路のしゃ断等の保護装置

1　真空管に使用する水冷装置には、冷却水の異状に対する警報装置又は電源回路の自動しゃ断器を装置しなければならない（設備８条１項）。

また、陽極損失１キロワット以上の真空管に使用する強制空冷装置には、送風の異状に対する警報装置又は電源回路の自動しゃ断器を装置しなければならない（設備８条２項）。

2　１のほか無線設備の電源回路には、ヒューズ又は自動しゃ断器を装置しなければならない。ただし、負荷電力10ワット以下のものについては、この限りでない（設備９条）。

3－8　周波数測定装置の備付け

1　総務省令で定める送信設備には、その誤差が使用周波数の許容偏差の２分の１以下である周波数測定装置を備え付けなければならない（法31条）。

2　１の規定により備え付けなければならない周波数測定装置は、その型式について総務大臣の行う検定に合格したものでなければ、施設してはならない（法37条）。

3　１の総務省令で定める送信設備は、次の送信設備以外のものとする

（施行11条の３抜粋）。

⑴　26.175MHz を超える周波数の電波を利用するもの

⑵　空中線電力 10 ワット以下のもの

⑶　１に規定する周波数測定装置を備え付けている相手方の無線局によってその使用電波の周波数が測定されることになっているもの

⑷　当該送信設備の無線局の免許人が別に備え付けた１に規定する周波数測定装置をもってその使用電波の周波数を随時測定することができるもの

⑸　その他総務大臣が別に告示するもの

３－９　船舶局の特則

船舶は、開設された船舶局が行う無線通信によってその船舶の航行の安全を維持できるものであるから、その無線設備は常に十分な運用を確保することができるようにしておかなければならない。このため、設置する無線設備について条件が規定され、また、予備設備、計器及び予備品の備付けが義務づけられる等特別な条件が課されている。これを船舶局の特則という。

３－９－１　計器及び予備品の備付け

１　計器の備付け

⑴　船舶局の無線設備には、その操作のために必要な計器であって、総務省令で定めるものを備え付けなければならない（法32条）。

⑵　船舶局の送信設備に備え付けなければならない計器は、次のとおりとする。この場合において、電圧及び電流については相互に切換測定することができる計器を共通に使用することを妨げない（施行30条1項）。

ア　補助電源の電圧計

イ　蓄電池の充放電電流計

ウ　終段電力増幅管の陽極電流計（終段電力増幅管に替えて半導体素子を使用する送信設備については、陽極電流計に相当するもの）

エ　空中線電流計

オ　電波の発射を表示する指示器

カ　回路試験器（テスタ）

キ　比重計(蒸留水の補給を必要とする蓄電池を使用するものに限る。)

ク　温度計(蒸留水の補給を必要とする蓄電池を使用するものに限る。)

(3)　26.175MHzを超える周波数の電波を使用する送信設備、空中線電力10ワット以下の送信設備その他総務大臣が告示する送信設備については、(2)の計器のうち、別に告示するものを省略することができる（施行30条２項）。

2　予備品の備付け

船舶局の無線設備には、その操作のために必要な予備品であって、総務省令で定めるものを備え付けなければならない（法32条）。

上記の総務省令で定めるものは、資料17に掲げるとおりであるが、総務大臣が特に備え付ける必要がないと認めた予備品については、その備付けを要しないものとする（施行31条５項）。

3－9－2　義務船舶局の無線設備の機器

1　義務船舶局の無線設備には、総務省令で定める船舶及び航行区域の区分に応じて、送信設備及び受信設備の機器、遭難自動通報設備の機器、船舶の航行の安全に関する情報を受信するための機器その他の総務省令で定める機器を備えなければならない（法33条）。

【参考】船舶が航行する海域

A１海域：Ｆ２Ｂ電波156.525MHzによる遭難通信を行うことができる海岸局の通信圏であって、総務大臣が別に告示（未公布）するもの及び外国の政府が定めるもの

A２海域：Ｆ１Ｂ電波2,187.5kHzによる遭難通信を行うことができる海岸局の通信圏（Ａ１海域を除く。）であって、総務大臣が別に告

示（巻末付図３参照）するもの及び外国の政府が定めるもの

Ａ３海域：インマルサット人工衛星局の通信圏（Ａ１海域及びＡ２海域を除く。）の区域

Ａ４海域：Ａ１海域、Ａ２海域及びＡ３海域以外の区域

（施行28条１項、10－4　SOLAS条約付属書４章２規則参照）

２　１の総務省令で定める無線設備の機器は、次のとおりとする。ただし、その義務船舶局のある船舶の船体の構造その他の事情によりその機器を備えることが困難であると総合通信局長が認めるものについては、この限りでない（施行28条１項）。

(1)　Ａ１海域のみを航行する船舶の義務船舶局にあっては、次の機器

ア　送信設備及び受信設備の機器

超短波帯（注１）の無線設備（デジタル選択呼出装置及び無線電話による通信が可能なものに限る。）の機器　１台

イ　遭難自動通報設備の機器

(ア)　捜索救助用レーダートランスポンダ又は捜索救助用位置指示送信装置　１台

（旅客船又は総トン数500トン以上の船舶であって、国際航海に従事するもの及び遠洋区域又は近海区域を航行区域とするもの（国際航海に従事するものを除く。）の義務船舶局については、２台（注４））

(イ)　衛星非常用位置指示無線標識　１台

ウ　船舶の航行の安全に関する情報を受信するための機器

(ア)　ナブテックス受信機（Ｆ１Ｂ電波518kHzを受信することができるものに限る。以下この項において同じ。）　１台

(イ)　高機能グループ呼出受信機（ナブテックス受信機のための海上安全情報を送信する無線局の通信圏として、総務大臣が別に告示（巻末付図２参照）するもの及び外国の政府が定めるものを超えて航行する船舶の義務船舶局に限る。(2)及び(3)において同じ。）　１台

エ　その他の機器

(ア)　双方向無線電話(生存艇に固定して使用するものを除く。(2)及び(3)において同じ。)　2台

（旅客船又は総トン数500トン以上の船舶であって、国際航海に従事するもの及び遠洋区域又は近海区域を航行区域とする旅客船(国際航海に従事するものを除く。)の義務船舶局については、3台)

(イ)　船舶航空機間双方向無線電話（国際航海に従事する旅客船の義務船舶局に限る。(2)及び(3)において同じ。)　1台

(ウ)　超短波帯のデジタル選択呼出専用受信機　1台

(エ)　船舶自動識別装置の機器（旅客船であって国際航海に従事するもの、総トン数300トン以上の旅客船以外の船舶であって国際航海に従事するもの及び国際航海に従事しない総トン数500トン以上の船舶の義務船舶局に限る。(2)及び(3)において同じ。)　1台

(オ)　地上無線航法装置又は衛星無線航法装置の機器（旅客船であって国際航海に従事するもの、及び国際航海に従事する旅客船以外の船舶であって総トン数20トン以上の船舶（国際航海に従事しない総トン数500トン未満の船舶のうち総務大臣が別に告示するものを除く。）の義務船舶局に限る。(2)及び(3)において同じ。)　1台

(2)　Ａ１海域及びＡ２海域のみを航行する船舶の義務船舶局にあっては、次の機器

ア　送信設備及び受信設備の機器

(ア)　超短波帯の無線設備（デジタル選択呼出装置及び無線電話による通信が可能なものに限る。）の機器　1台

(イ)　中短波帯（注２）の無線設備（デジタル選択呼出装置及び無線電話による通信が可能なものに限る。）の機器　1台

イ　遭難自動通報設備の機器

(ア)　捜索救助用レーダートランスポンダ又は捜索救助用位置指示送信装置　1台

（旅客船又は総トン数500トン以上の船舶であって、国際航海に従事するもの及び遠洋区域又は近海区域を航行区域とするもの（国際航海に従事するものを除く。）の義務船舶局については、２台（注４））

(イ)　衛星非常用位置指示無線標識　1台

ウ　船舶の航行の安全に関する情報を受信するための機器

(ア)　ナブテックス受信機　1台

(イ)　高機能グループ呼出受信機　1台

エ　その他の機器

(ア)　双方向無線電話　2台

（旅客船又は総トン数500トン以上の船舶であって、国際航海に従事するもの及び遠洋区域又は近海区域を航行区域とする旅客船（国際航海に従事するものを除く。）の義務船舶局については、３台）

(イ)　船舶航空機間双方向無線電話　1台

(ウ)　超短波帯のデジタル選択呼出専用受信機　1台

(エ)　中短波帯のデジタル選択呼出専用受信機　1台

(オ)　船舶自動識別装置の機器　1台

(カ)　地上無線航法装置又は衛星無線航法装置の機器　1台

(3)　Ａ１海域、Ａ２海域及びその他の海域を航行する船舶の義務船舶局にあっては、次の機器

ア　送信設備及び受信設備の機器

(ア)　超短波帯の無線設備（デジタル選択呼出装置及び無線電話による通信が可能なものに限る。）の機器　1台

(イ)　中短波帯及び短波帯（注３）の無線設備（デジタル選択呼出装置、無線電話及び狭帯域直接印刷電信装置による通信（国際航海に従事しない船舶の義務船舶局の場合にあっては、デジタル選択呼出装置及び無線電話による通信とする。）が可能なものに限

る。）の機器　1台

イ　遭難自動通報設備の機器

(ア)　捜索救助用レーダートランスポンダ又は捜索救助用位置指示送信装置　1台

（旅客船又は総トン数500トン以上の船舶であって、国際航海に従事するもの及び遠洋区域又は近海区域を航行区域とするもの（国際航海に従事するものを除く。）の義務船舶局については、2台（注4））

(イ)　衛星非常用位置指示無線標識　1台

ウ　船舶の航行の安全に関する情報を受信するための機器

(ア)　ナブテックス受信機　1台

(イ)　高機能グループ呼出受信機　1台

エ　その他の機器

(ア)　双方向無線電話　2台

（旅客船又は総トン数500トン以上の船舶であって、国際航海に従事するもの及び遠洋区域又は近海区域を航行区域とする旅客船（国際航海に従事するものを除く。）の義務船舶局については、3台）

(イ)　船舶航空機間双方向無線電話　1台

(ウ)　超短波帯のデジタル選択呼出専用受信機　1台

(エ)　中短波帯及び短波帯のデジタル選択呼出専用受信機　1台

(オ)　船舶自動識別装置の機器　1台

(カ)　地上無線航法装置又は衛星無線航法装置の機器　1台

（注1）　超短波帯：156MHzを超え157.45MHz以下の周波数帯をいう。

（注2）　中短波帯：1,606.5kHzを超え3,900kHz以下の周波数帯をいう。

（注3）　短波帯：4MHzを超え26.175MHz以下の周波数帯をいう。

（注4）　旅客船（国際航海に従事しないものにあっては、遠洋区域又は近海区域を航行区域とするものに限る。）であって、船首、船尾又は舷側に開口部を有するものの義務船舶局については、当該船舶に積載する生存艇の

数４に対し１の割合の台数を加えるものとする。

3　義務船舶局の無線設備には、２に掲げる機器のほか、当該義務船舶局のある船舶の航行する海域に応じて、当該船舶を運航するために必要な陸上との間の通信を行うことができる機器を備えなければならない。ただし、２の機器又は当該義務船舶局のある船舶に開設する他の無線局の無線設備により当該通信を行うことができる場合は、この限りでない（施行28条２項）。

4　義務船舶局のある船舶のうち、旅客船であって国際航海に従事するもの及び総トン数500トン以上の旅客船以外の船舶であって国際航海に従事するもの（総務大臣が別に告示するものを除く。）の義務船舶局の無線設備には、２及び３に掲げる機器のほか、船舶保安警報装置（海上保安庁に対して船舶保安警報を伝送できることその他総務大臣が別に告示する要件を満たす機器をいう。）を備えなければならない。ただし、２及び３に掲げる機器により、当該要件を満たすことができる場合は、この限りでない（施行28条３項）。

5　国際航海に従事する次の表の左欄に掲げる船舶の義務船舶局の無線設備には、前３項（２、３及び４）の機器のほか、無線設備規則第45条の３の５（航海情報記録装置等を備える衛星位置指示無線標識）に規定する無線設備であってそれぞれ同表の右欄に掲げる装置を備えるものを備えなければならない（施行28条４項）。

船舶の区分		装　置
総トン数150トン以上の旅客船		航海情報記録装置
総トン数3,000トン以上の旅客船以外の船舶（専ら漁労に従事する船舶を除き、平成14年７月１日以降に建造されたものに限る。）		
総トン数3,000トン以上の旅客船以外の船舶（専ら漁労に従事する船舶を除き、平成14年６月30日以	船舶設備規程等の一部を改正する省令（平成14年国土交通省令第75号）附則第２条第９項に規定する簡易型航海情報記録装置を備えて	航海情報記録装置

前に建造されたものに限る。）	いないもの	
	船舶設備規程第146条の30に規定する航海情報記録装置又は船舶設備規程等の一部を改正する省令附則第２条第９項に規定する簡易型航海情報記録装置（電波を使用しないものに限る。）を備えていないもの	簡易型航海情報記録装置

6　義務船舶局のある船舶に積載する高速救助艇には、当該高速救助艇ごとに、手で保持しなくても、送信を行うことができるようにするための附属装置を有する双方向無線電話を備えなければならない（施行28条５項）。

7　義務船舶局のある船舶のうち、旅客船であって国際航海に従事するもの及び総トン数300トン以上の旅客船以外の船舶であって国際航海に従事するもの（総務大臣が別に告示するものを除く。）の義務船舶局の無線設備には、２及び３の機器のほか、船舶長距離識別追跡装置（海上保安庁に対して自船の識別及び位置（その取得日時を含む。）に係る情報を自動的に伝送できることその他総務大臣が別に告示する要件を満たす機器をいう。）を備えなければならない。ただし、２及び３の機器により、当該要件を満たすことができる場合は、この限りでない（施行28条６項）。

8　２の(3)（A１海域、A２海域及びその他の海域を航行する船舶）の義務船舶局であって、その義務船舶局のある船舶にインマルサット船舶地球局のインマルサットC型又は電波法施行規則第12条第６項第２号に規定する船舶地球局（３－３－１の６の(2)の船舶地球局）のうち1,621.35MHzから1,626.5MHzまでの周波数の電波を使用する無線設備を備えるものは、２の規定にかかわらず、（２の(3)）の中短波帯及び短波帯の無線設備の機器並びに中短波帯及び短波帯のデジタル選択呼出専用受信機を備えることを要しない。ただし、インマルサット船

《義務船舶局に備える無線設備》

（旅客船又は総トン数300トン以上の船舶であって国際航海に従事するもの）
（施行28条1項から10項）

無線設備＼航行海域			A1	A1、A2	A1、A2その他
VHF送受信設備		DSC（156.525 MHz） 無線電話（156.8 MHz）	○	○	○
MHF送受信設備		DSC（2187.5 kHz） 無線電話（2182 kHz）		○	
MHF/HF送受信設備		DSC　無線電話 狭帯域直接印刷電信			○
捜索救助用レーダートランスポンダ（9 GHz）又は捜索救助用位置指示送信装置		・旅客船、総トン数500トン以上の船舶　2台 ・その他　1台	○	○	○
衛星非常用位置指示無線標識		極軌道衛星系（406MHz） （コスパスサーサット系）	○	○	○
海上安全情報受信機	ナブテックス受信機	（518 kHz）	○	○	○
	高機能グループ呼出受信機	ナブテックスサービスの通信圏を超えて航行する場合	○	○	○
双方向無線電話（2台）		・旅客船、総トン数500トン以上の船舶　3台 ・その他　2台 （156.8 MHz＋1波）	○	○	○
船舶航空機間双方向無線電話		旅客船（121.5 MHz、123.1 MHz）	○	○	○
VHF DSC専用受信機		DSC（156.525 MHz）	○	○	○
MHF DSC専用受信機		DSC（2187.5 kHz）		○	
MHF/HF DSC専用受信機					○
船舶自動識別装置			○	○	○
地上無線航法装置又は衛星無線航法装置		旅客船、総トン数20トン以上の非旅客船	○	○	○
一般通信設備		上記の機器又は当該船舶上の他の無線局の無線設備で可能な場合省略可	○	○	○
インマルサットC型等		直接印刷電信等			○
船舶保安警報装置		旅客船、総トン数500トン以上の非旅客船	○	○	○
航海情報記録装置又は簡易型航海情報記録装置		総トン数150トン以上の旅客船、総トン数3,000トン以上の非旅客船	○	○	○
船舶長距離識別追跡装置			○	○	○
レーダー（注）		（3 GHz、9 GHz）	○	○	○

（注）レーダーは、船舶安全法第2条の規定に基づく命令（船舶設備規程第146条の12）において設置要件が定められ、無線設備規則（第48条）において技術的条件が定められている。

船地球局のインマルサットＣ型の無線設備を備えるものであって、総務大臣が別に告示するインマルサット人工衛星局の通信圏を超えて航行する船舶の義務船舶局の場合は、この限りでない（施行28条７項）。

9　８の場合において、その義務船舶局には、２の(2)の中短波帯の無線設備の機器及び中短波帯のデジタル選択呼出専用受信機を備えなければならない（施行28条８項）。

10　２の義務船舶局であって、その義務船舶局のある船舶に高機能グループ呼出し受信の機能を持つインマルサット船舶地球局の無線設備又は高機能グループ呼出し受信の機能を持つ電波法施行規則第12条第６項第２号に規定する船舶地球局（３－３－１の６の(2)の船舶地球局）のうち1,621.35MHzから1,626.5MHzまでの周波数の電波を使用する無線設備を備えるものは、２の規定にかかわらず、高機能グループ呼出受信機を備えることを要しない。この場合において、当該インマルサット船舶地球局又は電波法施行規則第12条第６項第２号に規定する船舶地球局（３－３－１の６の(2)の船舶地球局）のうち1,621.35MHzから1,626.5MHzまでの周波数の電波を使用する無線設備は、２に規定する高機能グループ呼出受信機とみなして、義務船舶局における当該機器に係る規定を適用する（施行28条９項）。

11　小型船舶又は我が国の沿岸海域のみを航行する船舶の義務船舶局は、総務大臣が別に告示（注）するところにより、当該告示において定める機器をもって２及び３の規定により備えなければならない機器に代えることができる（施行28条10項）。

（注）平成11年告示第600号（最終改正令和３．３．２）

《以上をおおまかに整理すれば、前ページの表のようになる。》

３－９－３　義務船舶局等の無線設備の条件

1　無線設備の設置場所

義務船舶局及び義務船舶局のある船舶に開設する総務省令で定める

船舶地球局（「義務船舶局等」という。）の無線設備は、次の各号に掲げる要件に適合する場所に設けなければならない。ただし、総務省令で定める無線設備については、この限りでない（法34条）。

(1)　当該無線設備の操作に際し、機械的原因、電気的原因その他の原因による妨害を受けることがない場所であること。

(2)　当該無線設備につきできるだけ安全を確保することができるように、その場所が当該船舶において可能な範囲で高い位置にあること。

(3)　当該無線設備の機能に障害を及ぼすおそれのある水、温度その他の環境の影響を受けない場所であること。

２　義務船舶局等の無線設備の条件等

(1)　電波法第34条本文（上記１）の総務省令で定める船舶地球局は、３－９－２の８の規定により、同２の(3)のアの(イ)及びエの(エ)の機器を備えることを要しないこととした場合における当該インマルサット船舶地球局又は電波法施行規則第12条第６項第２号に規定する船舶地球局（３－３－１の６の(2)の船舶地球局）のうち1,621.35MHzから1,626.5MHzまでの周波数の電波を使用するもの及び電波法施行規則第28条の５第３項（３－９－４の３）の規定により、インマルサット船舶地球局のインマルサットＣ型の無線設備又は電波法施行規則第12条第６項第２号に規定する船舶地球局（３－３－１の６の(2)の船舶地球局）のうち1,621.35MHzから1,626.5MHzまでの周波数の電波を使用する無線設備を同条第１項の予備設備とした場合における当該インマルサット船舶地球局又は電波法施行規則第12条第６項第２号に規定する船舶地球局（３－３－１の６の(2)の船舶地球局）のうち1,621.35MHzから1,626.5MHzまでの周波数の電波を使用するものとする（施行28条の２・１項）。

(2)　電波法第34条（上記１）ただし書の総務省令で定める無線設備は、次に掲げる義務船舶局等の無線設備とする（施行28条の２・２項）。

ア　遠洋区域又は近海区域を航行区域とする総トン数1,600トン未満の船舶（旅客船を除く。）及び沿海区域又は平水区域を航行区域とする船舶の義務船舶局等（国際航海に従事しない船舶のものに限る。）であって、総務大臣が別に告示するもの

イ　総トン数300トン未満の漁船の義務船舶局等

3　無線設備についてとるべき措置

(1)　義務船舶局等の無線設備については、総務省令で定めるところにより、次に掲げる措置のうち一又は二の措置をとらなければならない。ただし、総務省令で定める無線設備については、この限りでない（法35条）。

ア　予備設備を備えること。

イ　その船舶の入港中に定期に点検を行い、並びに停泊港に整備のために必要な計器及び予備品を備えること。

ウ　その船舶の航行中に行う整備のために必要な計器及び予備品を備え付けること。

(2)　(1)の本文の規定により、義務船舶局等の無線設備についてとらなければならない措置は、次のとおりとする（施行28条の4）。

ア　旅客船又は総トン数300トン以上の船舶であって、国際航海に従事するもの（Ａ１海域のみを航行するもの並びにＡ１海域及びＡ２海域のみを航行するものを除く。）の義務船舶局等の無線設備については、(1)のアからウまでの措置のうち二の措置

イ　ア以外の義務船舶局等の無線設備については、(1)のアからウまでの措置のうち一の措置

(3)　(1)のただし書の総務省令で定める無線設備は、次のとおりとする（施行29条）。

ア　Ａ１海域のみを航行する船舶並びにＡ１海域及びＡ２海域のみを航行する船舶（旅客船を除く。）であって、国際航海に従事しないものの義務船舶局等の無線設備

イ　その他総務大臣が別に告示（平成４年告示第113号）する無線設備

4　遭難通信の通信方法を記載した表の掲示

義務船舶局等には、遭難通信の通信方法に関する事項で総務大臣が告示するものを記載した表（資料27参照）を備え付け、その無線設備の通信操作を行う位置から容易にその記載事項を見ることができる箇所に掲げておかなければならない（施行28条の３）。

3－9－4　義務船舶局の予備設備等

1　電波法第35条（3－9－3の３の(1)）の規定により備えなければならない義務船舶局等の予備設備は、次に掲げる無線設備の機器とする（施行28条の５・１項）。

(1)　Ａ１海域のみを航行する義務船舶局にあっては、
超短波帯の無線設備の機器

(2)　Ａ１海域及びＡ２海域のみを航行する義務船舶局にあっては、
ア　超短波帯の無線設備の機器
イ　中短波帯の無線設備の機器

(3)　Ａ１海域、Ａ２海域及びその他の海域を航行する義務船舶局にあっては、
ア　超短波帯の無線設備の機器
イ　中短波帯及び短波帯の無線設備の機器
ウ　中短波帯及び短波帯のデジタル選択呼出専用受信機

2　１の予備設備は、専用の空中線に接続され、直ちに運用できる状態に維持されたものでなければならない（施行28条の５・２項）。

3　１の予備設備は、１の規定による機器を備えることが困難又は不合理である場合には、総務大臣が別に告示（平成４年告示第91号）するところにより、インマルサット船舶地球局のインマルサットＣ型の無線設備又は電波法施行規則第12条第６項第２号に規定する船舶地球局（３－３－１の６の(2)の船舶地球局）のうち1,621.35MHzから1,626.5MHzまでの周波数の電波を使用する無線設備の機器その他の当該告

示において定める機器とすることができる（施行28条の5・3項）。

4　3－9－3の3の(1)のイにより行わなければならない入港中の点検は、その措置をとることとなった日から1年ごとの日の前後3月を超えない時期に、無線設備の機器に応じて総務大臣が別に告示（平成4年告示第61号）する方法により行うものとする（施行28条の5・4項）。

5　3－9－3の3の(1)のウの規定により備えなければならない計器及び予備品は、総務大臣が別に告示（平成4年告示第73号）する（施行28条の5・7項）。

3－9－5　義務船舶局等の空中線

1　電波法第33条（3－9－2の1）の規定により義務船舶局に備える無線設備の空中線は、通常起こり得る船舶の振動又は衝撃により破断しないように十分な強度を持つものでなければならない（設備38条1項）。

2　義務船舶局に備えなければならない無線電話であって、F3E電波156.8 MHzを使用するものの空中線は、船舶のできる限り上部に設置されたものでなければならない（設備38条2項）。

3　インマルサット船舶地球局及び義務船舶局に備えるインマルサット高機能グループ呼出受信機に使用する空中線は、できる限り、次の条件に適合する位置に設置されたものでなければならない（設備38条3項）。

(1)　指向性空中線にあっては、他の設備の空中線からできるだけ離れ、かつ、仰角（－）5度から90度までの範囲にシャドーセクターが6度を超える障害物がない位置

(2)　無指向性空中線にあっては、船首及び船尾側の仰角（－）5度から90度まで並びに左舷及び右舷側の仰角（－）15度から90度までの範囲にシャドーセクターが2度を超える障害物がない位置

4　電波法施行規則第12条第6項第2号に規定する船舶地球局（3－3－1の6の(2)の船舶地球局）のうち、1,621.35MHzから1,626.5MHz

までの周波数の電波を使用するもの及び義務船舶局に備える1,621.35MHzから1,626.5MHzまでを受信する高機能グループ呼出受信機に使用する空中線は、できる限り、総務大臣が別に告示する条件に適合する位置に設置されたものでなければならない（設備38条４項）。

5　F３E電波を使用する無線局であって無線通信規則付録第18号の表（資料36参照）に掲げる周波数の電波を使用するもの及び船上通信設備を使用するもの並びにデジタル船上通信設備の無線局の送信空中線は、発射する電波の偏波面が垂直となるものであり、かつ、当該無線局の空中線（移動局のものに限る。）の指向特性は、水平面無指向性でなければならない（設備40条の２・２項）。

6　５の無線局の船上通信設備であって、450MHzを超え470MHz以下の周波数の電波を使用するもの（船舶に設置するものに限る。）の送信空中線は、５の規定によるほか、その高さが航海船橋から3.5メートルを超えるものであってはならない（設備40条の２・３項）。

3－9－6　義務船舶局等の電源

1　義務船舶局等の無線設備の電源は、その船舶の航行中、これらの設備を動作させ、かつ、同時に無線設備の電源用蓄電池を充電するために十分な電力を供給することができるものでなければならない（設備38条の２・１項）。

2　１の電源は、その電圧を定格電圧の（±）10パーセント以内に維持することができるものでなければならない（設備38条の２・２項）。

3　旅客船又は総トン数300トン以上の船舶の義務船舶局等には、次の各号に掲げる設備を同時に６時間以上（船舶安全法の規定に基づく命令による非常電源を備えるものについては、１時間以上）連続して動作させるための電力を供給することができる補助電源を備えなければならない。ただし、総務大臣が別に告示（平成４年告示第121号）する義務船舶局等については、この規定を適用しない（設備38条の３）。

(1)　Ｆ３Ｅ電波を使用する無線電話による通信及びデジタル選択呼出装置による通信を行う船舶局の無線設備であって、無線通信規則付録第18号の表（資料37参照）に掲げる周波数の電波を使用するもの

(2)　次に掲げる無線設備のいずれかのもの

ア　Ｊ３Ｅ電波を使用する無線電話による通信及びデジタル選択呼出装置による通信を行う船舶局の無線設備であって、1,606.5kHzから3,900kHzまでの周波数の電波を使用するもの（Ａ１海域及びＡ２海域のみを航行する義務船舶局のものに限る。）

イ　Ｊ３Ｅ電波を使用する無線電話による通信及びデジタル選択呼出装置又は狭帯域直接印刷電信装置による通信を行う船舶局であって、1,606.5kHzから26,175kHzまでの周波数の電波を使用する無線設備（Ａ１海域、Ａ２海域及びその他の海域を航行する義務船舶局のものに限る。）

ウ　船舶地球局の無線設備（電波法施行規則第28条の２第１項の船舶地球局（3－9－3の２の(1)の船舶地球局）のものに限る。）

(3)　(1)及び(2)の無線設備の機能が正常に動作するための位置情報その他の情報を継続して入力するための装置

3－9－7　無線設備の操作の場所

1　義務船舶局に備えなければならない無線電話であって、Ｆ３Ｅ電波156.8MHzを使用するものは、航海船橋において通信できるものでなければならない（設備38条の４・１項）。

2　義務船舶局等に備えなければならない無線設備（遭難自動通報設備を除く。）は、通常操船する場所において、遭難通信を送り、又は受けることができるものでなければならない（設備38条の４・２項）。

3　義務船舶局に備えなければならない衛星非常用位置指示無線標識及び航海情報記録装置又は簡易型航海情報記録装置を備える衛星非常用位置指示無線標識は、通常操船する場所から遠隔制御できるものでな

ければならない。ただし、通常操船する場所の近くに設置する場合はこの限りでない（設備38条の４・３項）。

4　１から３までの規定は、船体の構造その他の事情により総務大臣がその規定によることが困難又は不合理であると認めて別に告示（平成４年告示第122号）する無線設備については、適用しない（設備38条の４・４項）。

3－9－8　空中線電力の低下装置

1　船舶局の送信装置は、その空中線電力をその50パーセントまで容易に低下することができるものでなければならない。ただし、空中線電力が75ワット以下のものは、この限りでない（設備41条１項）。

2　４MHzから26.175MHzまでの周波数の電波を使用する船舶局の無線電話の送信装置は、１の規定にかかわらず、その空中線電力を75ワット以下に、75パーセント以内ごとに容易に低下することができるものでなければならない（設備41条２項）。

3　Ｆ３Ｅ電波を使用する船舶局の送信装置であって、無線通信規則付録第18号の表（150MHz帯の無線電話の周波数の表（資料36参照））に掲げる周波数を使用するものは、１の規定にかかわらず、その空中線電力を１ワット以下に容易に低下することができるものでなければならない（設備41条３項）。

4　時分割多元接続方式により通信を行う船舶局の送信装置であって、無線通信規則付録第18号の表（資料36参照）に掲げる周波数の電波を使用するものは、１の規定にかかわらず、その空中線電力を0.7ワットから1.4ワットまでの間に容易に低下することができるものでなければならない（設備41条４項）。

5　船上通信設備の送信装置であって、450MHzを超え470MHz以下の周波数の電波を使用するものは、１の規定にかかわらず、その空中線電力を10パーセントまで容易に低下することができるものでなければならない。ただし、空中線電力が0.2ワット以下のものについては、この限りでない（設備41条５項）。

3－9－9　周波数の切換え

海岸局又は船舶局の無線電信又は無線電話は、送信装置又は受信装置の一ごとに、５秒以内に周波数の切換えを行うことができるものでなければならない。ただし、4 MHzから28MHzまでの間における１MHz以上離れた周波数相互の切換えについては15秒以内とする（設備42条）。

3－9－10　制御器の照明

旅客船又は総トン数300トン以上の船舶の義務船舶局等に備える無線設備の制御器は、通常の電源及び非常電源から独立した電源から電力の供給を受けることができ、かつ、その制御器を十分照明できる位置に取り付けられた照明設備により照明されるものでなければならない。ただし、照明することが困難又は不合理な無線設備の制御器であって、総務大臣が別に告示するものについては、この限りでない（設備44条）。

3－9－11　デジタル選択呼出装置

船舶局のデジタル選択呼出装置は、次の各号の条件に適合するものでなければならない。ただし、電波法第33条の規定に基づき義務船舶局に備えなければならない無線設備の機器（3－9－2参照）以外のものについては、１の⑴、⑷及び⑼の規定は適用しない（設備40条の５）。

1　一般的条件

⑴　点検及び保守を容易に行うことができるものであること。

⑵　自局の識別信号は、容易に変更できないこと。

⑶　送信する通報の内容を表示できること。

⑷　正常に動作することを容易に試験できる機能を有すること。

⑸　遭難警報は、容易に送出でき、かつ、誤操作による送出を防ぐ措

置が施されていること。

⑹　遭難警報は、自動的に５回繰り返し送信し、それ以降の送信は、3.5分から4.5分までの間のうち、不規則な間隔を置くものであること。

⑺　遭難通信又は緊急通信以外の通信を受信したときは、可視の表示を行うものであること。

⑻　遭難通信又は緊急通信を受信したときは、手動でのみ停止できる特別の可聴及び可視の警報を発すること。

⑼　受信した遭難通信に係る呼出しの内容が直ちに印字されない場合、当該内容を20以上記憶できるものであり、かつ、記憶した内容は印字する等により読み出されるまで保存できること。

⑽　遭難通信に対する応答は、手動でのみ行うことができるものであること。

⑾　電源電圧が定格電圧の（±）10パーセント以内において変動した場合においても、安定に動作するものであること。

⑿　通常起こり得る温度若しくは湿度の変化、振動又は衝撃があった場合において、支障なく動作するものであること。

２　選択呼出信号の条件

（略）

3－9－12　デジタル選択呼出装置等による通信を行う海上移動業務の無線局の無線設備

１　Ｊ３Ｅ電波を使用する無線電話による通信及びデジタル選択呼出装置又は狭帯域直接印刷電信装置による通信を行う船舶局の無線設備であって、1,606.5kHzから26,175kHzまでの周波数の電波を使用するものの送信装置及び受信装置は、次の各号の条件に適合するものでなければならない（設備40条の７・１項）。

(1) 一般的条件

ア 点検及び保守を容易に行うことができるものであること。

イ 電源投入後、1分以内に運用できること。

ウ 電波が発射されていることを表示する機能を有すること。

エ 電源電圧が定格電圧の（±）10パーセント以内において変動した場合においても、安定に動作するものであること。

オ 通常起こり得る温度若しくは湿度の変化、振動又は衝撃があった場合において、支障なく動作するものであること。

(2) 送信装置の条件

空中線電力（無線電話による通信の場合は尖頭電力、デジタル選択呼出装置又は狭帯域直接印刷電信装置による通信の場合は平均電力とする。）	1 60ワット以上となるものであること。 2 400ワットを超える場合は、400ワット以下に低減できること。
過変調の防止	自動的に過変調を防ぐ機能があること。

(3) 受信装置の条件

(略)

2 F3E電波を使用する無線電話による通信及びデジタル選択呼出装置による通信を行う船舶局であって、無線通信規則付録第18号の表（資料36参照）に掲げる周波数の電波を使用するものの無線設備は、次の各号の条件に適合するものでなければならない。ただし、電波法第33条の規定に基づき備えなければならない無線設備の機器以外のものについては、(1)のア、(2)の表の空中線電力の項及び(3)の規定は適用しない（設備40条の7・2項）。

(1) 一般的条件

ア 点検及び保守を容易に行うことができるものであること。

イ 電源投入後、1分以内に運用できること。

ウ 156.525MHzの周波数が容易に選択できること。

エ　0.3秒以内に送信と受信との切換えを行うことができること。

オ　２以上の制御器を有するものにあっては、他の制御器の使用状態が表示できるものであり、かつ、いずれかの一の制御器に優先権が与えられること。

カ　電波が発射されていることを表示する機能を有すること。

キ　電源電圧が定格電圧の（±）10パーセント以内において変動した場合においても、安定に動作するものであること。

ク　通常起こり得る温度若しくは湿度の変化、振動又は衝撃があった場合において、支障なく動作するものであること。

(2)　送信装置の条件

空中線電力	６ワット以上となるものであること。
Ｆ２Ｂ電波の変調指数	２（許容偏差は、0.2とする。）

(3)　受信装置の条件

（略）

３－９－13　デジタル選択呼出専用受信機

1　Ｆ１Ｂ電波2,187.5kHzのみを受信するための受信機並びにＦ１Ｂ電波2,187.5kHz及び8,414.5kHzのほか、4,207.5kHz、6,312kHz、12,577kHz又は16,804.5kHzのうち少なくとも一の電波を同時に又は2秒以内に順次繰り返し受信するための受信機は、次の各号に定める条件に適合するものでなければならない（設備40条の８・１項)。

(1)　一般的条件

ア　遭難通信又は緊急通信以外の通信を受信したときは、可聴及び可視の表示を行うものであること。

イ　遭難通信又は緊急通信を受信したときは、手動でのみ停止できる特別の可聴及び可視の警報を発すること。

ウ　受信した遭難通信に係る呼出しの内容が直ちに印字されない場合、当該内容を20以上記憶でき、かつ、記憶した内容は印字する等により読み出されるまで保存できること。

エ　筐体の見やすい場所に当該受信周波数が表示されていること。

オ　電源投入後、１分以内に運用できること。

カ　電源電圧が定格電圧の（±）10パーセント以内において変動した場合においても、安定に動作するものであること。

キ　通常起こり得る温度若しくは湿度の変化、振動又は衝撃があった場合において、支障なく動作するものであること。

(2)　受信装置の条件

（略）

2　Ｆ２Ｂ電波156.525MHzのみを受信するための受信機は、１の(1)の規定によるほか、次の各号の条件に適合するものでなければならない（設備40条の８・２項）。

(1)　受信装置の条件

（略）

(2)　(1)に掲げるもののほか、総務大臣が別に告示する技術的条件に適合すること。

3－9－14　ナブテックス受信機

1　Ｆ１Ｂ電波518kHzを受信するための受信機は、次の各号の条件に適合するものでなければならない（設備40条の10・１項）。

(1)　一般的条件

ア　Ｆ１Ｂ電波518kHz及び総務大臣が別に告示する周波数の電波を同時に自動的に受信し、その受信した情報の英文による印字又は映像面への表示が自動的にできること。

イ　受信機能及び印字又は映像面への表示機能が正常に動作していることを容易に確認できること。

ウ　遭難通信を受信したときは、手動でのみ停止できる特別の警報を発すること。

エ　電源電圧が定格電圧の（±）10パーセント以内において変動した場合においても、安定に動作するものであること。

オ　通常起こり得る温度若しくは湿度の変化、振動又は衝撃があった場合において、支障なく動作するものであること。

(2)　感度　(3)　文字誤り率等

(略)

(4)　(1)から(3)までに掲げるもののほか、総務大臣が別に告示する技術的条件に適合すること。

2　Ｆ１Ｂ電波424kHzを受信するための受信機は、１の規定(アを除く。)によるほか、次の各号の条件に適合するものでなければならない（設備40条の10・２項)。

(1)　受信及び和文による印字又は映像面への表示が自動的にできること。

(2)　感度　(3)　文字誤り率等

(略)

(4)　(1)から(3)までに掲げるもののほか、総務大臣が別に告示する技術的条件に適合すること。

3－9－15　高機能グループ呼出受信機

高機能グループ呼出受信機は、次に掲げる条件に適合するものでなければならない（設備40条の４・５項)。

1　点検及び保守を容易に行うことができるものであること。

2　電源電圧が定格電圧の（±）10パーセント以内において変動した場合においても、安定に動作するものであること。

3　電源の供給の中断が１分以内である場合は、継続して支障なく動作するものであること。

4　通常起こり得る温度若しくは湿度の変化、振動又は衝撃があった場合において、支障なく動作するものであること。

5　自動的に受信及び印字ができること。

6　遭難通信又は緊急通信を受信したときは、手動でのみ停止できる特別の可聴及び可視の警報を発すること。

7　受信機能及び印字機能が正常に動作していることを容易に確認できること。

8　空中線系の絶対利得と受信装置の等価雑音温度との比は、無線設備規則別図第４号の９（略）に示す曲線の値以上であること（インマルサット高機能グループ呼出受信機に限る）。

9　５から７までに定めるもののほか、総務大臣が別に告示する技術的条件に適合すること。

3－9－16　双方向無線電話

双方向無線電話は、次の各号の条件に適合するものでなければならない（設備45条の３）。

1　小型かつ軽量であって、１人で容易に持ち運びができること（生存艇に固定して使用するものを除く。）。

2　外部の調整箇所が必要最小限のものであり、かつ、取扱いが容易であること。

3　水密であり、かつ、海水、油及び太陽光線の影響をできるだけ受けない措置が施されていること。

4　筐体に黄色若しくはだいだい色の彩色が施されていること又は筐体に黄色若しくはだいだい色の帯状の標示があること。

5　筐体の見やすい箇所に、電源の開閉方法等機器の取扱方法その他注意事項を簡明に、かつ、水で消えないように表示してあること。

6　通常起こり得る温度若しくは湿度の変化、振動又は衝撃があった場合において、支障なく動作するものであること。

7　使用者の衣服に取り付けることができ、及び手首又は首にかけることができるひも（一定の張力が加えられたときに切り離される構造を有するものに限る。）が備え付けられていること（生存艇に固定して使用するものを除く。）。

8　生存艇に損傷を与えるおそれのある鋭い角等がないものであること。

9　電源投入後、５秒以内に運用できること。

10　156.8MHzを含む少なくとも２波の周波数が使用できること。

11　実効輻射電力が0.25ワット以上であること。

12　雑音抑圧を20デシベルとするために必要な受信機入力電圧より6デシベル高い希望波入力電圧を加えた状態の下で、希望波から25kHz以上離れた妨害波を加えた場合において、雑音抑圧が20デシベルとなるときのその妨害波入力電圧が3.16ミリボルト以上であること。

13　電源として独立の電池を備えるものであり、かつ、取替え又は充電が容易にできること。

14　電池の容量は、当該無線電話を8時間（送信時間の受信時間に対する割合は9分の1とする。）以上支障なく動作させることができ、かつ、8時間が経過したときの実効輻射電力が0.25ワット以上となるものであること。

15　装置してから2年が経過した後においても、14の条件を満たすものであること（充電電池を使用する場合を除く。）。

16　電池は、色又は標示により日常使用するものと非常の場合に使用するものとを容易に区別でき、かつ、一次電池にあっては、未使用の区別を確認できる措置が施されていること。

3－9－17　船舶航空機間双方向無線電話

船舶航空機間双方向無線電話は、次の各号の条件に適合するものでなければならない（設備45条の３の２）。

1　外部の調整箇所が必要最小限のものであり、かつ、取扱いが容易であること。

2 筐（きょう）体の見やすい箇所に、電源の開閉方式等機器の取扱方法その他注意事項を簡明に、かつ、水で消えないように表示してあること。

3 121.5MHz及び123.1MHzの周波数の電波を使用できること。

4 使用する電波の型式は、Ａ３Ｅであること。

5 通常の使用状態における変調度は、最大値において80パーセント以上であること。

6 空中線電力は、100ミリワット以上であること。

7 空中線は、単一型のものであつて、その指向特性が水平面無指向性であり、かつ、その発射する電波の偏波面が垂直となるものであること。

8 1,000ヘルツの変調周波数で30パーセント変調された信号により、20マイクロボルトの受信入力電圧を加えたとき、出力の信号対雑音比は６デシベル以上であること。

9 350ヘルツから2,500ヘルツまでの周波数で30パーセント変調された10ミリボルトの受信入力電圧を加えた場合において、出力が定格出力に比して（±）10デシベル以内のとき、当該出力とその中に含まれる不要成分との比が16.5デシベル以上であること。

10 電池の容量は、当該無線電話を連続して８時間以上支障なく動作させることができるものであり、かつ、一次電池にあつては、その有効期限を明示してあること。

3－10 遭難自動通報設備

遭難自動通報設備には、衛星非常用位置指示無線標識、捜索救助用レーダートランスポンダ、捜索救助用位置指示送信装置及び携帯用位置指示無線標識がある。それぞれの定義及び設備の条件は、次のように規定されている。

3－10－1　衛星非常用位置指示無線標識（衛星EPIRB）

1　衛星非常用位置指示無線標識とは、遭難自動通報設備であって、船舶が遭難した場合に、人工衛星局の中継により、並びに船舶局及び航空機局に対して、当該遭難自動通報設備の送信の地点を探知させるための信号を送信するものをいう（施行２条１項38号）。

2　この設備の条件は、次のように規定されている。

(1)　旅客船又は総トン数300トン以上の船舶であって、国際航海に従事するものに備える設備は、その型式について、総務大臣の行う検定に合格したものでなければならない（法37条、施行11条の４・１項）。

(2)　Ａ３Ｘ電波121.5MHz、Ｇ１Ｂ電波又はＧ１Ｄ電波406.025MHz、406.028MHz、406.031MHz、406.037MHz又は406.04MHz並びにＦ１Ｄ電波161.975MHz及び162.025MHzを送ることができるものでなければならない（施行12条９項）。

(3)　Ｇ１Ｂ電波406MHzから406.1MHzまで、Ａ３Ｘ電波121.5MHz並びにＦ１Ｄ電波161.975MHz及び162.025MHzを使用するものは、次の条件に適合するものでなければならない（設備45条の２・１項抜粋）。

ア　一般的条件

(ア)　人工衛星向けの信号と航空機がホーミングするための信号を同時に送信することができること。

(イ)　船体から容易に取り外すことができ、かつ、１人で持ち運ぶことができること。

(ウ)　水密であること、海面に浮くこと、横転した場合に復元すること、浮力のあるひもを備え付けること等海面において使用するのに適していること。

(エ)　筐体に黄色又はだいだい色の彩色が施されており、かつ、反射材が取り付けられていること。

(オ)　海水、油及び太陽光線の影響をできるだけ受けない措置が施されていること。

(カ) 筐体の見やすい箇所に、電源の開閉方法等機器の取扱方法その他注意事項を簡明に、かつ、水で消えないように表示してあること。

(キ) 手動により動作を開始し、及び停止することができること。

(ク) 自動的に船体から離脱するものは、離脱後自動的に作動すること。

(ケ) 不注意による動作を防ぐ措置が施されていること。

(コ) 人工衛星向けの電波が発射されていること及び人工衛星局から送信される位置の測定のための信号が受信されていることを表示する機能を有すること。

(サ) 正常に動作することを容易に試験できる機能を有すること。

(シ) 通常起こり得る温度若しくは湿度の変化、振動又は衝撃があった場合において、支障なく動作するものであること。

(ス) 暗所で作動し、他の環境下においても確認可能な点滅灯を備えること。

(セ) 人工衛星局から送信される位置の測定のための信号を受信する装置を有し、当該装置により計算した位置に関する情報を送信するものであること。

イ　電源の条件

(ア) 電源として独立の電池を備えるものであり、かつ、その電池の有効期限を明示してあること。

(イ) 電池の容量は、当該送信設備を連続して48時間以上動作させることができるものであること。

(ウ) 電池を装置してから１年が経過した後においても、(イ)の条件を満たすものであること。

(エ) 電池は、取替え及び点検が容易にできるものであること。

3－10－2　捜索救助用レーダートランスポンダ（SART）

1　捜索救助用レーダートランスポンダとは、遭難自動通報設備であって、船舶が遭難した場合に、レーダーから発射された電波を受信したとき、それに応答して電波を発射し、当該レーダーの指示器上にその位置を表示させるものをいう（施行２条１項39号）。

2　この設備の条件は、次のとおり規定されている。

(1)　旅客船又は総トン数300トン以上の船舶であって、国際航海に従事するものに備える設備は、その型式について、総務大臣の行う検定に合格したものでなければならない（法37条、施行11条の４・１項）。

(2)　ＱＯＮ電波9,200MHzから9,500MHzまでを送ることができるものでなければならない（施行12条９項）。

(3)　次の条件に適合するものでなければならない（設備45条の３の３・１項抜粋）。

ア　一般的条件

(ア)　小型かつ軽量であること。

(イ)　水密であること。

(ウ)　海面にある場合に容易に発見されるように、筐体に黄色又はだいだい色の彩色が施され、かつ、海水、油及び太陽光線の影響をできるだけ受けない措置が施されていること。

(エ)　筐体の見やすい箇所に、電源の開閉方法等機器の取扱方法その他注意事項を簡明に、かつ、水で消えないように表示してあること。

(オ)　取扱いについて特別の知識又は技能を有しない者にも容易に操作できるものであること。

(カ)　生存艇に損傷を与えるおそれのある鋭い角等がないものであること。

(キ)　手動により動作を開始し、及び停止することができること。

(ク)　不注意による動作を防ぐ措置が施されていること。

(ケ) 電波が発射されていること及び待受状態を表示する機能を有すること。

(コ) 正常に動作することを容易に、かつ、定期的に試験できる機能を有するものであること。

(サ) 通常起こり得る温度若しくは湿度の変化、振動又は衝撃があった場合において、支障なく動作するものであること。

(シ) 生存艇と一体でないものは、浮力のあるひもを備え付けること、海面に浮くこと及び船体から容易に取り外すことができること。

(ス) 海面において使用するものは、横転した場合に復元すること。

イ 空中線に関する条件

生存艇に取り付けた状態での空中線高は、海面上少なくとも1メートル以上となること。

ウ 電源に関する条件

(ア) 有効期間1年以上の専用電池を使用すること。

(イ) 電池の容量は、96時間の待受状態の後、1ミリ秒の周期で、レーダー電波を受信した場合において、連続8時間支障なく動作させることができるものであること。

3－10－3 捜索救助用位置指示送信装置（AIS-SART）

1 捜索救助用位置指示送信装置とは、遭難自動通報設備であって、船舶が遭難した場合に、船舶自動識別装置又は簡易型船舶自動識別装置の指示器上にその位置を表示させるための情報を送信するものをいう（施行2条1項39号の2）。

2 この設備の条件は、次のとおり規定されている。

(1) 旅客船又は総トン数300トン以上の船舶であって、国際航海に従事するものに備える設備は、その型式について、総務大臣の行う検定に合格したものでなければならない（法37条、施行11条の4・1項）。

⑵　Ｆ１Ｄ電波161.975MHz及び162.025MHzを送ることができるものでなければならない（施行12条９項）。

⑶　次の条件に適合するものでなければならない（設備45条の３の３の２抜粋）。

ア　一般的条件

㈠　３－10－２の２の⑶のアに同じ。

㈡　電波法施行規則別図第６号の装置の識別信号（資料23の１の⑻参照）を送信するものであること。

㈢　人工衛星局から送信される位置の測定のための信号を受信する装置を有し、当該装置により計算した位置に関する情報を送信するものであること。

㈣　電源投入後、１分以内に通報の送信を開始するものであること。

イ　生存艇に取り付けた状態での空中線高は海面上少なくとも１メートル以上となること。

ウ　電源に関する条件

㈠　有効期間３年以上の専用電池を使用すること。

㈡　電池の容量は、96時間以上支障なく動作させることができるものであること。

3－10－4　携帯用位置指示無線標識（PLB）

1　携帯用位置指示無線標識とは、人工衛星局の中継により、及び航空機局に対して、電波の送信の地点を探知させるための信号を送信する遭難自動通報設備であって、携帯して使用するものをいう（施行２条１項37号の８）。

2　この設備の条件は、次のとおり規定されている。

⑴　Ａ３Ｘ電波121.5MHz及びＧ１Ｂ電波406.025MHz、406.028MHz、406.031MHz、406.037MHz又は406.04MHzを送ることができるもの

でなければならない（施行12条９項）。

(2)　Ｇ１Ｂ電波406MHzから406.1MHzまで及びＡ３Ｘ電波121.5MHzを使用する携帯用位置指示無線標識は、次に掲げる条件に適合するものでなければならない（設備45条の３の３の３）。

ア　一般的条件

(ア)　人工衛星向けの信号と航空機がホーミングするための信号を同時に送信することができること。

(イ)　小型かつ軽量であって、１人で容易に持ち運びができること。

(ウ)　筐体は容易に開けることができないこと。

(エ)　筐体に黄色又はだいだい色の彩色が施されていること。

(オ)　筐体の見やすい箇所に、機器の取扱方法その他注意事項を簡明に、かつ、水で消えないように表示してあること。

(カ)　取扱いについて特別の知識又は技能を有しない者にも容易に操作できるものであること。

(キ)　手動により動作を開始し、及び停止することができること。

(ク)　不注意による動作を防ぐ措置が施されていること。

(ケ)　電波が発射されていることを表示する機能を有すること。

(コ)　正常に動作することを容易に試験できる機能を有すること。

イ　送信装置は、無線設備規則第45条の２第１項第２号に規定する条件に適合すること。

ウ　空中線は、無線設備規則第45条の２第１項第３号に規定する条件に適合すること。

エ　電源は、一次電池を使用するものであり、かつ、その電池の有効期限を明示してあること。

オ　アからエまでに掲げるもののほか、総務大臣が別に告示する技術的条件に適合するものであること。

3－11　衛星通信設備

3－11－1　船舶地球局の無線設備

1　インマルサット船舶地球局

インマルサット船舶地球局は、国際移動通信衛星機構（IMSO）が監督する法人が静止衛星に開設する人工衛星局（「インマルサット人工衛星局」という。）の中継により海岸地球局と通信を行うために開設する船舶地球局である。

インマルサット衛星通信システムの通信構成は、次図のとおりである。

〈インマルサット衛星通信システムの構成〉

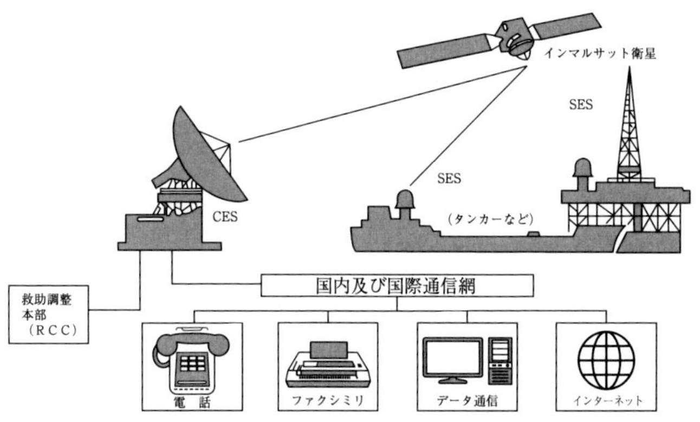

ＣＥＳ：海岸地球局　ＳＥＳ：船舶地球局

この海事衛星通信システムの特徴・利点には、次のような点が挙げられる。

(1)　船舶の遭難等の緊急事態においては、直ちに関連通信のそ通が図られ、したがって、救助が円滑に行われること（GMDSSの一環）。

(2)　陸上と船舶の間の通信が円滑かつ迅速に行われること。

(3)　ほぼ北緯70度～南緯70度の間で常に通信を行うことができること。

(4)　自動化が施されているため、操作が簡単であること。

〈インマルサット人工衛星局の通信圏〉

平成４年告示第68号

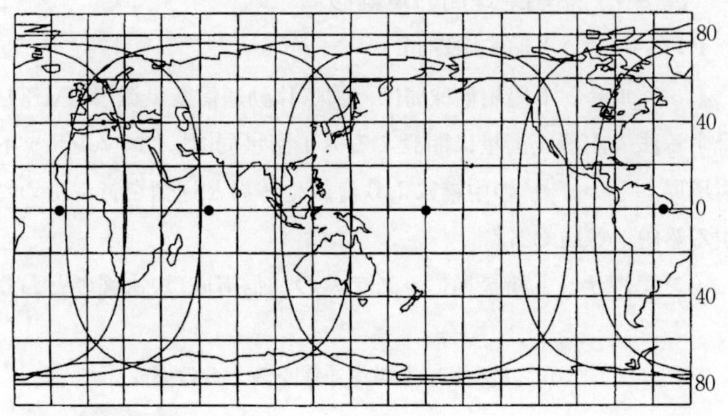

1　通信圏は、インマルサット船舶地球局の開設される船舶が安定な状態において、当該インマルサット船舶地球局のアンテナ仰角が、インマルサット人工衛星局に対して５度以上となる海域である。

2　地図上の・点は、赤道上空の静止衛星軌道におけるインマルサット人工衛星局の位置を示す。

2　イリジウムシステムの船舶地球局

イリジウムシステムの船舶地球局は、非静止衛星に開設する人工衛星局の中継により海岸地球局と通信を行うために開設する船舶地球局である。

3－11－2　船舶地球局の無線設備の条件

1　船舶地球局の無線設備は、次に掲げる条件に適合するものでなければならない（設備40条の４・１項）。

(1)　点検及び保守を容易に行うことができるものであること。

(2)　自局の識別表示は、容易に変更できないこと。

(3)　遭難警報は、容易に送出でき、かつ、誤操作による送出を防ぐ措置が施されていること。

(4)　電源電圧が定格電圧の（±）10パーセント以内において変動した場合においても、安定に動作するものであること。

(5)　電源の供給の中断が１分以内である場合は、電源の回復後において継続して支障なく動作するものであること（Ｆ型を除く。）。

(6)　通常起こり得る温度又は湿度の変化、振動又は衝撃があった場合において、支障なく動作するものであること。

2　インマルサット船舶地球局のインマルサットＣ型の無線設備は、１に掲げる条件のほか、送信装置の条件は、次に掲げる条件に適合するものでなければならない（設備40条の４・２項抜粋）。

(1)　変調方式は、位相変調であること。

(2)　送信速度は、毎秒600ビット又は毎秒1,200ビットであること。

【参考】

インマルサットＣ型は、低速度のテレックス、データ伝送を扱い、音声の伝送は行わず、小型で軽量である。

3　インマルサット船舶地球局のインマルサットＦ型の無線設備は、１に掲げる条件（１の(5)を除く。）のほか、送信装置の条件は、次に掲げる条件に適合するものでなければならない（設備40条の４・３項抜粋）。

(1)　変調方式は、位相変調（無線高速データによる通信を行う場合にあっては、16値直交振幅変調）であること。

(2)　送信速度は、通信の種類に応じて次のいずれかに規定する値（許容偏差は、100万分の10とする。）であること。

ア　無線電信による通信（呼出し又は応答を行うためのものに限る。）を行う場合　毎秒3,000ビット

イ　無線高速データによる通信を行う場合　毎秒134,400ビット又は毎秒268,800ビット

ウ　ア及びイ以外の通信を行う場合　毎秒5,600ビット又は24,000ビット

4　非静止衛星に開設する人工衛星局の中継により海岸地球局と通信を

行う船舶地球局の無線設備であって、1,618.25MHzから1,626.5MHzまでの周波数の電波を使用するものは、1の(1)に掲げる条件のほか、次に掲げる条件に適合するものでなければならない(設備40条の4・4項)。

(1) 通信方式は、複信方式であること。

(2) 船舶地球局が使用する周波数は、海岸地球局の制御信号により自動的に選択するものであること。

(3) 送信又は受信する電波の偏波は右旋円偏波であること。

(4) (2)及び(3)に定めるもののほか、総務大臣が別に告示する技術条件に適合すること。

5 高機能グループ呼出受信機の条件(省略)(3-9-15参照)

3-12 無線航行設備(レーダー)

3-12-1 レーダー

無線航行のためのレーダーは、船舶安全法第2条の規定に基づく命令(船舶設備規程第146条の12(末尾【参考】参照))において設置要件が定められ、無線設備規則第48条において、次のとおり技術的要件が規定されている。

1 船舶に設置する無線航行のためのレーダーは、次の各号の条件に適合するものでなければならない(設備48条1項)。

(1) その船舶の無線設備、羅針儀その他の設備であって重要なものの機能に障害を与え、又は他の設備によってその運用が妨げられるおそれのないように設置されるものであること。

(2) その船舶の航行の安全を図るために必要な音声その他の音響の聴取に妨げとならない程度に機械的雑音が少ないものであること。

(3) 指示器の表示面に近接した位置において電源の開閉その他の操作ができるものであり、当該指示器の操作をするためのつまみ類は、容易に見分けがついて使用しやすいものであること。

(4) 電源投入後、次に掲げる動作ができるものであること。

ア 4分以内に完全動作状態(電波を送信し、その受信信号を遅滞なく、かつ、連続的に更新していることが画面に表示される状態をいう。）にすることができるものであること。

イ　完全動作状態から送信準備状態（電源投入状態で機能等は動作可能な状態にあるが、電波の送信及び受信信号の画面表示は停止された状態をいう。）にすることができるものであり、かつ、送信準備状態から15秒以内に完全動作状態にすることができるものであること。

(5)　電源電圧が交流の場合においては定格電圧の（±）10パーセント以内に、直流の場合においては定格電圧の（＋）30パーセントから（－）10パーセントまでにおいて変動した場合においても安定に動作するものであること。

(6)　通常起こり得る温度若しくは湿度の変化又は振動があった場合において、支障なく動作するものであること。

(7)　指示器は次の条件に合致するものであること。

ア　表示面における不要の表示であって雨雪によるもの、海面によるもの及び他のレーダーによるものを減少させる装置を有すること。

イ　船首方向を表示することができること（極座標による表示方式のものの場合に限る。）。

(8)　次の条件に合致するものであること。

ア　空中線が海面から15メートルの高さにある場合において、次に掲げる目標を明確に表示することができること。

(ア)　7海里の距離における総トン数5,000トンの船舶

(イ)　2海里の距離における有効反射面積10平方メートルの浮標

(ウ)　92メートルの距離における有効反射面積10平方メートルの浮標

イ　次の分解能を有すること。

(ア)　方位角3度以内で等距離にある二の目標を区別して表示する

ことができること。

(イ) 同一の方位にあり、かつ、相互に68メートル離れた二の目標を、最小の距離レンジにおいて区別して表示することができること。

ウ 次の精度を有すること。

(ア) 0.75海里の距離における目標の方位を2度以内の誤差で測定することができること。

(イ) その船舶と目標との間の距離を現に使用している距離レンジの値の6パーセント以内（その距離レンジが0.75海里未満のものにあっては、82メートル以内）の誤差で測定することができること。

(9) 船舶が横揺れ又は縦揺れにより10度傾斜した場合においても、(8)アの(ア)から(ウ)までに掲げる目標が表示されるものであること。

(10) 3GHz帯又は9GHz帯の周波数の電波を使用するレーダーであって、電波法施行規則第31条第2項第1号から第4号までに掲げるものに替えて半導体素子を使用するもののパルス幅は、次のとおりであること。

ア P0N電波を使用する場合 1.2マイクロ秒以下

イ Q0N電波を使用する場合 22マイクロ秒以下

(11) 3GHz帯又は9GHz帯の周波数の電波を使用するレーダーであって、電波法施行規則第31条第2項第1号から第4号までに掲げるものに替えて半導体素子を使用するものの繰返し周波数は、3,000ヘルツ（変動率は(±)25パーセントを超えないこと）を超えないこと。

(12) V0N電波を用いる場合は、それを構成するP0N電波成分及びQ0N電波成分の占有周波数帯幅を合算したものが、3GHz帯にあっては100MHz、9GHz帯にあっては110MHz以下であること。ただし、P0N電波成分とQ0N電波成分の占有周波数帯幅が重複するものにあっては、各電波成分の占有周波数帯幅から重複する周波数の幅を減じた値が、３GHz帯にあっては100MHz、９GHz帯にあっては110MHz以下であること。

2　船舶安全法第２条の規定に基づく命令により船舶に備えなければならないレーダーであって、無線航行のためのものは、１の条件のほかに更に細かく条件が付けられている（設備48条２項）。

3　２の規定によるレーダーは、その型式について総務大臣の行う検定に合格したものでなければならない（法37条）。

4　船舶に設置する無線航行のためのレーダーのうち、１又は２の規定を適用することが困難又は不合理であるため総務大臣が別に告示するものは、１又は２の規定にかかわらず、別に告示する技術的条件に適合するものでなければならない（設備48条３項）。

【参考】 船舶設備規程 146 条の 12

船舶（総トン数300トン未満の船舶であって旅客船以外のものを除く。）には、機能等について告示で定める要件に適合する航海用レーダー（総トン数3,000トン以上の船舶にあっては、独立に、かつ、同時に操作できる二の航海用レーダー）を備えなければならない。ただし、国際航海に従事しない旅客船であって総トン数150トン未満のもの及び管海官庁が当該船舶の航海の態様等を考慮して差し支えないと認める場合には、この限りでない。

3－13　磁気羅針儀に対する保護

船舶の航海船橋に通常設置する無線設備には、その筐体の見やすい箇所に、当該設備の発する磁界が磁気羅針儀の機能に障害を与えない最小の距離を明示しなければならない（設備37条の28）。

【参考】

次の図は、船橋に設置された無線設備（超短波帯）に貼付されるラベルである。見本１は、標準のコンパスから最小50cm及び操舵用コンパスからは40cm以上離さなければならないことを示している。標準コンパスは、無線設備を近づけたとき0.5度以下の誤差となる距離を示し、操舵用コンパスは、その75パーセント以上の距離にすることとされている。見本２は、標準コンパスの場合80cm、操舵用コンパスからは60cmが障害を与えない最小の距離であることを示したものである。

見本１			見本２	
COMPASS SAFE DISTANCE			COMPASS SAFE DISTANCE	
STANDARD	0.5M		STANDARD	0.8M
STEERING	0.4M		STEERING	0.6M

3－14　型式検定合格機器の備付け

次に掲げる無線設備の機器は、その型式について総務大臣の行う検定に合格したものでなければ、施設してはならない。ただし、総務大臣が行う検定に相当する型式検定に合格している機器その他の機器であって総務省令（施行11条の５）で定めるものを施設する場合は、この限りでない（法37条）。

1　電波法第31条の規定により備え付けなければならない周波数測定装置（3-8参照）

2　船舶安全法第２条（同法29条の７の規定に基づく政令において準用する場合を含む。）の規定に基づく命令により船舶に備えなければならないレーダー

3　船舶に施設する救命用の無線設備の機器であって総務省令（施行11条の４・１項）で定めるもの（注）

4　電波法第33条の規定により備えなければならない無線設備の機器（義務船舶局の無線設備の機器（3－９－２の２参照））（３に掲げるものを除く。）

5　電波法第34条に規定する船舶地球局（3－9－3の２の(1)の船舶地球局）の無線設備の機器

6　（航空機関係省略）

（注）　総務省令で定めるものは、旅客船又は総トン数300トン以上の船舶であって、国際航海に従事するものに備える次に掲げるものである（施行11条の４・１項）。

　1　双方向無線電話

2　船舶航空機間双方向無線電話（旅客船に限る。）
3　衛星非常用位置指示無線標識
4　捜索救助用レーダートランスポンダ
5　捜索救助用位置指示送信装置

【参考】

総務省令（施行11条の５）で定める型式検定を要しない機器のうち、告示されたものは次のとおりである（昭61年告示第221号）。

1　船舶安全法第６条の４の規定による型式承認を受けた機器であって、次に掲げるもの
⑴　レーダー
⑵　高機能グループ呼出受信機
⑶　デジタル選択呼出装置
⑷　デジタル選択呼出専用受信機
⑸　ナブテックス受信機
⑹　衛星非常用位置指示無線標識
⑺　双方向無線電話
⑻　船舶航空機間双方向無線電話
⑼　捜索救助用レーダートランスポンダ
⑽　捜索救助用位置指示送信装置
⑾　船舶自動識別装置
⑿　航海情報記録装置
⒀　簡易型航海情報記録装置
⒁　地上無線航法装置
⒂　衛星無線航法装置

2　電波法第37条第５号の機器（３-14の５の船舶地球局の無線設備の機器）（インマルサットＣ型の無線設備及び電波法施行規則第12条第６項第２号に規定する船舶地球局のうち、1,621.35MHzから1,626.5MHzまでの周波数の電波を使用する無線設備の機器を除く。）

3　船舶長距離識別追跡装置

第4章 無線従事者

電波の能率的な利用を図るためには、無線設備が技術基準に適合するものであるほか、その操作が適切に行われなければならない。また、無線設備の操作には専門的な知識及び技能が必要である。

このため、電波法では、無線局の無線設備の操作は、原則として一定の資格を有する無線従事者でなければ行ってはならないという資格制度を採用し、無線従事者による無線設備の操作、無線従事者の資格、免許等について規定している。なお、無線従事者とは、無線設備の操作又はその監督を行う者であって、総務大臣の免許を受けたものをいう（法2条6号）。

無線従事者は、無線設備の操作について、一定の知識及び技能を有する者として一定範囲の無線設備の操作及び無線従事者の資格のない者等の無線設備の操作の監督を行うことができる地位を与えられていると同時に、無線局の無線設備の操作に従事する場合はこれを適正に運用しなければならない責任のある地位におかれているものである。

4－1　資格制度

4－1－1　無線設備の操作を行うことができる者

無線設備の操作を行うことができる無線従事者（義務船舶局等の無線設備であって総務省令（施行32条の10）で定めるものの操作については、船舶局無線従事者証明を受けている無線従事者）以外の者は、主任無線従事者（注）として選任された者であって選任の届出がされたものにより監督を受けなければ、無線局の無線設備の操作（簡易な操作であって総務省令（施行33条）で定めるものを除く。）を行ってはならない。ただ

メ　モ

し、船舶又は航空機が航行中であるため無線従事者を補充することができないとき、その他総務省令（施行33条の２、34条）で定める場合は、この限りではない（法39条１項）。

（注）主任無線従事者とは、無線局（アマチュア無線局を除く。）の無線設備の操作の監督を行う者をいう。

4－1－2　無線設備の操作の特例等

4-1-2-1　無線従事者でなければ行ってはならない操作

無線従事者でなければ行ってはならない無線設備の操作は、次のとおりである。

1　モールス符号を送り、又は受ける無線電信の操作（法39条２項）

2　海岸局、船舶局、海岸地球局又は船舶地球局の無線設備の通信操作で遭難通信、緊急通信又は安全通信に関するもの（施行34条の２・１号）

3　航空局、航空機局、航空地球局又は航空機地球局の無線設備の通信操作で遭難通信又は緊急通信に関するもの（施行34条の２・２号）

4　航空局の無線設備の通信操作で次に掲げる通信の連絡の設定及び終了に関するもの（自動装置による連絡設定が行われる無線局の無線設備のものを除く。）（施行34条の２・３号）

(1)　無線方向探知に関する通信

(2)　航空機の安全運航に関する通信

(3)　気象通報に関する通信（(2)のものを除く。）

5　２から４までに掲げるもののほか、総務大臣が別に告示（掲載省略）するもの（施行34条の２・４号）

4-1-2-2　義務船舶局等の無線設備の操作

4－1－1で述べたとおり、義務船舶局等の無線設備であって総務省令で定めるものの操作は、船舶局無線従事者証明を受けている無線従事者でなければ行ってはならない。この総務省令で定める無線設備は、次のとおりである。ただし、航海の態様が特殊な船舶の無線設備その他総務大臣又は総合通信局長が特に認めるものについては、この限りでない（施行32条の10）。

1　次に掲げる船舶の義務船舶局の超短波帯の無線設備、中短波帯の無線設備並びに中短波帯及び短波帯の無線設備であって、デジタル選択呼出装置による通信及び無線電話又は狭帯域直接印刷電信装置による通信が可能なもの

（注）超短波帯、中短波帯、短波帯の領域は、３－９－２の２の(3)の末尾（注１）から（注３）参照。

(1)　旅客船（Ａ１海域のみを航行するもの並びにＡ１海域及びＡ２海域のみを航行するものであって、国際航海に従事しないものを除く。）

(2)　旅客船及び漁船（専ら海洋生物を採捕するためのもの以外のもので国際航海に従事する総トン数300トン以上のものを除く。(3)において同じ。）以外の船舶（国際航海に従事する総トン数300トン未満のもの（Ａ１海域のみを航行するもの並びにＡ１海域及びＡ２海域のみを航行するものに限る。）及び国際航海に従事しないものを除く。）

(3)　漁船（Ａ１海域のみを航行するもの並びにＡ１海域及びＡ２海域のみを航行するものを除く。）

2　１の(1)から(3)までに掲げる船舶に開設されたインマルサット船舶地球局の無線設備（インマルサット船舶地球局のインマルサットC型のものに限る。）又は電波法施行規則第12条第６項第２号に規定する船舶地球局（３－３－１の６の(2)の船舶地球局）のうち1,621.35MHzから1,626.5MHzまでの周波数の電波を使用する無線設備

【参考】船舶局無線従事者証明を要する義務船舶局の船舶の区分の概略
（網目を施した海域を航行する船舶が該当する。）　（施行32条の10）

<table>
<tr><th rowspan="2">船　種</th><th rowspan="2">国際航海</th><th rowspan="2">総トン数</th><th colspan="4">航　行　海　域</th></tr>
<tr><th>Ａ１</th><th>Ａ２</th><th>Ａ３</th><th>Ａ４</th></tr>
<tr><td rowspan="2">旅客船</td><td>従　事</td><td>---</td><td>■</td><td>■</td><td>■</td><td>■</td></tr>
<tr><td>非従事</td><td>---</td><td></td><td></td><td>■</td><td>■</td></tr>
<tr><td rowspan="3">旅客船及び漁船以外の船舶</td><td rowspan="2">従　事</td><td>300トン以上</td><td>■</td><td>■</td><td>■</td><td>■</td></tr>
<tr><td>300トン未満</td><td></td><td></td><td>■</td><td>■</td></tr>
<tr><td>非従事</td><td>---</td><td></td><td></td><td></td><td></td></tr>
<tr><td>漁　船</td><td>---</td><td>---</td><td></td><td></td><td>■</td><td>■</td></tr>
</table>

4－1－2－3　資格等を要しない場合

1　無線設備の簡易な操作

無線従事者の資格を要しない無線設備の簡易な操作は、次のとおりである。ただし、4－1－2－1に掲げる無線設備の操作を除く（施行33条）。

⑴　電波法第４条第１号から第３号までに規定する免許を要しない無線局の無線設備の操作

⑵　電波法第27条の２に規定する特定無線局（同条第１号に掲げるもの（航空機地球局にあっては、航空機の安全運航又は正常運航に関する通信を行わないものに限る。）に限る。）の無線設備の通信操作及び当該無線設備の外部の転換装置で電波の質に影響を及ぼさないものの技術操作

⑶　次に掲げる無線局の無線設備の操作で当該無線局の無線従事者の管理の下に行うもの

ア　船舶局（船上通信設備、双方向無線電話、船舶航空機間双方向無線電話、船舶自動識別装置（通信操作を除く。）及びＶＨＦデータ交換装置（通信操作を除く。）に限る。

イ　船上通信局

(4)　次に掲げる無線局（特定無線局に該当するものを除く。）の無線設備の通信操作

ア　陸上に開設した無線局（海岸局（イに掲げるものを除く。）、航空局、船上通信局、無線航行局及び海岸地球局並びに(5)のエの航空地球局を除く。）

イ　海岸局（船舶自動識別装置及びVHFデータ交換装置に限る。）

ウ　船舶局（船舶自動識別装置及びVHFデータ交換装置に限る。）

エ　携帯局

オ　船舶地球局（船舶自動識別装置に限る。）

カ　航空機地球局（航空機の安全運航又は正常運航の通信を行わないものに限る。）

キ　携帯移動地球局

(5)　次に掲げる無線局（特定無線局に該当するものを除く。）の無線設備の連絡の設定及び終了（自動装置により行われるものを除く。）に関する通信操作以外の通信操作で当該無線局の無線従事者の管理の下に行うもの

ア　船舶局（(3)のア及び(4)のウに該当する無線設備を除く。）

イ　航空機局

ウ　海岸地球局

エ　航空地球局（航空機の安全運航又は正常運航に関する通信を行うものに限る。）

オ　船舶地球局（電気通信業務を行うことを目的とするものに限る。）

カ　航空機地球局（(4)のカに該当するものを除く。）

(6)　次に掲げる無線局（適合表示無線設備のみを使用するものに限る。）の無線設備の外部の転換装置で電波の質に影響を及ぼさないものの技術操作

ア　フェムトセル基地局

イ　特定陸上移動中継局

ウ　簡易無線局

エ　構内無線局

オ　無線標定陸上局その他の総務大臣が別に告示する無線局

(7)　次に掲げる無線局（特定無線局に該当するものを除く。）の無線設備の外部の転換装置で電波の質に影響を及ぼさないものの技術操作で他の無線局の無線従事者（他の無線局が外国の無線局である場合は、当該他の無線局の無線設備を操作することができる電波法第40条第１項の無線従事者の資格を有する者であって、総務大臣が告示（平成18年告示第45号）で定めるところにより、免許人が当該技術操作を管理する者として総合通信局長に届け出たものを含む。）に管理されるもの

ア　基地局（陸上移動中継局の中継により通信を行うものに限る。）

イ　陸上移動局

ウ　携帯局

エ　簡易無線局（(6)のウに該当するものを除く。）

オ　VSAT地球局

カ　航空機地球局、携帯移動地球局その他の総務大臣が別に告示する無線局

(8)　(1)から(7)までに掲げるもののほか、総務大臣が別に告示（平成２年告示第240号）（注）するもの

（注）　遭難自動通報設備、ラジオ・ブイ、簡易型航海情報記録装置を備える衛星位置指示無線標識及び転落時船舶位置通報装置等は、告示されたものの例である。

2　無線従事者の資格のない者が操作できる場合

無線従事者の資格のない者が無線設備の操作を行うことができる場合は、次のとおりである（施行33条の２・１項抜粋）。

(1) 外国各地間のみを航行する船舶又は航空機その他外国にある船舶又は航空機に開設する無線局において、無線従事者を得ることができない場合であって、その船舶又は航空機が日本国内の目的地に到着するまでの間、次の表の左欄に掲げる外国政府の発給した証明書を有する者が右欄に掲げる資格の無線従事者の操作の範囲に属する無線設備の操作を行うとき（無線通信規則第37条の規定による証明書を有する者は航空機局又は航空機地球局の無線設備の操作に、同規則第47条の規定による証明書を有する者は船舶局又は船舶地球局の無線設備の操作に限る。）。

無線通信士一般証明書又は第一級無線電信通信士証明書を有する者	第一級総合無線通信士
第二級無線電信通信士証明書を有する者	第二級総合無線通信士
無線電信通信士特別証明書を有する者	第三級総合無線通信士
第一級無線電子証明書を有する者	第一級海上無線通信士
第二級無線電子証明書を有する者	第二級海上無線通信士
一般無線通信士証明書を有する者	第三級海上無線通信士
無線電話通信士一般証明書を有する者	航空無線通信士又は 第四級海上無線通信士
制限無線通信士証明書を有する者	第一級海上特殊無線技士

(2) 非常通信業務を行う場合であって、無線従事者を無線設備の操作に充てることができないとき、又は主任無線従事者を無線設備の操作の監督に充てることができないとき。

(3) (1)及び(2)のほか、総務大臣が別に告示（平成2年告示第241号）するもの

3　船舶が航行中であるため無線従事者の資格のない者が無線設備の操作を行うことができる場合

船舶又は航空機が航行中であるため無線従事者の資格のない者が無線設備の操作を行う場合においては、その操作は、遭難通信、緊急通信及び安全通信を行う場合に限る。この場合において、その船舶又は

航空機が日本国内の目的地に到着したときは、速やかに一定の無線従事者を補充しなければならない（施行34条）。

4　船舶局無線従事者証明を要しない場合

船舶局無線従事者証明を要しない場合は、次のとおりである（施行33条の2・2項）。

(1)　外国各地間のみを航行する船舶その他外国にある船舶に開設する無線局において、船舶局無線従事者証明を受けた者を得ることができない場合であって、その船舶が日本国内の目的地に到着するまでの間、船員の訓練及び資格証明並びに当直の基準に関する国際条約第6条の規定により外国の政府の発給した証明書を有する者が当該船舶に開設する無線局の無線設備の操作を行うとき。

(2)　船舶職員及び小型船舶操縦者法第2条第2項の規定による船舶職員（通信長及び通信士の職務を行うものに限る。）以外の者で船舶局無線従事者証明を受けていない無線従事者が、義務船舶局等の無線従事者で船舶局無線従事者証明を受けたものの管理の下に当該義務船舶局等の無線設備の操作を行うとき。

4－1－3　資格の種別

無線従事者の資格は、「総合」、「海上」、「航空」、「陸上」及び「アマチュア」の5つに区分され、その区分ごとに資格が定められている。資格の種別は、次のとおりであり、その総数は23資格である（法40条1項、施行令2条）。

1　無線従事者（総合）
(1)　第一級総合無線通信士
(2)　第二級総合無線通信士
(3)　第三級総合無線通信士

2　無線従事者（海上）
(1)　第一級海上無線通信士
(2)　第二級海上無線通信士
(3)　第三級海上無線通信士

(4)　第四級海上無線通信士
(5)　海上特殊無線技士
ア　第一級海上特殊無線技士
イ　第二級海上特殊無線技士
ウ　第三級海上特殊無線技士
エ　レーダー級海上特殊無線技士

3　無線従事者（航空）　(1)　航空無線通信士
(2)　航空特殊無線技士

4　無線従事者（陸上）　(1)　第一級陸上無線技術士
(2)　第二級陸上無線技術士
(3)　陸上特殊無線技士
ア　第一級陸上特殊無線技士
イ　第二級陸上特殊無線技士
ウ　第三級陸上特殊無線技士
エ　国内電信級陸上特殊無線技士

5　無線従事者(アマチュア)(1)　第一級アマチュア無線技士
(2)　第二級アマチュア無線技士
(3)　第三級アマチュア無線技士
(4)　第四級アマチュア無線技士

4－1－4　主任無線従事者

1　主任無線従事者

主任無線従事者とは、無線局（アマチュア無線局を除く。）の無線設備の操作の監督を行う者をいう（法39条1項）。この者が免許人等から主任無線従事者として無線局に選任され、その旨届出がされているときは、その主任無線従事者の監督を受けることにより、無資格者又は下級の資格者であっても、その主任無線従事者の資格の操作範囲内での無線設備の操作を行うことができる。

（注） 免許人等とは、免許人又は登録人をいう（法６条１項）。

2　主任無線従事者の要件

主任無線従事者は、無線設備の操作の監督を行うことができる無線従事者であって、総務省令で定める次の事由に該当しないものでなければならない（法39条３項、施行34条の３）。

(1) 電波法に定める罪を犯し罰金以上の刑に処せられ、その執行を終わり、又はその執行を受けることがなくなった日から２年を経過しない者であること。

(2) 電波法若しくはこれに基づく命令又はこれらに基づく処分に違反して業務に従事することを停止され、その処分の期間が終了した日から３箇月を経過していない者であること。

(3) 主任無線従事者として選任される日以前５年間において無線局（無線従事者の選任を要する無線局でアマチュア局以外のものに限る。）の無線設備の操作又はその監督の業務に従事した期間が３箇月に満たない者であること。

3　主任無線従事者又は無線従事者の選任の届出

(1) 無線局の免許人等は、主任無線従事者を選任又は解任したときは、遅滞なく、その旨を総務大臣に届け出なければならない（法39条４項）。

(2) 免許人等は、主任無線従事者以外の無線従事者を選任又は解任したときも同様に届け出なければならない（法51条）。

(3) (1)及び(2)の選任又は解任の届出は、電波法施行規則別表第３号に規定する様式によって行うと規定されている（施行34条の４、別表３号）（資料19参照）。

4　主任無線従事者の職務等

(1) 選任の届出がされた主任無線従事者は、無線設備の操作の監督に関し総務省令で定める次の職務を誠実に行わなければならない（法39条５項、施行34条の５）。

ア　主任無線従事者の監督を受けて無線設備の操作を行う者に対する訓練（実習を含む。）の計画を立案し、実施すること。

イ　無線設備の点検若しくは保守を行い、又はその監督を行うこと。

ウ　無線業務日誌その他の書類を作成し、又はその作成を監督すること（記載された事項に関し必要な措置をとることを含む。）。

エ　主任無線従事者の職務を遂行するために必要な事項に関し免許人等に対して意見を述べること。

オ　その他無線局の無線設備の操作の監督に関し必要と認められる事項

(2)　選任の届出がされた主任無線従事者の監督の下に無線設備の操作に従事する者は、その主任無線従事者が職務を行うために必要であると認めてする指示に従わなければならない（法39条６項）。

5　主任無線従事者講習

(1)　無線局（総務省令で定めるものを除く。）の免許人等は、主任無線従事者に対し、総務省令で定める次の期間ごとに、無線設備の操作の監督に関し総務大臣の行う講習を受けさせなければならない（法39条７項、施行34条の７・１項、２項）。

ア　選任したときは、選任の日から６箇月以内

イ　２回目以降は、その講習を受けた日から５年以内ごと

(2)　(1)の総務省令で定める無線局（主任無線従事者講習を要しない無線局）は、次のとおりである（施行34条の６）。

ア　特定船舶局（無線電話、遭難自動通報設備、レーダーその他の小規模な船舶局に使用する無線設備として総務大臣が別に告示（平成21年告示第471号）する無線設備のみを設置する船舶局（国際航海に従事しない船舶の船舶局に限る。）をいう。）（6－4－3の【参考2】参照）

イ　簡易無線局

ウ　ア及びイのほか総務大臣が別に告示（平成２年告示第244号）するもの

(3)　主任無線従事者に対して実施する講習を「主任講習」といい、総務大臣が行い又は総務大臣が指定した者(「指定講習機関」という。)に行わせることができるとされている（法39条７項、39条の２・１項)。

(注)　指定講習機関として、公益財団法人日本無線協会が指定されている。

(4)　主任講習を受けようとする者は、受講申請書を実施者に提出しなければならない（従事者73条)。

(5)　総務大臣又は指定講習機関は、主任講習を修了した者に対しては、主任無線従事者講習修了証を交付する（従事者75条)。

４－２　無線設備の操作及び監督の範囲

無線設備の操作及び監督の範囲は、通信操作と技術操作の別、無線局の種別、無線設備の種類、周波数帯別、空中線電力の大小、業務区別等によって政令（電波法施行令）で定めることとされている（法40条２項)。

第三級海上無線通信士の操作及び監督の範囲は、次のように規定されている（施行令３条１項抜粋)。

〈第三級海上無線通信士の操作及び監督の範囲〉

１　船舶に施設する無線設備（航空局の無線設備を除く。）並びに海岸局、海岸地球局及び船舶のための無線航行局の無線設備の通信操作(モールス符号による通信操作を除く。)

２　次に掲げる無線設備の外部の転換装置で電波の質に影響を及ぼさないものの技術操作

(1)　船舶に施設する無線設備（航空局の無線設備を除く。)

(2)　海岸局及び海岸地球局の無線設備並びに船舶のための無線航行局の無線設備（(1)に掲げるものを除く。）で空中線電力125ワット以下のもの

(3)　海岸局及び船舶のための無線航行局のレーダーで(1)及び(2)に掲げ

るもの以外のもの

（注）　第一級、第二級及び第四級海上無線通信士については、資料18参照。

４－３　免　許

４－３－１　免許の取得

１　免許の要件

(1)　無線従事者になろうとする者は、総務大臣の免許を受けなければならない（法41条１項）。

(2)　無線従事者の免許は、次のいずれかに該当する者でなければ、受けることができない（法41条２項、従事者30条、33条１項）。

ア　資格別に行われる無線従事者国家試験に合格した者

イ　無線従事者の養成課程で、総務大臣が総務省令で定める基準に適合すると認定したものを修了した者

ウ　学校教育法に基づく次に掲げる学校の区分に応じ総務省令で定める無線通信に関する科目を修めて卒業した者（同法による専門職大学の前期課程にあっては、修了した者）（学校の右側は、免許の対象資格（略称）を示す。）

(ア)　大学（短期大学を除く。）　　二海特、三海特、一陸特

(イ)　短期大学（学校教育法による専門職大学の前期課程を含む。）又は高等専門学校　　二海特、三海特、二陸特

(ウ)　高等学校又は中等教育学校　二海特、三陸特

エ　アからウまでに掲げる者と同等以上の知識及び技能を有する者として総務省令で定める一定の資格及び業務経歴その他の要件（認定講習課程の修了）を備える者

【参考】

第三級海上無線通信士の認定講習課程を受講するための要件は、現に第一級海上特殊無線技士の資格を有し、かつ、当該資格により船舶局の無線設備の国際通信のための操作に３年以上従事した経歴を有することとされている（従事者33条）。

2　免許の申請

無線従事者の免許を受けようとする者は、無線従事者規則に規定する様式の申請書（資料20参照）に次の書類を添えて、合格した国家試験(その免許に係るものに限る。）の受験地、修了した養成課程の主たる実施の場所（その場所が外国の場合にあっては、当該養成課程を実施した者の主たる事務所の所在地)、無線通信に関する科目を修めて卒業した学校の所在地又は業務経歴等により免許を受けようとする者の認定講習課程の主たる実施の場所を管轄する総合通信局長(「所轄総合通信局長」という。）に提出することとされている。また、申請者の住所を管轄する総合通信局長に提出することもできる（従事者46条、別表11号、施行51条の15、52条)。

⑴　氏名及び生年月日を証する書類（注）

（注）住民票の写し、戸籍抄本等

住民基本台帳法による住民票コード又は現に有する無線従事者免許証の番号、電気通信主任技術者資格者証の番号若しくは工事担任者資格者証の番号のいずれか一つを記入する場合は、添付を省略できる。

⑵　写真（申請前６月以内に撮影した無帽、正面、上三分身、無背景の縦30ミリメートル、横24ミリメートルのもので、裏面に申請する資格及び氏名を記載したものとする。）１枚

⑶　養成課程の修了証明書（養成課程を修了した者が免許を受けようとする場合に限る。）

⑷　科目履修証明書、履修内容証明書及び卒業証明書（4－3－1の１の⑵のウに該当する者が免許を受けようとする場合に限る。）

⑸　業務経歴証明書及び認定講習課程の修了証明書（4－3－1の１の⑵のエに該当する者が免許を受けようとする場合に限る。）

⑹　医師の診断書（無線従事者規則第45条第１項第２号（4－3－2の1の⑶参照）に該当する者（4－3－2の３により免許が与えられる者を除く。）が免許を受けようとする場合であって、総務大臣又は総合

通信局長が必要と認めるときに限る。）

3　免許証の交付

(1)　総務大臣又は総合通信局長は、免許を与えたときは、免許証（資料21-1参照）を交付する（従事者47条１項）。

(2)　(1)により免許証の交付を受けた者は、無線設備の操作に関する知識及び技術の向上を図るよう努めなければならない（従事者47条２項）。

4－3－2　欠格事由

1　次のいずれかに該当する者に対しては、無線従事者の免許は与えられない（法42条、従事者45条１項）。

(1)　電波法に定める罪を犯し罰金以上の刑に処せられ、その執行を終わり、又はその執行を受けることがなくなった日から２年を経過しない者（総務大臣又は総合通信局長が特に支障がないと認めたものを除く。）

(2)　無線従事者の免許を取り消され、取消しの日から２年を経過しない者（総務大臣又は総合通信局長が特に支障がないと認めたものを除く。）

(3)　視覚、聴覚、音声機能若しくは言語機能又は精神の機能の障害により無線従事者の業務を適正に行うに当たって必要な認知、判断及び意思疎通を適切に行うことができない者

2　１の(3)に該当する者であって、総務大臣又は総合通信局長がその資格の無線従事者が行う無線設備の操作に支障がないと認める場合は、その資格の免許が与えられる（従事者45条２項）。

3　１の(3)に該当する者（精神の機能の障害により無線従事者の業務を適正に行うに当たって必要な認知、判断及び意志疎通を適切に行うことができない者を除く。）が次に掲げる資格の免許を受けようとするときは、２の規定にかかわらず免許が与えられる（従事者45条３項）。

(1) 第三級陸上特殊無線技士

(2) 第一級アマチュア無線技士

(3) 第二級アマチュア無線技士

(4) 第三級アマチュア無線技士

(5) 第四級アマチュア無線技士

4－4　免許証の携帯義務

無線従事者は、その業務に従事しているときは、免許証（電波法第39条又は第50条の規定により船舶局無線従事者証明を要することとされた者については、免許証及び船舶局無線従事者証明書）を携帯していなければならない（施行38条11項）。

4－5　免許証の再交付又は返納

4－5－1　免許証の再交付

無線従事者は、氏名に変更を生じたとき又は免許証を汚し、破り、若しくは失ったために免許証の再交付を受けようとするときは、無線従事者規則に規定する様式の申請書（資料20参照）に次に掲げる書類を添えて総務大臣又は総合通信局長に提出しなければならない（従事者50条、別表11号）。

1　免許証（免許証を失った場合を除く。）

2　写真１枚（免許の申請の場合に同じ。）

3　氏名の変更の事実を証する書類(氏名に変更を生じたときに限る。)

4－5－2　免許証の返納

1　無線従事者は、免許の取消しの処分を受けたときは、その処分を受けた日から10日以内にその免許証を総務大臣又は総合通信局長に返納しなければならない。免許証の再交付を受けた後失った免許証を発見したときも同様とする（従事者51条１項）。

2　無線従事者が死亡し、又は失そうの宣告を受けたときは、戸籍法による死亡又は失そう宣告の届出義務者は、遅滞なく、その免許証を総務大臣又は総合通信局長に返納しなければならない（従事者51条２項）。

4 － 6　船舶局無線従事者証明

1　船舶局無線従事者証明制度の経緯等

(1)　船舶局無線従事者証明制度は、昭和42年英仏海峡で生じた海難事故を契機として、船舶の航行の安全を確保するための船員の技能に関する国際基準の必要性が認識され、国際海事機関（IMO）において検討が行われた結果、「1978年の船員の訓練及び資格証明並びに当直の基準に関する国際条約（STCW条約）」が採択されたことに伴って、昭和57年６月の電波法改正（第48条の２）で制度化された。

この結果、一定の義務船舶局等の無線従事者は、無線従事者の資格を取得する他、無線設備の操作等に関する訓練の課程を修了することが必要となった。

(2)　STCW条約は、船員の訓練を重視しており、総務大臣の行う又は総務大臣の認定を受けて行う船舶通信士のための訓練は、遭難等船舶の非常の場合の無線通信業務の実地訓練、救命艇用の無線設備及び衛星非常用位置指示無線標識の操作訓練、船位通報制度等の知識の修得等を内容としている（資料22参照）。

2　船舶局無線従事者証明を受けた者の地位

4－1－1で述べたとおり、義務船舶局等の無線設備であって総務省令（施行32条の10・4－1－2－2参照）で定めるものは、原則として船舶局無線従事者証明を受けている無線従事者でなければ当該無線設備の操作を行い、又はその監督を行うことはできない。ただし、総務省令（施行33条の２・２項）で定める場合は、船舶局無線従事者証明を受けていない者でも無線設備の操作を行うことができる（法39条１項）（4－1－2－3の４参照）。

3　船舶局無線従事者証明の取得

(1)　義務船舶局等の無線設備の操作又はその監督を行おうとする者は、総務大臣に申請して、船舶局無線従事者証明を受けることができる（法48条の２・１項）。

(2)　総務大臣は、船舶局無線従事者証明を申請した者が、総務省令で定める資格を有し、かつ、次のいずれかに該当するときは、船舶局無線従事者証明を行わなければならない（法48条の２・２項）。

ア　総務大臣がその申請者に対して行う義務船舶局等の無線設備の操作又はその監督に関する訓練の課程（注１）を修了したとき。

イ　総務大臣がアの訓練の課程（注２）と同等の内容を有するものであると認定した訓練の課程を修了しており、その修了した日から5年を経過していないとき。

（注１）「新規訓練」という（従事者60条）。

（注２）「認定新規訓練」という（従事者61条）。

(3)　総務大臣は、無線従事者の免許の欠格事由（４-３-２（１の(3)を除く。））のいずれかに該当する者に対しては、船舶局無線従事者証明を行わないことができる（法48条の２・３項）。

4　船舶局無線従事者証明を行う無線従事者の資格

船舶局無線従事者証明を行う無線従事者の資格は、次のとおりである（施行34条の11）。

(1)　第一級総合無線通信士
(2)　第二級総合無線通信士
(3)　第三級総合無線通信士
(4)　第一級海上無線通信士
(5)　第二級海上無線通信士
(6)　第三級海上無線通信士
(7)　第一級海上特殊無線技士

5　業務経歴の記載等

船舶局無線従事者証明を受けた者は、船舶局無線従事者証明書の経歴の欄に次表の左欄に掲げる事項をその事実のあった都度記載して、それぞれ右欄に掲げる者の確認を受けておかなければならない（施行35条）。

事　　　　項	確認を行う者
電波法施行規則第32条の10又は第34条の12に規定する無線設備を使用する無線局の無線従事者として選任又は解任	その選任若しくは解任された無線局の免許人又はこれに準ずる者であって総務大臣が別に告示(注) するもの
電波法第48条の3第1号の訓練の課程の修了	その訓練の実施者

（注）海岸局の責任者、船舶局又は船舶地球局のある船舶の責任者等であって総合通信局長が認めた者（昭和58年告示第324号）

6　船舶局無線従事者証明書の携帯

船舶局無線従事者証明を要することとされた者は、その業務に従事しているときは、免許証及び船舶局無線従事者証明書を携帯していなければならない（施行38条11項）。

7　船舶局無線従事者証明の手続

(1)　証明の申請

証明を受けようとする者は、無線従事者規則に規定する様式の申請書を総務大臣に提出しなければならない。この場合において、電波法第48条の２第２項第２号に該当する者（３の(2)のイの認定した訓練の課程を修了した者）は、同号の訓練の課程を修了したことを証明する書類を添えるものとする（従事者53条、別表16号）。

(2)　証明書の交付

総務大臣は、証明を行ったときは、無線従事者規則に規定する様式の船舶局無線従事者証明書（「証明書」という。）（資料21-2参照）を交付する（従事者54条、別表17号）。

(3) 証明書の訂正

証明を受けた者は、氏名に変更を生じたときは、無線従事者規則に規定する様式の申請書に証明書及び氏名の変更の事実を証する書類を添えて総務大臣に提出し、証明書の訂正を受けなければならない。ただし、(4)の規定により証明書の再交付を受けることができる（従事者56条、別表19号）。

(4) 証明書の再交付

証明を受けた者は、証明書を汚し、破り、失い、又は証明書の経歴の記載欄の余白が無くなったために再交付を受けようとするときは、無線従事者規則に規定する様式の申請書に次に掲げる書類を添えて総務大臣に提出しなければならない（従事者57条、別表20号）。

ア　証明書（証明書を失った場合を除く。）

イ　氏名の変更の事実を証する書類（訂正に代えて再交付を受ける場合に限る。）

ウ　証明の効力を確認するための書類（証明書を失った場合に限る。）

(5) 証明書の返納

証明を受けた者は、証明が失効したとき又は証明の取消しの処分を受けたときの証明書の返納については、無線従事者免許証の返納の場合（4－5－2）に準拠する（従事者58条）。

(6) 再訓練の申請

総務大臣が行う再訓練を受けようとする者は、無線従事者規則に規定する様式の申請書を総合通信局長に提出しなければならない（従事者59条、別表21号）。

(7) 訓練の実施

ア　新規訓練及び再訓練の科目、時数、実施時期及び場所は、無線従事者規則別表に規定されている（従事者60条１項、別表22号）（資料22参照）。

イ　新規訓練の実施期日その他その訓練の実施に関する事項は、あらかじめ公示する（従事者60条２項）。

ウ　総務大臣又は総合通信局長は、(1)又は(6)の申請があったときは、申請者に新規訓練又は再訓練の実施日時、場所その他その訓練の実施に関して必要な事項を通知する（従事者60条３項）。

8　船舶局無線従事者証明の失効

船舶局無線従事者証明は、当該船舶局無線従事者証明を受けた者がこれを受けた日以降において次の各号の一に該当するときは、その効力を失う（法48条の３）。

(1)　当該船舶局無線従事者証明に係る訓練の課程（新規訓練）を修了した日から起算して５年を経過する日までの間電波法第39条第１項本文の総務省令で定める義務船舶局等の無線設備（施行32条の10、４－１－２－２参照）その他総務省令で定める無線局の無線設備（施行34条の12、次項９参照）の操作又はその監督の業務に従事せず、かつ、当該期間内に総務大臣が義務船舶局等の無線設備の操作又はその監督に関して行う船舶局無線従事者証明を受けている者に対する訓練の課程（再訓練）又は総務大臣がこれと同等の内容を有するものであると認定した訓練の課程を修了しなかったとき。

(2)　引き続き５年間(1)の業務に従事せず、かつ、当該期間内に(1)の訓練の課程（再訓練）を修了しなかったとき。

(3)　電波法第48条の２第２項の無線従事者の資格（３の(2)参照）を有する者でなくなったとき。

(4)　電波法第79条の2第1項の規定により船舶局無線従事者証明の効力を停止され、その停止の期間が５年を超えたとき。

9　船舶局無線従事者証明の効力の継続

船舶局無線従事者証明がその効力を継続するために無線従事者が操作することを要する無線設備（電波法第48条の３第１号（８の(1)）の総務省令で定める無線局の無線設備）は、次のとおりとする（施行34

条の12)。

(1) 海岸局又は船舶局の無線設備であって、2,187.5kHz、4,207.5kHz、6,312kHz、8,414.5kHz、12,577kHz、16,804.5kHz、156.525MHz又は156.8MHzの周波数の電波を具備するもの（電波法第39条第１項本文の総務省令で定めるものを除く。(2)において同じ。）

(2) 船舶地球局の無線設備

(3) (1)及び(2)のほか、船舶の航行の安全に密接な関係のある通信を行うための無線局の無線設備であって、総務大臣が別に告示（注）するもの

(注) 船舶の航行の安全に密接な関係のある通信を行うための無線局の無線設備（昭和58年告示第323号）

1 海上保安庁の海上保安用の無線局（海岸局及び船舶局を除く。)、船舶に開設した自衛隊の無線局又は船舶に開設した外国の無線局の無線設備であって、2,187.5kHz、4,207.5kHz、6,312kHz、8,414.5kHz、12,577kHz、16,804.5kHz、156.525MHz又は156.8MHzの周波数の電波を具備するもの

2 海上保安庁の海上保安用の海岸局（2,187.5kHz、4,207.5kHz、6,312kHz、8,414.5kHz、12,577kHz、16,804.5kHz、156.525MHz又は156.8MHzの周波数の電波を具備するものを除く。）の無線設備であって、船位通報に関する通信を行うためのもの

4－7 遭難通信責任者

1 遭難通信責任者の配置等

(1) 遭難通信責任者とは、遭難通信、緊急通信及び安全通信に関する事項を統括管理する者をいう（法50条１項)。

(2) 旅客船又は総トン数300トン以上の船舶であって、国際航海に従事するものの義務船舶局には、遭難通信責任者として、総務省令で定める無線従事者であって、船舶局無線従事者証明を受けているものを配置しなければならない（法50条１項)。

(3) 総務大臣は、(2)に規定するもののほか、必要があると認めるときは、総務省令により、無線局に配置すべき無線従事者の資格（主任

無線従事者及び船舶局無線従事者証明に係るものを含む。）ごとの員数を定めることができる（法50条２項）。

２　遭難通信責任者の要件

⑴　１の⑵の総務省令で定める無線従事者は、次のいずれかの資格を有する者とする（施行35条の２・１項）。

ア　第一級総合無線通信士又は第一級海上無線通信士

イ　第二級海上無線通信士

ウ　第三級海上無線通信士

⑵　遭難通信責任者は、当該無線局に選任されている無線従事者のうち、⑴のアからウの順序に従い、できるだけ上位の資格を有する者とする（施行35条の２・２項）。

⑶　船舶の責任者は、遭難通信責任者が病気その他やむ得ない事情によりその職務を行うことができないときは、当該無線局に選任されている無線従事者のうちから遭難通信責任者に代わってその職務を行う者を指名することができる（施行35条の２・３項）。

３　無線従事者の配置（船上保守をとる船舶の無線従事者の配置）

⑴　１の⑶の規定による無線局に配置すべき無線従事者の最低限の資格別員数は、次の表の左欄に掲げる義務船舶局等（その無線設備について電波法第35条第３号の措置をとるものに限る。）について、それぞれの同表の右欄に掲げるとおりとする（施行36条１項）。

義　務　船　舶　局	無線従事者の資格別員数
１　電波法施行規則第28条第１項第３号の船舶の義務船舶局等（国際航海に従事する旅客船のものに限る。）	第一級総合無線通信士又は第一級海上無線通信士の資格を有する者であって、船舶局無線従事者証明を受けているもの　１名
２　その他の義務船舶局等	第一級総合無線通信士、第一級海上無線通信士又は第二級海上無線通信士の資格を有する者であって、船舶局無線従事者証明を受けているもの　１名

(2) (1)に規定するもののほか、無線局には当該無線局の無線設備の操作を行い、又はその監督を行うために必要な無線従事者を配置しなければならない（施行36条２項）。

第5章
運　　用

無線局の運用とは、電波を発射し、又は受信して通信を行うことが中心であるが、電波は共通の空間を媒体としているため、これが適正に行われるかどうかは、電波の能率的利用に直接つながることになる。

このため、電波法令では、電波の能率的な利用を図るため、無線局の運用においてすべての無線局に共通する事項を規定し、次に各無線局ごとに特徴的な事項を規定している。

無線設備を操作して無線局の運用に直接携わることとなる無線従事者は、一定の知識及び技能を有する者として、通常の通信及び遭難通信、緊急通信、安全通信等の重要通信についても適切に対応しなければならない。

5－1　一　般

5－1－1　通　則

5－1－1－1　目的外使用の禁止等

無線局は、免許状に記載された目的又は通信の相手方若しくは通信事項の範囲を超えて運用してはならない。ただし、次に掲げる通信については、この限りでない（法52条）。

1　遭難通信（船舶又は航空機が重大かつ急迫の危険に陥った場合に遭難信号を前置する方法その他総務省令（資料23の1参照）で定める方法により行う無線通信をいう。）

2　緊急通信（船舶又は航空機が重大かつ急迫の危険に陥るおそれがある場合その他緊急の事態が発生した場合に緊急信号を前置する方法そ

メ　モ

の他総務省令（資料23の２参照）で定める方法により行う無線通信をいう。）

3　安全通信（船舶又は航空機の航行に対する重大な危険を予防するために安全信号を前置する方法その他総務省令（資料23の３参照）で定める方法により行う無線通信をいう。）

4　非常通信（地震、台風、洪水、津波、雪害、火災、暴動その他非常の事態が発生し、又は発生するおそれがある場合において、有線通信を利用することができないか又はこれを利用することが著しく困難であるときに人命の救助、災害の救援、交通通信の確保又は秩序の維持のために行われる無線通信をいう。）

5　放送の受信

6　その他総務省令で定める通信

【参考】

上記６のその他総務省令で定める通信（免許状に記載された目的等にかかわらず運用することができる通信）は、次のとおりである。この場合において、下記１の通信を除くほか、船舶局についてはその船舶の航行中に限って運用することができる。ただし、無線通信によらなければ他に陸上との連絡手段がない場合であって、急を要する通報を海岸局に送信する場合（5-2-1-1の３参照）及び26.175MHzを超え470MHz以下の電波により通信を行う場合（5-2-1-1の５参照）は、その船舶の航行中以外の場合においても運用することができる（施行37条抜粋）。

1　無線機器の試験又は調整をするために行う通信

2　医事通報（航行中の船舶内における傷病者の医療手当に関する通報をいう。）に関する通信

3　船位通報（遭難船舶、遭難航空機又は遭難者の救助又は捜索に資するために国又は外国の行政機関が収集する船舶の位置に関する通報であって、当該行政機関と当該船舶との間に発受するものをいう。）に関する通信

4　漁業用の海岸局と漁船の船舶局との間又は漁船の船舶局相互間で行う国若しくは地方公共団体の漁ろうの指導監督に関する通信

5　船舶局において、当該船舶局の船上通信設備相互間で行う通信

6　港務用の無線局と船舶局との間で行う港内における船舶の交通、港内の整理若しくは取締り又は検疫のための通信

7　船舶局において、当該船舶局の免許人のための電報を一般海岸局又は電気通信業務を取り扱う船舶局に対して依頼するため、又はこれらの無線局から受領するために行う通信

8　港則法又は海上交通安全法の規定に基づき行う海上保安庁の無線局と船舶局との間の通信

9　海上保安庁（海洋汚染等及び海上災害の防止に関する法律第38条第１項又は第２項の規定による通報を行う場合にあっては同庁に相当する外国の行政機関を含む。）の海上移動業務又は航空移動業務の無線局とその他の海上移動業務又は航空移動業務の無線局との間（海岸局と航空局との間を除く。）で行う海上保安業務に関し急を要する通信

10　海上保安庁の海上移動業務又は航空移動業務の無線局とその他の海上移動業務又は航空移動業務の無線局との間で行う海洋汚染等及び海上災害の防止又は海上における警備の訓練のための通信

11　気象の照会又は時刻の照合のために行う海岸局と船舶局との間若しくは船舶局相互間又は航空局と航空機局との間若しくは航空機局相互間の通信

12　方位を測定するために行う海岸局と船舶局との間若しくは船舶局相互間又は航空局と航空機局との間若しくは航空機局相互間の通信

13　航空移動業務及び海上移動業務の無線局相互間において遭難船舶、遭難航空機若しくは遭難者の救助若しくは捜索又は航行中の船舶若しくは航空機を強取する事件が発生し、若しくは発生するおそれがあるときに当該船舶若しくは航空機の旅客等の救助のために行う通信及び当該訓練のための通信

14　航空機局又は航空機に搭載して使用する携帯局と海上移動業務の無線局との間で行う砕氷、海洋の汚染の防止その他の海上における作業のための通信

15　航空機局が海上移動業務の無線局との間で行う次に掲げる通信

ア　電気通信業務の通信

イ　航空機の航行の安全に関する通信

16　一の免許人に属する航空機局と当該免許人に属する海上移動業務、陸上

移動業務又は携帯移動業務の無線局との間で行う当該免許人のための急を要する通信

17　一の免許人に属する携帯局と当該免許人に属する海上移動業務、航空移動業務又は陸上移動業務の無線局との間で行う当該免許人のための急を要する通信

18　電波の規正に関する通信

19　電波法第74条（非常の場合の無線通信）第１項に規定する通信の訓練のために行う通信

20　水防法第27条第２項の規定による通信

21　消防組織法第41条の規定に基づき行う通信

22　災害救助法第11条の規定による通信

23　気象業務法第15条の規定に基づき行う通信

24　災害対策基本法第57条又は第79条（大規模地震対策特別措置法第20条又は第26条第１項において準用する場合を含む。）の規定による通信

25　治安維持の業務をつかさどる行政機関の無線局相互間に行う治安維持に関し急を要する通信であって、総務大臣が別に告示するもの

26　人命の救助又は人の生命、身体若しくは財産に重大な危害を及ぼす犯罪の捜査若しくはこれらの犯罪の現行犯人若しくは被疑者の逮捕に関し急を要する通信（他の電気通信系統によっては、当該通信の目的を達することが困難である場合に限る。）

5－1－1－2　免許状記載事項の遵守（じゅんしゅ）

1　無線設備の設置場所、識別信号、電波の型式及び周波数

無線局を運用する場合においては、無線設備の設置場所、識別信号、電波の型式及び周波数は、免許状等に記載されたところによらなければならない。ただし、遭難通信については、この限りでない（法53条）。

（注）　免許状等とは、免許状又は登録状をいう（法53条）。

2　空中線電力

無線局を運用する場合においては、空中線電力は、次に定めるところによらなければならない。ただし、遭難通信については、この限り

でない（法54条）。

(1)　免許状等に記載されたものの範囲内であること。

(2)　通信を行うため必要最小のものであること。

3　運用許容時間

無線局は、免許状に記載された運用許容時間内でなければ、運用してはならない。ただし、5-1-1-1に掲げる通信を行う場合及び総務省令で定める場合は、この限りでない（法55条）。

5－1－1－3　混信の防止

1　無線局は、他の無線局又は電波天文業務（宇宙から発する電波の受信を基礎とする天文学のための当該電波の受信の業務をいう。）の用に供する受信設備その他の総務省令（施行50条の２）で定める受信設備（無線局のものを除く。）で総務大臣が指定するもの（注）にその運用を阻害するような混信その他の妨害を与えないように運用しなければならない。ただし、遭難通信、緊急通信、安全通信及び非常通信については（人命及び財貨を守るため重要な通信であるため）、この限りでない（法56条１項）。

（注）自然科学研究機構、東海国立大学機構及び東北大学の受信設備が指定されている。

2　船舶地球局は、その発射する電波又はその受信機その他の無線設備が副次的に発する電波により、他の無線局の運用を阻害するような混信を与えないように運用しなければならない。ただし、遭難通信、緊急通信、安全通信又は非常通信を行う場合は、この限りでない（運用55条の３）。

5－1－1－4　秘密の保護

何人も法律に別段の定めがある場合（注１）を除くほか、特定の相手方に対して行われる無線通信を傍受（注２）してその存在若しくは内容を漏らし、又はこれを窃用（注3）してはならない（法59条）。

（注1）法律に別段の定めがある場合に該当するものとして犯罪捜査のための通信傍受に関する法律の規定がある。

（注2）傍受とは、積極的な意思をもって自己に宛てられていない無線通信を受信すること。

（注3）窃用とは、知ることのできた秘密を自己又は第三者の利益のために利用すること。

【参考】

1　通信の秘密を侵してはならないことは、憲法において保障されているところであるが（憲法21条2項）、電波は空間を媒体としており、その性質は拡散性（ひろがる性質）を有し、広い地域に散在する多数の人に同時に同じ内容の情報を送ることができる利点を有する反面、受信機があればその無線通信を傍受してその存在及び内容を容易に知ることができるので、無線通信の秘密を保護するために憲法の規定を受けて電波法にこのような規定が設けられている。

2　無線局免許状には、電波法第59条の条文が記載されている（資料8参照）。

5－1－1－5　擬似空中線回路の使用

無線局は、次に掲げる場合には、なるべく擬似空中線回路を使用しなければならない（法57条）。

1　無線設備の機器の試験又は調整を行うために運用するとき。

2　実験等無線局を運用するとき。

【参考】

擬似空中線回路は、実際の空中線と等価の抵抗、インダクタンス及び静電容量を有する回路で供給エネルギーを電波として空間へ輻射せずに回路内で消費させるものであり、他の無線局等に混信等の妨害を与えずに無線設備の試験又は調整を行うことができる。

5－1－1－6　無線設備の機能の維持等

1　時計の照合

無線局には、正確な時計を備え付けておかなければならない（法60

条)。

上記により無線局に備え付けた時計は、その時刻を毎日1回以上中央標準時又は協定世界時に照合しておかなければならない(運用3条)。

2　周波数の測定

(1)　電波法第31条の規定により周波数測定装置を備え付けた無線局は、できる限りしばしば自局の発射する周波数を測定しなければならない（運用4条1項)。

(2)　(1)の無線局が相手方の無線局の送信設備の使用電波の周波数を測定することとなっている無線局であるときは、できる限りしばしばそれらの周波数を測定しなければならない（運用4条1項)。

(3)　当該送信設備の無線局の免許人が別に備え付けた周波数測定装置をもってその周波数を測定することとなっている無線局であるときは、できる限りしばしば当該送信設備の発射する電波の周波数を測定しなければならない（運用4条2項)。

(4)　(1)から(3)により周波数を測定した結果、その偏差が許容値を超えるときは、直ちに調整して許容値内に保たなければならない（運用4条3項)。

(5)　(1)から(3)の無線局は、その周波数測定装置を常時電波法第31条に規定する確度を保つように較正しておかなければならない（運用4条4項)。

(6)　発射電波の周波数を測定したときは、その結果及び許容偏差を超える偏差があるときは、その措置の内容を無線業務日誌に記載しなければならない（施行40条1項)。

（注)　周波数測定装置の備付けについては、3-8参照。

3　電源用蓄電池の充電

(1)　義務船舶局等の無線設備の補助電源用蓄電池は、その船舶の航行中は、毎日十分に充電しておかなければならない（運用5条1項)。

(2)　義務船舶局の双方向無線電話の電源用蓄電池は、その船舶の航行中は、常に十分に充電しておかなければならない（運用５条２項）。

(3)　送受信装置の電源用蓄電池の維持及び試験の結果の詳細（電源用蓄電池を充電したときは、その時間、充電電流及び充電前後の電圧の記載を含むものとする。）は、無線業務日誌に記載しなければならない（施行40条２項）。

４　義務船舶局等の無線設備の機能試験

(1)　義務船舶局の無線設備（デジタル選択呼出装置による通信を行うものに限る。）は、その船舶の航行中毎日１回以上、当該無線設備の試験機能を用いて、その機能を確かめておかなければならない（運用６条１項）。

(2)　予備設備を備えている義務船舶局等においては、毎月１回以上、総務大臣が別に告示する方法により、その機能を確かめておかなければならない（運用６条２項）。

(3)　デジタル選択呼出専用受信機を備えている義務船舶局においては、その船舶の航行中毎日１回以上、当該受信機の試験機能を用いて、その機能を確かめておかなければならない（運用６条３項）。

(4)　高機能グループ呼出受信機を備えている義務船舶局においては、その船舶の航行中毎日1回以上、当該受信機の試験機能を用いて、その機能を確かめておかなければならない（運用６条４項）。

５　双方向無線電話の機能試験

双方向無線電話を備えている義務船舶局においては、その船舶の航行中毎月1回以上、当該無線設備によって通信連絡を行い、その機能を確かめておかなければならない（運用７条）。

６　機能試験の通知

４及び５の義務船舶局等においては、その機能を確かめた結果、その機能に異状があると認めたときは、その旨を船舶の責任者に通知しなければならない（運用８条）。

7　無線業務日誌への記載

４及び５の無線設備の機能試験の結果の詳細は、無線業務日誌に記載しなければならない（施行40条２項）。

8　遭難自動通報設備の機能試験

(1)　遭難自動通報局（携帯用位置指示無線標識のみを設置するものを除く。）の無線設備及び遭難自動通報局以外の無線局の遭難自動通報設備においては、１年以内の期間ごとに、別に告示（平成４年告示第142号）する方法により、その無線設備の機能を確かめておかなければならない（運用８条の２・１項、２項）。

(2)　遭難自動通報設備を備える無線局の免許人は、(1)の規定により当該設備の機能試験をしたときは、実施の日及び試験の結果に関する記録を作成し、当該試験をした日から２年間、これを保存しなければならない（施行38条の4）。

(3)　(2)の記録は、電磁的方法により記録することができる。この場合においては、当該記録を必要に応じて電子計算機その他の機器を用いて直ちに作成、表示及び書面への印刷ができなければならない（施行43条の５・１項１号）。

○機能試験等のまとめ（運用３条から８条の２）

設　　備	試　験　回　数	方　　法
時　計	毎日１回以上	JST又はUTCに照合する。
補助電源用蓄電池	航行中毎日十分に充電	浮動充電による。
双方向無線電話の電源用蓄電池	航行中常に十分に充電	充電器に装着する。
無線設備（DSC通信を行うもの）	航行中毎日１回以上	試験機能による。
DSC専用受信機	航行中毎日１回以上	試験機能による。
高機能グループ呼出受信機（電波法施行規則第28条第９項に規定する船舶地球局の無線設備を含む。）	航行中毎日１回以上	試験機能による。
電波法第35条の第１号の予備設備を備える義務船舶局等の無線設備	毎月１回以上	告示による（下表）。

<table>
<tr><td>双方向無線電話</td><td>航行中毎月１回以上</td><td>当該無線設備による。</td></tr>
<tr><td>遭難自動通報設備</td><td>１年以内ごとに</td><td>告示による。</td></tr>
</table>

○予備設備を備えている義務船舶局等の無線設備の機能試験の方法

（平成４年告示第129号）

<table>
<tr><th>機　器</th><th colspan="2">機　能　試　験　の　方　法</th></tr>
<tr><td rowspan="3">送信設備及び受信設備の機器</td><td>送信装置</td><td>免許状に記載された通信の相手方へ音声の送信を行い、又は擬似空中線回路を用いて直ちに使用できる状態にあるかを確かめる。</td></tr>
<tr><td>受信装置</td><td>海岸局又は船舶局からの音声の受信により動作状態を確かめる。</td></tr>
<tr><td>デジタル選択呼出装置</td><td>試験機能を用いて、その機能を確かめる。</td></tr>
<tr><td>船舶地球局の無線設備の機器</td><td colspan="2">通信を行い、又は試験機能を用いて直ちに使用できる状態にあるかを確かめる。</td></tr>
</table>

5－1－2　一般通信方法

5－1－2－1　無線通信の原則

無線局は、無線通信を行うときには、次のことを守らなければならない（運用10条）。

1　必要のない無線通信は、これを行ってはならない。

2　無線通信に使用する用語は、できる限り簡潔でなければならない。

3　無線通信を行うときは、自局の識別信号を付して、その出所を明らかにしなければならない。

4　無線通信は、正確に行うものとし、通信上の誤りを知ったときは、直ちに訂正しなければならない。

5－1－2－2　業務用語

無線通信を簡潔にそして正確に行うためには、これに使用する業務用語等を定める必要がある。また、その定められた意義で定められた手続どおりに使用されなければその目的を達成することができない。このため、無線局運用規則は、次のように規定している。

1　無線電話による通信（「無線電話通信」という。）の業務用語には、無線局運用規則別表第４号に定める略語（資料24参照）を使用するものとする（運用14条１項）。

2　無線電話通信においては、１の略語と同意義の他の語辞を使用してはならない。ただし、無線局運用規則別表第２号に定める略符号（Ｑ符号等）（「ＱＲＴ」、「ＱＵＭ」、「ＱＵＺ」、「ＤＤＤ」、「ＳＯＳ」、「ＴＴＴ」及び「ＸＸＸ」を除く。）の使用を妨げない（運用14条２項）。

3　海上移動業務の無線電話通信において固有の名称、略符号、数字、つづりの複雑な語辞等を１字ずつ区切って送信する場合は、無線局運用規則別表第５号に定める通話表（資料25参照）を使用しなければならない（運用14条３項）。

4　海上移動業務及び海上移動衛星業務の無線電話による国際通信においては、なるべく国際海事機関が定める標準海事航海用語を使用するものとする（運用14条５項）。

5－1－2－3　送信速度等

1　無線電話通信における通報の送信は、語辞を区切り、かつ、明りょうに発音して行わなければならない（運用16条１項）。

2　遭難通信、緊急通信又は安全通信に係る通報の送信速度は、受信者が筆記できる程度のものでなければならない（運用16条２項）。

【参考】無線電話通信に対する準用

無線電話通信の方法については、海上移動業務における呼出し（運用20条２項（5－1－2－5の１の(1)参照））その他特に規定があるものを除くほか、無線電信通信の方法に関する規定を準用する（運用18条１項）。

5－1－2－4　発射前の措置

1　無線局は、相手局を呼び出そうとするときは、電波を発射する前に、受信機を最良の感度に調整し、自局の発射しようとする電波の周波数その他必要と認める周波数によって聴守し、他の通信に混信を与えないことを確かめなければならない。ただし、遭難通信、緊急通信、安全通信及び非常の場合の無線通信を行う場合並びに海上移動業務以外の業務で他の通信に混信を与えないことが確実である電波により通信を行う場合は、この限りでない（運用19条の２・1項）。

2　１の場合において、他の通信に混信を与えるおそれがあるときは、その通信が終了した後でなければ呼出しをしてはならない（運用19条の２・２項）。

5－1－2－5　連絡設定の方法

1　呼出し

(1)　呼出しの方法

ア　海上移動業務における無線電話による呼出しは、次の事項（以下「呼出事項」という。）を順次送信して行うものとする（運用20条１項、58条の11・１項）。

(ア)	相手局の呼出名称（又は呼出符号）	３回以下
(イ)	こちらは	１回
(ウ)	自局の呼出名称（又は呼出符号）	３回以下

イ　海上移動業務における呼出しは、呼出事項に引き続き、次に掲げる事項を順次送信して行うものとする（運用20条２項）。

(ア)　こちらは…(周波数)に変更します（又は、そちらは…(周波数)に変えてください）（通常通信電波（注）が呼出しに使用された電波と同一である場合を除く。）

(イ)　通報が…(通数)通あります（必要がある場合に限る。）

(ウ)　通報の種類を表す略符号（必要がある場合に限る。）

(エ)　呼出しの理由を示す略符号（必要がある場合に限る。）

(オ)　こちらは、電報を一度に…通送信しましょうか（必要がある場合に限る。）

(カ)　どうぞ

（注）　通常通信電波とは、通報の送信に通常用いる電波をいう（運用２条）。

(2)　呼出しの反復及び再開

海上移動業務における無線電話による呼出しは、２分間の間隔をおいて２回反復することができる。また、呼出しを反復しても応答がないときは、少なくとも３分間の間隔をおかなければ、呼出しを再開してはならない（運用21条１項、58条の11・１項）。

(3)　呼出しの中止

無線局は、自局の呼出しが他の既に行われている通信に混信を与える旨の通知を受けたときは、直ちにその呼出しを中止しなければならない（運用22条１項）。この通知をする無線局は、その通知をするに際し、分で表す概略の待つべき時間を示すものとする（運用22条２項）。

２　応　答

(1)　無線局は、自局に対する呼出しを受信したときは、直ちに応答しなければならない（運用23条１項）。

(2)　応答の方法

海上移動業務における無線電話による呼出しに対する応答は、次の事項（以下「応答事項」という。）を順次送信して行うものとする（運用23条２項、58条の11・２項）。

ア　相手方の呼出名称（又は呼出符号）　３回以下

イ　こちらは　１回

ウ　自局の呼出名称（又は呼出符号）　３回以下

(3)　(2)の応答に際して、直ちに通報を受信しようとするときは、応答事項の次に「どうぞ」を送信する。ただし、直ちに通報を受信することができない事由があるときは、「どうぞ」の代わりに「…分間（分で表す概略の待つべき時間）お待ちください」を送信する。概略の待つべき時間が10分（海上移動業務の無線局と通信する航空機局に係る場合は５分）以上のときは、その理由を簡単に送信しなければならない（運用23条３項、18条２項）。

(4)　受信状態の通知

応答する場合において、受信上特に必要があるときは、自局の呼出名称（又は呼出符号）の次に「感度」及び強度を表す数字又は「明瞭度」及び明瞭度を表す数字を送信するものとする（運用23条４項）。

〔例〕　よこはまほあん　よこはまほあん　こちらは　やまとまる
　　　感度２（又は明瞭度２）　どうぞ

(注)　感度及び明瞭度の表示（運用14条２項、別表２号）

〔感度（ＱＳＡ）の表示〕	〔明瞭度（ＱＲＫ）の表示〕
1　ほとんど感じません。	1　悪いです。
2　弱いです。	2　かなり悪いです。
3　かなり強いです。	3　かなり良いです。
4　強いです。	4　良いです。
5　非常に強いです。	5　非常に良いです。

(5)　通報の有無の通知

呼出し又は応答に際して、相手局に送信すべき通報の有無を知らせる必要があるときは、呼出事項又は応答事項の次に次の事項を送信するものとする（運用24条１項）。

「通報があります」(送信すべき通報がある場合)

「通報はありません」(送信すべき通報がない場合)

5－1－2－6　不確実な呼出しに対する応答

1　無線局は、自局に対する呼出しであることが確実でない呼出しを受信したときは、その呼出しが反復され、かつ、自局に対する呼出しであることが確実に判明するまで応答してはならない（運用26条１項）。

2　自局に対する呼出しを受信したが、呼出局の呼出名称（又は呼出符号）が不確実であるときは、応答事項のうち相手局の呼出名称（又は呼出符号）の代わりに、「誰かこちらを呼びましたか」を使用して、直ちに応答しなければならない（運用26条２項）。

〔例〕 誰かこちらを呼びましたか　こちらは　やまとまる

5-1-2-7　周波数の変更方法

1　呼出し又は応答の際の周波数の変更

(1)　混信の防止その他の事情によって通常通信電波以外の電波を用いようとするときは、呼出し又は応答の際に呼出事項又は応答事項の次に次の事項を順次送信して通知するものとする。ただし、用いようとする電波の周波数があらかじめ定められているときは、その電波の周波数の送信を省略することができる（運用27条）。

「こちらは …(周波数) に変更します」又は
「そちらは …(周波数) に変えてください」　　　　1回

(2)　(1)の通知に同意するときは、応答事項の次に次の事項を順次送信するものとする（運用28条１項）。

ア「こちらは …(周波数) を聴取します」　　　　1回
イ「どうぞ」(直ちに通報を受信しようとする場合に限る。)
　　　　1回

(3)　(2)の場合において、相手局の用いようとする電波の周波数によっては受信ができないか又は困難であるときは、(2)のアの事項の代わりに「そちらは…(周波数)に変えてください」を送信し、相手局の同意を得た後「どうぞ」を送信するものとする（運用28条２項）。

2　通信中の周波数の変更

(1)　通信中において、混信の防止その他の必要により使用電波の周波数の変更を要求しようとするときは、

「そちらは…(周波数) に変えてください」又は

「こちらは…(周波数)に変更しましょうか」　　　1回

を送信して行うものとする(運用34条)。

(2) (1)の要求を受けた無線局は、これに応じようとするときは、「了解」を送信し(通信状態等により必要と認めるときは「こちらは…(周波数)に変更します」を送信し)、直ちに周波数を変更しなければならない(運用35条)。

5-1-2-8　通報の送信方法

1　通報の送信

(1) 呼出しに対して応答を受けたときは、相手局が「お待ちください」を送信した場合及び呼出しに使用した電波以外の電波に変更する場合を除き、直ちに通報の送信を開始するものとする(運用29条1項)。

(2) 通報の送信は、次に掲げる事項を順次送信して行うものとする。ただし、呼出しに使用した電波と同一の電波により送信する場合は、ア、イ及びウに掲げる事項の送信を省略することができる(運用29条2項)。

ア　相手局の呼出名称(又は呼出符号)　　1回
イ　こちらは　　1回
ウ　自局の呼出名称(又は呼出符号)　　1回
エ　通報　　1回
オ　どうぞ　　1回

(3) 通報の送信は、「終り」の略語を送信して終わるものとする(運用29条3項)。

2　長時間の送信

無線局は、長時間継続して通報を送信するときは、30分ごとを標準として適当に「こちらは」及び自局の呼出名称(又は呼出符号)を送信しなければならない(運用30条)。

３　誤った送信の訂正

送信中において誤った送信をしたことを知ったときは、「訂正」の略語を前置して、正しく送信した適当の語字から更に送信しなければならない（運用31条）。

４　通報の反復

⑴　相手局に対し通報の反復を求めようとするときは、「反復」の次に反復する箇所を示すものとする（運用32条）。

⑵　送信した通報を反復して送信するときは、１字若しくは１語ごとに反復する場合又は略語を反復する場合を除いて、その通報の各通ごと又は１連続ごとに「反復」を前置するものとする（運用33条）。

5－1－2－9　通報の送信の終了、受信証及び通信の終了

１　通報の送信の終了

通報の送信を終了し、他に送信すべき通報がないことを通知しようとするときは、送信した通報に続いて、次の事項を順次送信するものとする（運用36条）。

⑴　「こちらは、そちらに送信するものがありません」

⑵　「どうぞ」

２　受信証

⑴　通報を確実に受信したときは、次の事項を順次送信するものとする（運用37条１項）。

ア	相手局の呼出名称（又は呼出符号）	１回
イ	こちらは	１回
ウ	自局の呼出名称（又は呼出符号）	１回
エ	「了解」又は「ＯＫ」	１回
オ	最後に受信した通報の番号	１回

⑵　国内通信を行う場合においては、⑴のオに掲げる事項の送信に代えてそれぞれ受信した通報の通数を示す数字１回を送信することが

できる（運用37条２項）。

3　通信の終了

通信が終了したときは、「さようなら」を送信するものとする。ただし、海上移動業務以外の業務においては、これを省略することができる（運用38条）。

5－1－2－10　試験電波の発射

1　試験電波を発射する前の注意

無線局は、無線機器の試験又は調整のため電波の発射を必要とするときは、発射する前に自局の発射しようとする電波の周波数及びその他必要と認める周波数によって聴守し、他の無線局の通信に混信を与えないことを確かめなければならない（運用39条１項）。

2　試験電波の発射方法

１の聴守により他の無線局の通信に混信を与えないことを確かめた後、

(1)　ただいま試験中　　３回
(2)　こちらは　　１回
(3)　自局の呼出名称（又は呼出符号）　　３回

を順次送信し、更に１分間聴守を行い、他の無線局から停止の請求がない場合に限り、

(4)　「本日は晴天なり」の連続
(5)　自局の呼出名称（又は呼出符号）　　１回

を送信しなければならない。この場合において、「本日は晴天なり」の連続及び自局の呼出名称（又は呼出符号）の送信は、10秒間を超えてはならない（運用39条１項）。

3　試験電波発射中の注意及び発射の中止

(1)　試験又は調整中は、しばしばその電波の周波数により聴守を行い、他の無線局から停止の要求がないかどうかを確かめなければならな

い（運用39条２項）。

⑵　他の既に行われている通信に混信を与える旨の通知を受けたときは、直ちにその発射を中止しなければならない（運用22条１項）。

５－２　海上移動業務及び海上移動衛星業務

海上移動業務の無線局は、海上における人命及び財貨の保全のための通信のほか海上運送事業又は漁業等に必要な通信を行うことを目的としている。したがって、海上移動業務においては、ある無線局が救助を求める通信を発信したときは常に他の無線局が確実にそれを受信し、救助に関し必要な措置をとることができるような運用の体制になければならない。

このため海上移動業務の無線局は、常時運用し、一定の電波で聴守を行い、一定の手続により遭難通信、緊急通信、安全通信等の通信を行うことが必要である。これが海上移動業務の無線局の運用の特色であり、その運用について特別の規定が設けられている理由である。

５－２－１　通　則

５－２－１－１　船舶局の運用（入港中の運用の禁止等）

船舶局の運用は、その船舶の航行中に限る。ただし、次の場合はその船舶の航行中以外でも運用することができる（法62条１項、施行37条、運用40条）。

１　受信装置のみを運用するとき

２　遭難通信、緊急通信、安全通信、非常通信、放送の受信その他総務省令で定める通信（無線機器の試験又は調整のための通信）を行うとき

３　無線通信によらなければ他に陸上との連絡手段がない場合であって、急を要する通報を海岸局に送信する場合

４　総務大臣又は総合通信局長が行う無線局の検査に際してその運用を

必要とする場合

5　26.175MHzを超え470MHz以下の周波数の電波により通信を行う場合

6　その他別に告示（注）する場合

（注）　入港中の船舶の船舶局を運用することができる場合（昭和51年告示第514号）

1　海上保安庁所属の船舶局において、海上保安事務に関し、急を要する通信を行う場合

2　濃霧、荒天その他気象又は海象の急激な変化に際し、船舶の安全を図るため船舶に設置する無線航行のためのレーダーの運用を必要とする場合

【参考】

船舶の航行中とは、船舶が水上にある場合であって、停泊し、又は陸岸に係留されていないときをいい、船舶の入港中とは、これ以外のときすなわち船舶が水上にある場合であって、停泊し、又は陸岸に係留されているとき及びドック等により船舶が陸揚げされているときをいう。

なお、ここにいう停泊とは、防波堤又はこれに準ずる外郭施設の内側における錨泊（びょうはく）（船舶が泊地に投錨（とうびょう）していることをいう。）及び停留（船舶が陸岸以外の係留施設に係留され、又は停止していることをいう。）を指すものである。

5－2－1－2　海岸局の指示に従う義務

1　海岸局は、船舶局から自局の運用に妨害を受けたときは、妨害している船舶局に対して、その妨害を除去するために必要な措置をとることを求めることができる（法62条2項）。

2　船舶局は、海岸局と通信を行う場合において、通信の順序若しくは時刻又は使用電波の型式若しくは周波数について、海岸局から指示を受けたときは、その指示に従わなければならない（法62条3項）。

5－2－1－3　聴守義務

海岸局及び船舶局等は、電波法令で定める時間、電波法令で定める周波数で聴守しなければならない。

1　次の表の左欄に掲げる無線局で総務省令で定めるものは、中欄の周波数を右欄に定める時間中聴守しなければならない。ただし、総務省令で定める場合は、この限りでない（法65条一部略記）。

無　線　局	周　波　数	聴守する時間
1　デジタル選択呼出装置を施設している船舶局及び海岸局	総務省令で定める周波数	常　時
2　船舶地球局及び海岸地球局	総務省令で定める周波数	常　時
3　船舶局	156.65 MHz、156.8 MHz及び総務省令で定める周波数	総務省令で定める時間中
4　海岸局	総務省令で定める周波数	運用義務時間中

2　１の表の総務省令で定める無線局並びに周波数及び時間は、次の表のとおりである（運用42条から43条の２）。

無線局（法65条）	総務省令で定める無線局（運42条）	聴守しなければならない周波数（運43条の2）	聴守義務時間
1　デジタル選択呼出装置を施設している船舶局及び海岸局	Ｆ１Ｂ電波2,187.5kHz、4,207.5kHz、6,312kHz、8,414.5kHz、12,577kHz若しくは16,804.5kHz又はＦ２Ｂ電波156.525MHzの指定を受けている無線局	次の周波数のうち当該無線局が指定を受けている周波数 (1)　Ｆ１Ｂ電波 2,187.5kHz (2)　Ｆ１Ｂ電波 8,414.5kHz (3)　Ｆ１Ｂ電波 4,207.5kHz、6,312kHz、12,577kHz及び16,804.5kHz（船舶局の場合にあっては、これらの電波のうち、時刻、季節、地理的位置等に応じ、適当な海岸局と通信を行うため適切な一の周波数とする。）	常時（法65条）

		(4)　F２B電波 156.525MHz	
2　船舶地球局及び海岸地球局	総務大臣が別に告示する周波数の指定を受けている船舶地球局及び海岸地球局（平成５年告示第302号）	総務大臣が別に告示する周波数（平成５年告示第302号）	常時 （法65条）
3　船舶局	(1)　F３E電波156.65MHz又は156.8MHzの指定を受けている船舶局（旅客船又は総トン数300トン以上の船舶であって、国際航海に従事するものの船舶局に限る。）	F３E電波156.65MHz及び156.8MHz （法65条）	特定海域及び特定港の区域を航行中常時 （運43条） （注）
	(2)　ナブテックス受信機を備える船舶局	F１B電波424kHz又は518kHz	①　F1B電波518kHzで海上安全情報を送信する無線局の通信圏の中にあるとき常時 ②　F1B電波424kHzの聴守については、F1B電波424kHzで海上安全情報を送信する無線局の通信圏として総務大臣が別に告示（平成７年告示第42号）するものの中にあるとき常時 （運43条）
	(3)　高機能グループ呼出受信機を備える船舶局	G１D電波1,530MHzから1,545MHzまでの５kHz間隔又はQ７W電波1,621.395833MHzか	常時 （運43条）

		ら1,625.979167MHzまでの41.667kHz間隔の周波数のうち、高機能グループ呼出しの回線設定を行うための周波数	
4 海岸局	Ｆ３Ｅ電波156.8MHzの指定を受けている海岸局	Ｆ３Ｅ電波156.8MHz	運用義務時間中常時（法65条）

（注）

1　特定海域（海上交通安全法１条２項）

東京湾、伊勢湾及び瀬戸内海のうち、次に掲げる海域以外の海域

(1)　港則法に基づく港の区域

(2)　港湾法に規定する港湾区域

(3)　漁港の区域内の海域

(4)　漁船以外の船舶が通常航行していない海域

2　特定港の区域（港則法３条２項）

きっ水の深い船舶が出入できる港又は外国船舶が常時出入する港であって政令で定めるもの

3　１の聴守義務が免除される場合（法65条ただし書）は、次のとおりである（運用44条）。

(1)　船舶地球局にあっては、無線設備の緊急の修理を行う場合又は現に通信を行っている場合であって、聴守することができないとき。

(2)　船舶局にあっては、次に掲げる場合

ア　無線設備の緊急の修理を行う場合又は現に通信を行っている場合であって、聴守することができないとき。

イ　156.65MHz又は156.8MHzの聴守については、当該周波数の電波の指定を受けていない場合

(3)　海岸局については、現に通信を行っている場合

4　できる限り聴守する周波数

(1)　Ｆ３Ｅ電波156.65MHz又は156.8MHzの指定を受けている船舶局（旅客船又は総トン数300トン以上の船舶であって、国際航海に従事するものの船舶局に限る。）は、特定海域及び特定港の区域以外の

海域を航行中においても、できる限り常時、Ｆ３Ｅ電波156.8MHzを聴守するものとする（運用44条の２・１項）。

(2)　次の表の左欄に掲げる船舶局は、中欄に掲げる時間中、右欄に掲げる周波数をできる限り聴守するものとする（運用44条の２・２項）。

船　舶　局	時　間	周　波　数
1　Ｆ３Ｅ電波156.65 MHzの指定を受けている船舶局（旅客船又は総トン数300トン以上の船舶であって、国際航海に従事するものの船舶局並びにＦ３Ｅ電波156.8MHzの指定を受けている船舶局であって156.65 MHz及び156.8 MHzの周波数の電波を同時に聴守することができないものを除く。）	その船舶が特定海域及び特定港の区域を航行中常時	Ｆ３Ｅ電波 156.65MHz
2　Ｆ３Ｅ電波156.8 MHzの指定を受けている船舶局（旅客船又は総トン数300トン以上の船舶であって、国際航海に従事するものの船舶局を除く。）	その船舶の航行中常時	Ｆ３Ｅ電波 156.8MHz
3　ナブテックス受信機を備える船舶局（義務船舶局としてナブテックス受信機を備えるものを除く。）	その船舶がＦ１Ｂ電波424 kHzで海上安全情報を送信する無線局の通信圏又はＦ１Ｂ電波518 kHzで海上安全情報を送信する無線局の通信圏の中にあるとき常時	Ｆ１Ｂ電波 424kHz又は518kHz
4　高機能グループ呼出受信機を備える船舶局（義務船舶局として高機能グループ呼出受信機を備えるものを除く。）	常時	Ｇ１Ｄ電波1,530MHzから1,545MHzまでの５kHz間隔又はＱ７Ｗ電波1,621.395833MHzから1,625.979167MHzまでの41.667kHz

		間隔の周波数のうち、高機能グループ呼出しの回線設定を行うための周波数

5　Ｆ３Ｅ電波156.6MHzの指定を受けている海岸局は、現にＦ３Ｅ電波156.8MHzにより遭難通信、緊急通信又は安全通信が行われているときは、できる限り、Ｆ３Ｅ電波156.6MHzで聴守を行うものとする（運用44条の２・４項)。

5－2－1－4　運用義務時間

1　海岸局及び海岸地球局（陸上に開設する無線局であって、人工衛星局の中継により船舶地球局と無線通信を行うものをいう。）は、常時運用しなければならない。ただし、次の各号の一に該当する海岸局であって、総務大臣がその運用の時期及び運用義務時間を指定したものは、この限りでない（法63条、運用45条１項)。

⑴　電気通信業務を取り扱わない海岸局

⑵　閉局中は隣接海岸局によってその業務が代行されることになっている海岸局

⑶　季節的に運用する海岸局

2　１の⑴から⑶の各海岸局には、5－2－1－7の１の規定が準用される（運用45条２項)。また、当該海岸局及びその運用義務時間並びに１の⑵の海岸局の業務を代行する海岸局は、告示（昭和40年告示第401号）する（運用45条３項)。

3　船位通報（電波法施行規則第37条第３号の船位通報をいう。5－1－1－1の参考の３参照)に関する通信を取り扱う海岸局並びに海上安全情報の送信を行う海岸局及び海岸地球局の運用に関する次の事項は、告示（昭和60年告示第753号、平成7年告示第43号）する（運用46条)。

(1) 識別信号

(2) 使用電波の型式及び周波数

(3) 運用する時間その他必要と認める事項

5－2－1－5 通信の優先順位

1 海上移動業務及び海上移動衛星業務における通信の優先順位は、次の各号の順序によるものとする（運用55条1項）。

(1) 遭難通信

(2) 緊急通信

(3) 安全通信

(4) その他の通信

2 海上移動業務において取り扱う非常の場合の無線通信は、緊急の度に応じ、緊急通信に次いでその順位を適宜に選ぶことができる（運用55条2項）。

5－2－1－6 船舶局の機器の調整のための通信の求めに応じる義務

海岸局又は船舶局は、他の船舶局から無線設備の機器の調整のための通信を求められたときは、支障のない限り、これに応じなければならない（法69条）。

5－2－1－7 船舶局の閉局の制限

1 船舶局及び常時運用しない海岸局は、次の通信の終了前に閉局してはならない（運用41条、45条2項）。

(1) 遭難通信、緊急通信、安全通信及び非常の場合の無線通信（これらの通信が遠方で行われている場合等であって、自局に関係がないと認めるものを除く。）

(2) 通信可能の範囲内にある海岸局及び船舶局から受信し又はこれに送信するすべての通報の送受のための通信（空間の状態その他の事

情によってその通信を継続することができない場合のものを除く。)

2　入港によって閉局しようとする船舶局は、入港前に必要な通信をできる限り処理しなければならない（運用50条）。

5－2－1－8　船舶自動識別装置等の常時動作

1　電波法施行規則第28条第１項の規定により船舶自動識別装置を備えなければならない義務船舶局又は同条第６項に規定する船舶長距離識別追跡装置（資料１の７(3)参照）を備える無線局は、これらの無線局のある船舶の航行中常時、これらの装置を動作させなければならない。ただし、次の各号に掲げる場合は、この限りでない(運用40条の２・１項)。

(1)　航行情報の保護を規定する国際的な取決め、規則又は基準がある場合

(2)　船舶の責任者が当該船舶の安全の確保に関し、航行情報を秘匿する必要があると特に認める場合

2　１の(2)の規定により船舶長距離識別追跡装置の動作を停止する時間は、必要最小限でなければならない（運用40条の２・２項)。

3　１の(2)の規定により船舶長距離識別追跡装置の動作を停止した場合は、その装置を備える船舶の責任者は、遅滞なくその旨を海上保安庁に通報しなければならない（運用40条の２・３項)。

5－2－1－9　義務船舶局等の運用上の補則

電波法施行規則第32条の10（4－1－2－2参照）に規定する無線設備を備える義務船舶局の運用に当たっては、船舶局無線従事者証明を受けている無線従事者は、電波法及びこれに基づく命令に規定するもののほか、総務大臣が別に告示（平成４年告示第145号）（資料26参照）するところに従わなければならない（運用55条の２)。

5－2－2　通信方法

5－2－2－1　周波数等の使用区別

1　海上移動業務の無線局が、円滑に通信を行うためには、それぞれの無線局が聴守すべき電波の周波数等を定めておくとともに、個々の電波が呼出し、応答、通報の送信等のうちのどれに使用できるか、その使用区別を定めておく必要がある。

このため、海上移動業務で使用する電波の型式及び周波数の使用区別は、特に指定された場合の外、別に告示（昭和59年告示第964号）するところによることになっている（運用56条）。

2　海上移動業務においては、呼出し、応答又は通報の送信は、1の使用区別によるものであって次に掲げる電波によって行わなければならない。ただし、遭難通信、緊急通信、安全通信及び非常の場合の無線通信については、この限りでない（運用57条）。

(1)　呼出しには、相手局の聴守する周波数の電波（海岸局の聴守する周波数の電波が156.8MHzの周波数の電波及びこれに応ずる通常通信電波である場合において、呼出しを行う船舶局が当該通常通信電波の指定を受けているときは、原則として、当該通常通信電波）

(2)　応答には、呼出しに使用された周波数に応じ、相手局の聴守する周波数の電波。ただし、相手局から応答すべき周波数の電波の指示があった場合は、その電波による。

(3)　通報の送信には、呼出し又は応答に使用された周波数に応じ、その無線局に指定されている通常通信電波。ただし、呼出し又は応答の際に他の周波数の電波の使用を協定した場合は、その電波による。

【参考】　海上無線航行業務に使用する周波数等の使用区別等

海上無線航行業務（船舶が位置を決定し又は位置に関する情報を取得するために行う無線通信業務）に使用する電波の型式及び周波数の使用区別並びに海上無線航行業務を行う無線航行陸上局（海上交通センター、ハーバーレーダー等）の運用に関する事項（無線局の名称、位置及び呼出名称（標識符号を含む。）、使用電波の型式及び周波数、通常方位測定区域、運用する時間等）は、告示することとされている（運用107条、108条、平成14年告示第203号）。

5－2－2－2　27,524kHz及び156.8MHz等の周波数の電波の使用制限

1　2,187.5kHz、4,207.5kHz、6,312kHz、8,414.5kHz、12,577kHz及び16,804.5kHzの周波数の電波の使用は、デジタル選択呼出装置を使用して遭難通信、緊急通信又は安全通信を行う場合に限る（運用58条1項）。

2　2,174.5kHz、4,177.5kHz、6,268kHz、8,376.5kHz、12,520kHz及び16,695kHzの周波数の電波の使用は、狭帯域直接印刷電信装置を使用して遭難通信、緊急通信又は安全通信を行う場合に限る（運用58条2項）。

3　27,524kHz及び156.8MHzの周波数の電波の使用は、次に掲げる場合に限る（運用58条3項）。

(1)　遭難通信、緊急通信（医事通報に係るものにあっては、156.8MHzの周波数の電波は、緊急呼出しに限る。）又は安全呼出し（27,524kHzの周波数の電波については、安全通信）を行う場合

(2)　呼出し又は応答を行う場合

(3)　準備信号（応答又は通報の送信の準備に必要な略符号であって、呼出事項又は応答事項に引き続いて送信されるものをいう。）を送信する場合

(4)　27,524kHzの周波数の電波については、海上保安業務に関し急を要する通信その他船舶の航行の安全に関し急を要する通信（(1)の通信を除く。）を行う場合

4　500kHz、2,182kHz及び156.8MHzの周波数の電波の使用は、できる限り短時間とし、かつ、1分以上にわたってはならない。ただし、2,182kHzの周波数の電波を使用して遭難通信、緊急通信又は安全通信を行う場合及び156.8MHzの周波数の電波を使用して遭難通信を行う場合は、この限りでない（運用58条4項）。

5　8,291kHzの周波数の電波の使用は、無線電話を使用して遭難通信、緊急通信又は安全通信を行う場合に限る（運用58条5項）。

6　Ａ３Ｅ電波121.5MHzの使用は、船舶局と捜索救難に従事する航空機の航空機局との間に遭難通信、緊急通信又は共同の捜索救難のための呼出し、応答若しくは準備信号の送信を行う場合に限る（運用58条6項）。

7　1から3まで及び5の周波数の電波並びに6の電波は、これらの電波を発射しなければ無線設備の機器（警急自動電話装置を除く。）の試験又は調整ができない場合には、これを使用することができる（運用58条7項）。

5－2－2－3　デジタル選択呼出通信

デジタル選択呼出装置を使用して行う通信は、船舶局及び海岸局が自動的にかつ確実に、通常の通信の呼出し、応答及びGMDSS（10－2－9の1〔補足〕参照）における遭難警報等を送受信するシステムである。

通常の通信は、次のように行われる。

1　呼出し

呼出しは、次に掲げる事項を送信するものとする（運用58条の4）。

(1)　呼出しの種類
(2)　相手局の識別表示
(3)　通報の種類
(4)　自局の識別信号
(5)　通報の型式
(6)　通報の周波数等（必要がある場合に限る。）
(7)　終了信号

2　呼出しの反復

(1)　海岸局における呼出しは、45秒間以上の間隔をおいて2回送信することができる（運用58条の5・1項）。

⑵　船舶局における呼出しは、５分間以上の間隔をおいて２回送信することができる。これに応答がないときは、少なくとも15分間の間隔を置かなければ、呼出しを再開してはならない（運用58条の５・２項）。

３　応答

⑴　自局に対する呼出しを受信したときは、海岸局にあっては５秒以上４分半以内に、船舶局にあっては５分以内に応答するものとする（運用58条の６・１項）。

⑵　⑴の応答は、次に掲げる事項を送信するものとする（運用58条の６・２項）。

ア　呼出しの種類

イ　相手局の識別信号

ウ　通報の種類

エ　自局の識別信号

オ　通報の型式

カ　通報の周波数等

キ　終了信号

⑶　⑵の送信に際して直ちに通報を受信することができないときは、その旨を通報の型式で明示するものとする（運用58条の６・３項）。

⑷　⑵の送信に際して相手局の使用しようとする電波の周波数等によって通報を受信することができないときは、通報の周波数等に自局の希望する代わりの電波の周波数等を明示するものとする（運用58条の６・４項）。

⑸　自局に対する呼出しに通報の周波数等が含まれていないときは、応答には、通報の周波数等に自局の使用しようとする電波の周波数等を明示するものとする（運用58条の６・５項）。

5－2－2－4　狭帯域直接印刷電信通信

狭帯域直接印刷電信は、GMDSSに採用されており、テレックス装置を用いて、中短波帯及び短波帯の専用電波により、航行警報の送信、遭難通信及び一般の通信等に使われている。

1　呼出し

呼出しは、次に掲げる事項を送信するものとする（運用58条の８）。

(1)　呼出しの信号

(2)　呼出しの信号及び相手局の識別信号

(3)　呼出しの信号及び呼出事項

2　応答

応答は、次に掲げる事項を送信するものとする（運用58条の９）。

(1)　応答の信号

(2)　応答の信号及び自局の識別信号

(3)　応答の信号及び応答事項

5－2－2－5　各局及び特定局あて同報

1　各局あて同報

(1)　通信可能の範囲内にあるすべての無線局にあてる通報を同時に送信しようとするときは、無線局運用規則第20条（5－1－2－5の１参照）及び第29条第２項（5－1－2－8の１の(2)参照）の規定にかかわらず次に掲げる事項を順次送信して行うものとする（運用59条１項）。

ア	各局	３回以下
イ	こちらは	１回
ウ	自局の呼出名称（又は呼出符号）	３回以下
エ	通報の種類	１回
オ	通報	２回以下

(2)　(1)のオの通報を呼出しに使用した電波以外の電波に変更して送信する場合には、無線局運用規則第63条第２項第２号（２の【参考】参

照）の規定を準用する（運用59条２項）。

2　特定局あて同報

(1)　通信可能の範囲内にある２以上の特定の無線局にあてる通報を同時に送信しようとするときは、無線局運用規則第20条（5-1-2-5の1参照）及び第29条第２項（5-1-2-8の１の(2)参照）の規定にかかわらず次に掲げる事項を順次送信して行うものとする（運用60条１項）。

ア	各局	３回以下
イ	相手局の呼出名称（又は呼出符号）	それぞれ２回以下
	又は識別符号（特定の無線局を一括して表示する符号であって、別に告示するものをいう。参考のキにおいても同じ。）	２回以下
ウ	こちらは	１回
エ	自局の呼出名称（又は呼出符号）	３回以下
オ	通報	２回以下

(2)　(1)のオの通報を呼出しに使用した電波以外の電波に変更して送信する場合には、無線局運用規則第63条第２項第２号（【参考】参照）の規定を準用する（運用60条２項）。

【参考】無線局運用規則第63条第２項第２号（海岸局の一括呼出し）

ア	各局	３回以下
イ	こちらは	１回
ウ	自局の呼出名称（又は呼出符号）	３回以下
エ	「こちらは…（周波数）に変更します」直ちにその周波数の電波に変更し	１回
オ	「本日は晴天なり」	数回（適当に自局の呼出名称（又は呼出符号）をその間に送信する。）
カ	通報が…（通数）通あります。	２回
キ	各船舶局の呼出名称（又は呼出符号（アルファベット順による。））	それぞれ２回

ク　こちらは　　　　　　　　　　　　1回
ケ　自局の呼出名称（又は呼出符号）　　3回以下

5-2-2-6　船名による呼出し

海岸局は、呼出名称（又は呼出符号）が不明な船舶局を呼び出す必要があるときは、呼出名称（又は呼出符号）の代わりにその船名を送信することができる（運用68条）。

【参考】通信方法の特例（昭和37年告示第361号（最終改正平成25.9.3）抜粋）

無線局運用規則第18条の2の規定により、無線局が同規則の規定によることが困難であるか、不合理である場合の当該無線局の通信方法の特例を次のように定める。

7　呼出符号が不明な船舶局を呼び出す必要があるときは、呼出符号の代わりに当該船舶局のある船舶の船名（船名が不明であるときは、当該船舶の進行方向及び速力並びに付近の航路標識との位置関係その他の当該船舶を特定できる事項）を送信することができる。

5－2－3　遭難通信

5-2-3-1　意義

遭難通信とは、船舶又は航空機が重大かつ急迫の危険に陥った場合に遭難信号を前置する方法その他総務省令で定める方法により行う無線通信をいう（法52条1号）。

【参考】

1　重大かつ急迫の危険に陥った場合とは、船舶においては火災、座礁、衝突、浸水その他の事故、航空機においては墜落、衝突、火災その他の事故に遭い、自力によって人命及び財貨を守ることができないような場合をいう。

2　総務省令で定める方法とは、デシタル選択呼出装置、船舶地球局の無線設備、遭難自動通報設備等を使用して行う方法であり、内容は資料23の1のとおりである（施行36条の2・1項）。

5－2－3－2　遭難通信の保護、特則、通信方法及び取扱いに関する事項

1　遭難通信の保護、特則

遭難通信は、5－2－3－1のように人命及び財貨の保全に係わる重要な通信であるから、法令上多くの事項について特別な取扱いがなされている。その主なものは、次のとおりである。

(1)　免許状に記載された目的又は通信の相手方若しくは通信事項の範囲を超えて、また、免許状等に記載された無線設備の設置場所、識別信号、電波の型式及び周波数、空中線電力によらず、また、運用許容時間外においてもこの通信を行うことができる（法52条から55条）。

(2)　他の無線局等にその運用を阻害するような混信その他の妨害を与えないように運用しなければならないという混信等防止の義務から除外されている（法56条1項、運用55条の3）。

(3)　船舶が航行中でない場合でもこの通信を行うことができる（法62条1項）。

(4)　海岸局、海岸地球局、船舶局及び船舶地球局（注）は、遭難通信を受信したときは、他の一切の無線通信に優先して、直ちにこれに応答し、かつ、遭難している船舶又は航空機を救助するため最も便宜な位置にある無線局に対して通報する等、総務省令（運用72条）で定めるところにより救助の通信に関し最善の措置をとらなければならない（法66条1項）。

（注）　電波法第67条（緊急通信）及び第68条（安全通信）において「海岸局等」という。

(5)　無線局は、遭難信号又は総務省令（資料23の1参照）で定める方法で行われる無線通信を受信したときは、遭難通信を妨害するおそれのある電波の発射を直ちに中止しなければならない（法66条2項）。

(6)　遭難通信を受信したすべての無線局は、無線局運用規則において遭難通信、緊急通信及び安全通信について規定するもののほか、応

答、傍受その他遭難通信のため最善の措置をしなければならない（運用72条）。

2　遭難通信等の使用電波

海上移動業務における遭難通信、緊急通信又は安全通信は、次の各号に掲げる場合にあっては、それぞれ当該各号に掲げる電波を使用して行うものとする。ただし、遭難通信を行う場合であって、これらの周波数を使用することができないか又は使用することが不適当であるときは、ほかのいずれの電波も使用することができる（運用70条の２・１項）。

⑴　デジタル選択呼出装置を使用する場合

Ｆ１Ｂ電波2,187.5kHz、4,207.5kHz、6,312kHz、8,414.5kHz、12,577kHz若しくは16,804.5kHz又はＦ２Ｂ電波156.525MHz

⑵　デジタル選択呼出通信に引き続いて狭帯域直接印刷電信装置を使用する場合

Ｆ１Ｂ電波2,174.5kHz、4,177.5kHz、6,268kHz、8,376.5kHz、12,520kHz又は16,695kHz

⑶　デジタル選択呼出通信に引き続いて無線電話を使用する場合

Ｊ３Ｅ電波2,182kHz、4,125kHz、6,215kHz、8,291kHz、12,290kHz若しくは16,420kHz又はＦ３Ｅ電波156.8MHz

⑷　船舶航空機間双方向無線電話を使用する場合（遭難通信及び緊急通信を行う場合に限る。）

Ａ３Ｅ電波121.5MHz

⑸　無線電話を使用する場合（⑶及び⑷の場合を除く。）

Ａ３Ｅ電波27,524kHz若しくはＦ３Ｅ電波156.8MHz又は通常使用する呼出電波

3　責任者の命令

遭難通信に関する次のものは、その船舶の責任者（船長）の命令がなければ行うことができない（運用71条１項）。

⑴　船舶局における次のもの

ア　遭難警報若しくは遭難警報の中継の送信

イ　遭難呼出し

ウ　遭難通報の送信

エ　遭難自動通報設備による通報の送信

⑵　船舶地球局における遭難警報又は遭難警報の中継の送信

⑶　遭難自動通報局における遭難警報又は遭難通報の送信

4　注意信号

⑴　Ａ３Ｅ電波27,524kHzにより次に掲げる通信を行う場合には、呼出しの前に注意信号を送信することができる（運用73条の２・１項）。

ア　遭難通信、緊急通信又は安全通信

イ　海上保安業務に関し急を要する通信その他船舶の航行の安全に関し急を要する通信

⑵　注意信号は、2,100ヘルツの可聴周波数による５秒間の１音とする（運用73条の２・２項）。

5　電波の継続発射

船舶に開設する無線局は、その船舶が遭難した場合において、その船体を放棄しようとするときは、事情の許す限り、その送信設備を継続して電波を発射する状態に置かなければならない（運用74条）。

6　遭難警報の送信

⑴　船舶が遭難した場合に船舶局がデジタル選択呼出装置を使用して行う遭難警報は、電波法施行規則別図第１号１（資料23参照）に定める構成のものを送信して行うものとする。この場合において、この送信は、５回連続して行うものとする（運用75条１項）。

（注）　この場合、送信の繰り返しは、3.5分から4.5分までの間のうち、不規則な間隔を置くものであること（設備40条の５）。

⑵　船舶が遭難した場合に船舶地球局が行う遭難警報は、電波法施行規則別図第２号（資料23参照）に定める構成のものを送信して行うも

のとする（運用75条２項）。

(3)　船舶が遭難した場合に、衛星非常用位置指示無線標識を使用して行う遭難警報は、電波法施行規則別図第５号（資料23参照）に定める構成のものを送信して行うものとする（運用75条３項）。

(4)　無線局は誤って遭難警報を送信した場合は、直ちにその旨を海上保安庁へ通報しなければならない（運用75条４項）。

(5)　船舶局は、デジタル選択呼出装置を使用して誤った遭難警報を送信した場合は、当該遭難警報の周波数に関連する無線局運用規則第70条の２第１項第３号（５-２-３-２の２の(3)）に規定する周波数の電波を使用して、無線電話により、次に掲げる事項を順次送信して当該遭難警報を取り消す旨の通報を行わなければならない（運用75条５項）。

ア	各局	３回
イ	こちらは	１回
ウ	遭難警報を送信した船舶の船名	３回
エ	自局の呼出符号又は呼出名称	１回
オ	海上移動業務識別	１回
カ	遭難警報取消し	１回
キ	遭難警報を発射した時刻（協定世界時であること。）	１回

(6)　船舶局は、(5)に掲げる遭難警報の取消しを行ったときは、当該取消しの通報を行った周波数によって聴守しなければならない（運用75条６項）。

（注）　これらの遭難警報は、操作パネル上の該当するキーを押すだけで送信できるなど簡単な操作で電波の発射が可能である。

7　遭難呼出し及び遭難通報の送信順序

無線電話により遭難通報を送信しようとする場合には、次の事項を順次送信して行うものとする。ただし、特にその必要がないと認める場合又はそのいとまのない場合には、(1)の事項を省略することができる（運用75条の2）。

(1)　警急信号

(2)　遭難呼出し

(3)　遭難通報

8　遭難呼出し

(1)　遭難呼出しは、無線電話により、次の事項を順次送信して行うものとする（運用76条1項）。

ア　メーデー（又は「遭難」）　3回

イ　こちらは　1回

ウ　遭難船舶局の呼出符号又は呼出名称　3回

（注）遭難船舶局：遭難している船舶の船舶局をいう。

(2)　遭難呼出しは、特定の無線局にあててはならない（運用76条2項）。

9　遭難通報の送信

(1)　遭難呼出しを行った無線局は、できる限り速やかにその遭難呼出しに続いて、遭難通報を送信しなければならない（運用77条1項）。

(2)　遭難通報は、無線電話により次の事項を順次送信して行うものとする（運用77条2項）。

ア　「メーデー」又は「遭難」

イ　遭難した船舶又は航空機の名称又は識別

ウ　遭難した船舶又は航空機の位置、遭難の種類及び状況並びに必要とする救助の種類その他救助のため必要な事項

(3)　(2)のウの位置は、原則として経度及び緯度をもって表すものとする。ただし、著名な地理上の地点からの真方位及び海里で示す距離によって表すことができる（運用77条3項）。

10　他の無線局の遭難警報の中継の送信等

(1)　船舶又は航空機が遭難していることを知った船舶局、船舶地球局、海岸局又は海岸地球局は、次に掲げる場合には、遭難警報の中継又は遭難通報を送信しなければならない（運用78条1項）。

ア　遭難船舶局、遭難船舶地球局、遭難航空機局又は遭難航空機地球局が自ら遭難警報又は遭難通報を送信することができないとき。

(注) 遭難船舶地球局：遭難している船舶の船舶地球局をいう。

遭難航空機局：遭難している航空機の航空機局をいう。

遭難航空機地球局：遭難している航空機の航空機地球局をいう。

イ　船舶、海岸局又は海岸地球局の責任者が救助につき更に遭難警報の中継又は遭難通報を送信する必要があると認めたとき。

(2)　海上保安庁の無線局等からの依頼により宰領（指揮・調整）を行う無線局は、遭難した船舶の救助につき遭難警報の中継又は遭難通報を送信する必要があると認めたときは、その送信をしなければならない（運用78条２項）。

(3)　航空機用救命無線機等の通報（Ａ３Ｘ電波121.5MHz及び243MHz又はＧ１Ｂ電波406.025MHz、406.028MHz、406.031MHz、406.037MHz若しくは406.04MHzを使用して電波法施行規則別図第５号に定める方法により送信するもの）を受信した船舶局又は海岸局は、その船舶又は海岸局の責任者が救助につき必要があると認めたときは、遭難通報を送信しなければならない（運用78条４項）。

(4)　(1)及び(2)の場合において、船舶局が遭難警報の中継を送信するときは、デジタル選択呼出装置を使用して、電波法施行規則別図第１号２（資料23参照）に定める構成により行うものとする（運用78条５項）。

(5)　(1)の場合において、船舶地球局が遭難警報の中継を送信するときは、電波法施行規則別図第２号（資料23参照）に定める構成により行うものとし、これに引き続いて自局が遭難するものでないことを明らかにするものとする（運用78条６項）。

(6)　(1)から(3)までに規定する場合において、無線電話により遭難通報を送信しようとする場合における呼出しは、次の事項を順次送信して行うものとする。ただし、156.8MHzの周波数の電波以外の電波を使用する場合又はその必要がないと認める場合若しくはそのいとまのない場合には、アの事項を省略することができる（運用78条９項）。

ア　警急信号　１回
イ　メーデーリレー（又は「遭難中継」）　３回
ウ　こちらは　１回
エ　自局の呼出符号又は呼出名称　３回

11　遭難自動通報設備の通報の送信等

遭難自動通報設備の通報の送信等は、次により行うものとする。

(1)　Ａ３Ｘ電波121.5MHz及び243MHzにより送信する遭難自動通報設備の通報は、電波法施行規則第36条の２第１項第５号（資料23の１の(5)参照）に定める方法により行うものとする（運用78条の２・１項）。

(2)　Ｇ１Ｂ電波406.025MHz、406.028MHz、406.031MHz、406.037MHz又は406.04MHz及びＡ３Ｘ電波121.5MHzを同時に発射する遭難自動通報設備であって、Ａ３Ｘ電波121.5MHzにより送信する遭難自動通報設備の通報は、電波法施行規則第36条の２第１項第６号(2)（資料23の１の(6)参照）に定める方法により行うものとする（運用78条の２・２項）。

(3)　捜索救助用レーダートランスポンダの通報は、電波法施行規則第36条の２第１項第７号（資料23の１の(7)参照）に定める方法により行うものとする（運用78条の２・３項）。

(4)　捜索救助用位置指示送信装置の通報は、電波法施行規則第36条の２第１項第８号（資料23の１の(8)参照）に定める方法により行うものとする（運用78条の２・４項）。

(5)　遭難自動通報局（遭難自動通報設備のみの無線局）は、通報を送信する必要がなくなったときは、その送信を停止するため、必要な措置をとらなければならない（運用78条の２・５項）。

(6)　(5)の規定は、遭難自動通報局以外の無線局において遭難自動通報設備を運用する場合に準用する（運用78条の２・６項）。

12　遭難呼出し及び遭難通報の送信の反復

遭難呼出し及び遭難通報の送信は、応答があるまで、必要な間隔を置いて反復しなければならない（運用81条）。

13　遭難警報等を受信した海岸局のとるべき措置

海岸局は、船舶局がデジタル選択呼出装置を使用して送信した遭難警報又は遭難警報の中継を受信したときは、遅滞なく、これに応答し、かつ、その遭難警報又は遭難警報の中継を海上保安庁その他の救助機関に通報しなければならない（運用81条の３・１項）。

14　遭難警報等を受信した船舶局のとるべき措置

(1)　船舶局は、デジタル選択呼出装置を使用して送信された遭難警報若しくは遭難警報の中継又は電波法施行規則第36条の２第１項第４号（資料23の１の(4)参照）に定める方法により送信された遭難警報の中継を受信したときは、直ちにこれをその船舶の責任者に通知しなければならない（運用81条の５・１項）。

(2)　船舶局は、デジタル選択呼出装置を使用して短波帯以外の周波数の電波により送信された遭難警報を受信した場合において、当該遭難警報に使用された周波数の電波によっては海岸局と通信を行うことができない海域にあり、かつ、その遭難警報が付近にある船舶からのものであることが明らかであるときは、遅滞なくこれに応答し、かつ、当該遭難警報を適当な海岸局に通報しなければならない（運用81条の５・２項）。

(3)　船舶局は、(2)の遭難警報を受信した場合において、その遭難警報に使用された周波数の電波によって海岸局と通信を行うことができない海域にあるとき以外のとき、又は当該遭難警報が（自船の）付近にある船舶からのものであることが明らかであるとき以外のときは、当該遭難警報を受信した周波数で聴守を行わなければならない（運用81条の５・３項）。

(4)　船舶局は、(3)により聴守を行った場合であって、その聴守において、当該遭難警報に対して他のいずれの無線局の応答も認められないときは、これを適当な海岸局に通報し、かつ、当該遭難警報に対する他の無線局の応答があるまで引き続き聴守を行わなければならない（運用81条の5・4項）。

(5)　船舶局は、デジタル選択呼出装置を使用して短波帯の周波数の電波により送信された遭難警報を受信したときは、これに応答してはならない。この場合において、当該船舶局は、当該遭難警報を受信した周波数で聴守を行わなければならない（運用81条の5・5項）。

(6)　船舶局は、(5)の規定により聴守を行った場合であって、その聴守において、当該遭難警報に対していずれの海岸局の応答も認められないときは、適当な海岸局に対して遭難警報の中継の送信を行い、かつ、当該遭難警報に対する海岸局の応答があるまで引き続き聴守を行わなければならない（運用81条の5・6項）。

(7)　船舶局は、デジタル選択呼出装置を使用して送信された遭難警報又は遭難警報の中継を受信したときは、当該遭難警報又は遭難警報の中継を受信した周波数と関連する無線局運用規則第70条の2第1項第3号に規定する周波数の電波（5−2−3−2の2の(3)の電波）で聴守を行わなければならない（運用81条の5・7項）。

(8)　狭帯域直接印刷電信装置を施設する船舶局は、(7)に規定する場合において、当該遭難警報又は遭難警報の中継が狭帯域直接印刷電信装置の使用を指示しているときは、(7)の規定にかかわらず、これを受信した周波数と関連する無線局運用規則第70条の2第1項第2号に規定する周波数（5−2−3−2の2の(2)の電波）で聴守を行わなければならない。この場合において、当該船舶局の無線設備において(7)の規定による聴守を同時に行うことが可能なときは、これを行わなければならない（運用81条の5・8項）。

15　遭難警報の中継を受信した船舶地球局のとるべき措置

船舶地球局は、遭難警報の中継を受信したときは、直ちにこれをその船舶の責任者に通知しなければならない（運用81条の6）。

16　遭難通報等を受信した海岸局及び船舶局のとるべき措置

(1)　海岸局及び船舶局は、遭難呼出しを受信したときは、これを受信した周波数で聴守を行わなければならない（運用81条の7・1項）。

(2)　海岸局は、遭難通報、携帯用位置指示無線標識の通報、衛星非常用位置指示無線標識の通報、捜索救助用レーダートランスポンダの通報、捜索救助用位置指示送信装置の通報又は航空機用救命無線機等の通報を受信したときは、遅滞なく、これを海上保安庁その他の救助機関に通報しなければならない（運用81条の7・2項）。

(3)　船舶局は、遭難通報、携帯用位置指示無線標識の通報、衛星非常用位置指示無線標識の通報、捜索救助用レーダートランスポンダの通報、捜索救助用位置指示送信装置の通報又は航空機用救命無線機等の通報を受信したときは、直ちにこれをその船舶の責任者に通知しなければならない（運用81条の7・3項）。

(4)　海岸局は、(1)により聴守を行った場合であって、その聴守において、遭難通報を受信し、かつ、遭難している船舶又は航空機が自局の付近にあることが明らかであるときは、直ちにその遭難通報に対して応答しなければならない（運用81条の7・4項）。

(5)　(4)の規定は、船舶局について準用する。ただし、当該遭難通報が海岸局が行う他の無線局の遭難通報の送信のための呼出しに引き続いて受信したものであるときは、受信した船舶局の船舶の責任者がその船舶が救助を行うことができる位置にあることを確かめ、当該船舶局に指示した場合でなければ、これに応答してはならない（運用81条の7・5項）。

(6)　船舶局は、遭難通報を受信した場合において、その船舶が救助を行うことができず、かつ、その遭難通報に対し他のいずれの無線局も応答しないときは、遭難通報を送信しなければならない（運用81条の7・6項）。

(7)　(6)により船舶局が遭難通報を送信しようとする場合は、10の(6)の規定を準用する（運用82条4項）。

17　遭難警報等に対する応答等

(1)　海岸局は、遭難警報又は遭難警報の中継を受信した場合において、これに応答するときは、当該遭難警報又は遭難警報の中継を受信した周波数の電波を使用して、デジタル選択呼出装置により、電波法施行規則別図第1号3（遭難警報の中継に対する応答にあっては、別図第1号2（資料23参照））に定める構成のものを送信して行うものとする。この場合において、受信した遭難警報又は遭難警報の中継が中短波帯又は短波帯の周波数の電波を使用するものであるときは、受信から1分以上2分45秒以下の間隔を置いて送信するものとする（運用81条の8・1項）。

(2)　船舶局は、遭難警報又は遭難警報の中継を受信した場合において、これに応答するときは、当該遭難警報又は遭難警報の中継を受信した周波数と関連する周波数の電波（5-2-3-2の2の(3)の電波）を使用して、無線電話により、次に掲げるものを順次送信して行うものとする（運用81条の8・2項）。

ア　メーデー（又は「遭難」）　1回
イ　遭難警報又は遭難警報の中継を送信した無線局の識別信号　3回
ウ　こちらは　1回
エ　自局の識別信号　3回
オ　受信しました　1回
カ　メーデー（又は「遭難」）　1回

(3)　(2)の応答が受信されなかった場合には、当該船舶局は、デジタル選択呼出装置を使用して、遭難警報又は遭難警報の中継を受信した旨を送信するものとする（運用81条の8・3項）。

(4)　14の(6)の規定により船舶局が遭難警報の中継を送信する場合に

は、Ｆ１Ｂ電波4,207.5kHz、6,312kHz、8,414.5kHz、12,577kHz又は16,804.5kHzのうち時刻、季節、地理的位置等に応じて適切な電波を使用して、デジタル選択呼出装置により、電波法施行規則別図第１号２（資料23参照）に定める構成のものを送信して行うものとする（運用81条の８・４項）。

18　遭難通報に対する応答等

(1)　海岸局又は船舶局は、遭難通報を受信した場合において、これに応答するときは、次の事項を順次送信して行うものとする（運用82条１項）。

ア　メーデー（又は「遭難」）　1回

イ　遭難通報を送信した無線局の呼出名称（又は呼出符号）　3回

ウ　こちらは　1回

エ　自局の呼出名称（又は呼出符号）　3回

オ　了解（又は「ＯＫ」）　1回

カ　メーデー（又は「遭難」）　1回

(2)　(1)により応答した船舶局は、その船舶の責任者の指示を受け、できる限り速やかに、次の事項を順次送信しなければならない（運用82条２項）。

ア　自局の名称

イ　自局の位置（位置は、原則として経度及び緯度をもって表すものとする。ただし、著名な地理上の地点からの真方位及び海里で示す距離によって表すことができる。）

ウ　遭難している船舶又は航空機に向かって進航する速度及びこれに到着するまでに要する概略の時間

エ　その他救助に必要な事項

(3)　(1)及び(2)に掲げる事項を送信しようとするときは、遭難している船舶又は航空機の救助について自局よりも一層便利な位置にある他の無線局の送信を妨げないことを確かめなければならない（運用82条3項）。

(4)　航空機用救命無線機等の通報を受信した船舶局は、直ちに海上保安庁の無線局にその事実を通報するものとする。ただし、その必要がないと認められる場合は、これを要しない（運用82条の2）。

19　遭難信号の前置

遭難している船舶又は航空機の捜索及び救助に関する通信においては、通信方法が具体的に定められているものを除き、次に掲げる遭難信号を前置しなければならない（運用82条の3）。

(1)　狭帯域直接印刷電信装置及びインマルサット人工衛星局又は1,621.35MHzから1,626.5MHzまでの周波数の電波を使用する非静止衛星に開設する人工衛星局の中継による直接印刷電信装置により送信する「MAYDAY」

(2)　無線電話により送信する「メーデー」又は「遭難」

20　遭難通信の宰領

(1)　遭難通信の宰領（指揮・調整）は、遭難船舶局若しくは遭難通報を送信した無線局又はこれらの無線局から遭難通信の宰領を依頼された無線局が行うものとする（運用83条1項）。

(2)　遭難自動通報局の行う遭難通信の宰領は、(1)の規定にかかわらず、その通報を受信した海上保安庁の無線局が行うものとする。ただし、海上保安庁の無線局がその通報を受信していないと認められる場合は、その通報を最初に受信したその他の無線局が宰領する。又はこれらの無線局から遭難通信の宰領を依頼された無線局が宰領する（運用83条2項）。

(3)　(2)の規定は、遭難自動通報局以外の無線局の遭難自動通報設備による遭難通信を宰領する場合（(1)に規定する無線局が宰領する場合を除く。）に準用する（運用83条3項）。

(4)　遭難警報に係る遭難通信の宰領は、(1)から(3)までの規定にかかわらず、海上保安庁の無線局又はこれから遭難通信の宰領を依頼された無線局が行うものとする（運用83条４項）。

21　通信停止の要求

(1)　遭難船舶局及び遭難通信を宰領する無線局は、遭難通信を妨害し又は妨害するおそれのあるすべての通信の停止を要求することができる。この要求は、次の区別に従い、それぞれに掲げる方法により行うものとする（運用85条１項）。

ア　狭帯域直接印刷電信による場合

(ア)　呼出しの信号

(イ)　呼出しの信号及び相手局の識別信号

（通信可能な範囲内にあるすべての無線局にあてる場合は、「相手局の識別信号」とあるのは、「ＣＱ」とする。）

(ウ)　ＳＩＬＥＮＣＥ　ＭＡＹＤＡＹ

イ　無線電話による場合

呼出事項（5－1－2－5の１の(1)のアの(ア)から(ウ)の事項）

(ア)　相手局の呼出名称（又は呼出符号）　　３回以下

(イ)　こちらは　　１回

(ウ)　自局の呼出名称（又は呼出符号）　　３回以下

又は各局あて呼出事項（5－2－2－5の１の(1)のアからウの事項）

(ア)　各局　　３回以下

(イ)　こちらは　　１回

(ウ)　自局の呼出名称（又は呼出符号）　　３回以下

の次に

(エ)　「シーロンス　メーデー」（又は「通信停止遭難」）

を送信して行うものとする。

(2)　遭難している船舶又は航空機の付近にある海岸局又は船舶局は、必要と認めるときは、他の無線局に対し通信の停止を要求することができる。この要求は、無線電話により、呼出事項又は各局あて呼出事項の次に「シーロンス　ディストレス」又は「通信停止遭難」の語及び自局の呼出符号又は呼出名称を送信して行うものとする（運用85条2項）。

(3)　「シーロンス　メーデー」（又は「通信停止遭難」）の送信は、(1)の場合に限る（運用85条3項）。

22　一般通信の再開

(1)　遭難通信が良好に行われるようになった場合において完全な沈黙を守らせる必要がなくなったときは、遭難通信を宰領する無線局は、遭難通信が行われている電波（Ａ３Ｅ電波27,524kHz若しくはＦ３Ｅ電波156.8MHz又は通常使用する呼出電波に限る。）により、次の事項を順次送信して関係の無線局にその旨を通知しなければならない（運用89条1項）。

ア　メーデー（又は「遭難」）　1回
イ　各局　3回
ウ　こちらは　1回
エ　自局の呼出符号又は呼出名称　1回
オ　完全な沈黙を守らせる必要がなくなった時刻　1回
カ　遭難した船舶又は航空機の名称又は識別　1回
キ　遭難船舶局、遭難船舶地球局若しくは遭難自動通報局又は遭難航空機局若しくは遭難航空機地球局の識別信号　1回
ク　プルドンス（又は「沈黙一部解除」）　1回
ケ　さようなら　1回

(2)　遭難通信が終了したときは、遭難通信を宰領した無線局は、遭難通信の行われた電波により、次の事項を順次送信して関係の無線局にその旨を通知しなければならない（運用89条2項）。

ア　狭帯域直接印刷電信装置による場合
　(ア)　ＭＡＹＤＡＹ　1回

(イ) CQ 1回

(ウ) DE 1回

(エ) 自局の識別信号 1回

(オ) 遭難通信の終了時刻 1回

(カ) 遭難した船舶又は航空機の名称又は識別 1回

(キ) 遭難船舶局、遭難船舶地球局若しくは遭難自動通報局又は遭難航空機局若しくは遭難航空機地球局の識別信号 1回

(ク) SILENCE FINI 1回

イ 無線電話による場合

(ア) メーデー（又は「遭難」） 1回

(イ) 各局 3回

(ウ) こちらは 1回

(エ) 自局の呼出符号又は呼出名称 1回

(オ) 遭難通信の終了時刻 1回

(カ) 遭難した船舶又は航空機の名称又は識別 1回

(キ) 遭難船舶局、遭難船舶地球局若しくは遭難自動通報局又は遭難航空機局若しくは遭難航空機地球局の識別信号 1回

(ク) シーロンス フィニィ（又は「遭難通信終了」） 1回

(ケ) さようなら 1回

(3) 遭難通信の宰領を他の無線局に依頼した遭難船舶局は、沈黙を守らせる必要がなくなったときは、遭難通信を宰領した無線局に速やかにその旨を通知しなければならない（運用89条３項）。

23 遭難通信実施中の一般通信の実施

海岸局又は船舶局であって、現に行われている遭難通信に係る呼出し、応答、傍受その他一切の措置を行うほか、一般通信を同時に行うことができるものは、その遭難通信が良好に行われており、かつ、こ

れに妨害を与えるおそれがない場合に限り、その遭難通信に使用されている電波以外の電波を使用して一般通信を行うことができる（運用90条）。

24　遭難通信実施中の緊急通信又は安全通信の予告

(1)　海岸局は、遭難通信に妨害を与え、又は遅延を生じさせるおそれがない場合であって、かつ、遭難通信が休止中である場合に限り、遭難通信に使用されている電波を使用して、緊急通報又は安全通報の予告を行うことができる（運用90条の2・1項）。

(2)　(1)の予告は、次の事項を順次送信して行うものとする（運用90条の2・2項）。

ア　パン　パン（若しくは「緊急」）又は セキュリテ（若しくは「警報」）	1回
イ　こちらは	1回
ウ　自局の呼出名称（又は呼出符号）	1回
エ「こちらは…(周波数(又は型式及び周波数)) に変更します」	1回

5－2－4　緊急通信

5-2-4-1　意義

緊急通信とは、船舶又は航空機が重大かつ急迫の危険に陥るおそれがある場合その他緊急の事態が発生した場合に緊急信号を前置する方法その他総務省令で定める方法により行う無線通信をいう（法52条2号）。

総務省令で定める方法とは、デジタル選択呼出装置や船舶地球局の無線設備等を使用して行うもので、資料23の2のとおりである（施行36条の2・2項）。

この通信は、船舶又は航空機が重大かつ急迫の危険に陥るおそれがある場合その他緊急の事態が発生した場合に行われるという点で遭難通信と異なっている。ここで、船舶又は航空機が重大かつ急迫の危険に陥るおそれがあるかどうか又はその他緊急の事態が発生したかどうかの判断は、緊急呼出しの送信を命令する者が行うこととなるが、緊急通信が行われる場合の具体例としては、次のものが挙げられる。

1　船舶が座礁、火災、エンジン故障その他の事故に遭い、重大かつ急迫の危険に陥るおそれがあるので監視してもらいたいとき。

2　行方不明の船舶の捜索を付近を航行中の船舶に依頼するとき。

3　海中に転落し行方不明となった乗客又は乗組員の捜索を依頼するとき。

4　事故による重傷者又は急病人の手当てについて医療援助を求めるとき。

5　航空機内にある者の死傷、航空機の安全阻害行為（ハイジャック＝強取（ごうしゅ））等により航空機内の人命が危険にさらされるおそれのあるとき。

5－2－4－2　緊急通信の特則、通信方法及び取扱いに関する事項

1　緊急通信の特則

緊急通信は、遭難通信に次いで重要な通信であるから、法令上次のような特別の取扱いがなされている。

(1)　免許状に記載された目的又は通信の相手方若しくは通信事項の範囲を超えて、また、運用許容時間外においてもこの通信を行うことができる（法52条、55条）。

(2)　他の無線局（遭難通信を行っているものを除く。）等にその運用を阻害するような混信その他の妨害を与えないように運用しなければならないという混信等防止の義務から除外されている（法56条1項、運用55条の3）。

(3)　船舶が航行中でない場合でもこの通信を行うことができる（法62条1項）。

(4)　海岸局、海岸地球局、船舶局及び船舶地球局は、遭難通信に次ぐ

優先順位をもって、緊急通信を取り扱わなければならない（法67条１項）。

２　緊急通信の使用電波

(1)　緊急通信に使用する電波は、５－２－３－２の２に掲げてあるとおりである（運用70条の２・１項）。

(2)　海上移動業務において、無線電話を使用して医事通報に係る緊急呼出しを行った場合における当該医事通報の送信又は既に送信した緊急通報の再送信は、通常通信電波により行うものとする（運用70条の２・２項）。

３　責任者の命令

緊急通報の告知の送信又は緊急呼出しとその送信の命令の関係は、次のとおりである。

(1)　船舶局における緊急通報の告知の送信又は緊急呼出しは、その船舶の責任者の命令がなければ行うことができない（運用71条１項）。

(2)　海岸局における緊急通報の告知の送信若しくは緊急呼出しは、船舶局から受信した緊急通報に関して緊急通報の告知の送信若しくは緊急呼出しを行う場合を除き、国又は地方公共団体等責任ある機関の要求があった場合又はそれらの承認を得た場合でなければ行うことができない（運用71条２項）。

４　デジタル選択呼出装置による緊急通報の告知等

(1)　デジタル選択呼出装置を施設している海岸局又は船舶局が緊急通報を送信しようとするときは、この装置を使用して緊急通報の告知を行うものとする（運用90条の３・１項）。

(2)　緊急通報の告知は、電波法施行規則第36条の２第２項第１号（資料23の２の(1)参照）に定める方法により行うものとする（運用90条の３・２項）。

(3)　(1)により緊急通報の告知を行った無線局は、これに引き続いて、次に掲げる緊急信号を前置して緊急通報を送信するものとする（運用90条の３・３項）。

ア　狭帯域直接印刷電信装置による場合は、「ＰＡＮ　ＰＡＮ」

イ　無線電話による場合は、「パン　パン」又は「緊急」の３回の反復

⑷　狭帯域直接印刷電信装置により緊急通報を送信するときは、⑶のアの緊急信号の次に自局の識別表示を前置しなければならない（運用90条の３・４項）。

５　緊急呼出し等

⑴　緊急呼出しは、無線電話により、呼出事項（5-1-2-5の１の⑴参照）又は医事通信の呼出事項（5-2-7の１参照）の前に「パン　パン」又は「緊急」を３回送信して行うものとする（運用91条１項）。

⑵　緊急通報には、原則として普通語を使用しなければならない（運用91条２項）。

⑶　Ａ３Ｅ電波27,524kHzにより緊急通信を行う場合には、その呼出しの前に注意信号（5-2-3-2の４の⑵参照）を送信することができる（運用73条の２）。

６　各局あて緊急呼出し

⑴　緊急通報を送信するため通信可能の範囲内にある未知の無線局を無線電話により呼び出そうとするときは、次の事項を順次送信して行うものとする（運用92条１項）。

ア　パン　パン（又は「緊急」）	３回
イ　各局	３回以下
ウ　こちらは	１回
エ　自局の呼出符号又は呼出名称	３回以下
オ　どうぞ	１回

⑵　通信可能の範囲内にある各無線局に対し、無線電話により同時に緊急通報（デジタル選択呼出装置による緊急通報の告知に引き続いて送信するものを除く。）を送信しようとするときは、次の事項を

順次送信して行うものとする（運用92条２項、59条１項）。

ア　パン　パン（又は「緊急」）　３回
イ　各局　３回以下
ウ　こちらは　１回
エ　自局の呼出名称（又は呼出符号）　３回以下
オ　通報の種類　１回
カ　通報　２回以下

7　緊急通信等を受信した場合の措置

(1)　海岸局、海岸地球局、船舶局及び船舶地球局は、緊急信号又は総務省令（施行36条の２・２項）で定める方法により行われる緊急通信（資料23の２参照）を受信したときは、遭難通信を行う場合を除き、その通信が自局に関係のないことを確認するまでの間（モールス無線電信又は無線電話による緊急信号を受信した場合は少なくとも３分間）継続してその緊急通信を受信しなければならない（法67条２項、運用93条１項）。

(2)　モールス無線電信又は無線電話による緊急信号を受信した海岸局、船舶局又は船舶地球局は、緊急通信が行われないか又は緊急通信が終了したことを確かめた上でなければ再び通信を開始してはならない（運用93条２項）。

(3)　(2)の緊急通信が自局に対して行われるものでないときは、海岸局、船舶局又は船舶地球局は、(2)にかかわらず緊急通信に使用している周波数以外の周波数の電波により通信を行うことができる（運用93条３項）。

(4)　海岸局、海岸地球局又は船舶局若しくは船舶地球局は、自局に関係のある緊急通報を受信したときは、直ちにその海岸局、海岸地球局又は船舶の責任者に通報する等必要な措置をしなければならない（運用93条４項）。

8　緊急通信の取消し

通信可能の範囲内にある各無線局に対して同時に送信する緊急通報であって、受信した無線局がその通報によって措置を必要とするものを送信した無線局は、その措置の必要がなくなったときは、直ちにその旨を関係の無線局に通知しなければならない。この場合の送信は、各局あて同報の送信方法（5－2－2－5の1参照）によって行うものとする（運用94条1項、2項）。

5－2－5　安全通信

5－2－5－1　意義

安全通信とは、船舶又は航空機の航行に対する重大な危険を予防するために安全信号を前置する方法その他総務省令で定める方法により行う無線通信をいう（法52条3号）。

例えば、船舶の航行上危険な遺棄物、流氷等の存在を知らせる航行警報、台風の襲来その他気象の急変を知らせる暴風警報等は、安全通信により行われる（運用96条5項、別表10号）。

なお、総務省令で定める方法とは、デジタル選択呼出装置を使用して行う方法、海岸地球局が高機能グループ呼出しによって行う方法及び海岸局がＦ１Ｂ電波424kHz又は518kHzを使用して海上安全情報を送信する方法があり、それらは資料23の3に掲載しているとおりである（施行36条の2・3項）。

5－2－5－2　安全通信の特則、通信方法及び取扱いに関する事項

1　安全通信の特則

安全通信は、船舶又は航空機の航行の安全を確保するために遭難通信及び緊急通信に次いで重要な通信であるから、法令上次のような特別の取扱いがなされている。

(1)　免許状に記載された目的又は通信の相手方若しくは通信事項の範

囲を超えて、また、運用許容時間外においてもこの通信を行うことができる（法52条、55条）。

⑵　他の無線局（遭難通信又は緊急通信を行っているものを除く。）等にその運用を阻害するような混信その他の妨害を与えないように運用しなければならないという混信等防止の義務から除外されている（法56条１項、運用55条の３）。

⑶　船舶が航行中でない場合でもこの通信を行うことができる（法62条１項）。

⑷　海岸局、海岸地球局、船舶局及び船舶地球局は、速やかに、かつ、確実に安全通信を取り扱わなければならない（法68条１項）。

⑸　遭難通信及び緊急通信に次ぐ優先順位によるものとする（運用55条１項）。

2　安全通信の使用電波

⑴　安全通信に使用する電波は５－２－３－２の２（⑷を除く。）に掲げるとおりである（運用70条の２・１項）。

⑵　海上移動業務において、無線電話を使用して安全通報を送信する場合（デジタル選択呼出通信に引き続いて送信する場合を除く。）は、⑴にかかわらず通常通信電波により行うものとする。ただし、Ａ３Ｅ電波27,524kHzにより安全呼出しを行った場合においては、この電波により引き続き安全通報を送信することができる（運用70条の２・３項）。

3　デジタル選択呼出装置による安全通報の告知等

⑴　デジタル選択呼出装置を施設している海岸局又は船舶局が安全通報を送信しようとするときは、この装置を使用して安全通報の告知を行うものとする（運用94条の２・１項）。

⑵　安全通報の告知は、電波法施行規則第36条の２第３項第１号（資料23の３の⑴参照）に定める方法により行うものとする（運用94条の２・２項）。

(3)　(1)により安全通報の告知を行った無線局は、これに引き続いて、次の安全信号を前置して安全通報を送信するものとする（運用94条の2・3項）。

ア　狭帯域直接印刷電信装置による場合は、「ＳＥＣＵＲＩＴＥ」

イ　無線電話による場合は、「セキュリテ」又は「警報」の３回の反復

(4)　狭帯域直接印刷電信装置により安全通報を送信するときは、(3)のアの安全信号の次に自局の識別表示を前置しなければならない（運用94条の2・4項）。

4　安全呼出し等

(1)　安全呼出しは、無線電話により、呼出事項の前に「セキュリテ」又は「警報」を３回送信して行うものとする（運用96条１項）。

(2)　通信可能の範囲内にあるすべての無線局に対し、無線電話により同時に安全通報（デジタル選択呼出装置による安全通報の告知に引き続いて送信するものを除く。）を送信しようとするときは、次の事項を順次送信して行うものとする（運用96条２項、59条１項）。

ア　「セキュリテ」又は「警報」　３回

イ　各局　３回以下

ウ　こちらは　１回

エ　自局の呼出名称（又は呼出符号）　３回以下

オ　通報の種類　１回

カ　通報　２回以下

(3)　(2)のカの通報を、安全呼出しに使用した電波以外の電波に変更して送信する場合においては、当該通報の種類及び通報は、無線局運用規則第63条第２項第２号の規定（５－２－２－５の【参考】参照）に準じて行うものとする（運用59条２項）。

(4)　Ａ３Ｅ電波27,524kHzにより安全通信を行う場合には、その呼出しの前に注意信号（５－２－３－２の４の(2)参照）を送信することができ

る（運用73条の２）。

5　安全通報の送信時刻

⑴　安全通報は、その通報を入手した直後から送信するものとする。ただし、安全通報であって一定の時刻に送信することとなっているものについては、この限りでない（運用96条３項）。

⑵　安全通報には、通報の出所及び日時を付さなければならない（運用96条４項）。

6　安全通報の再送信等

⑴　海岸局は、船舶局が送信する安全通報を受信した場合であって、必要があると認めるときは、通信可能の範囲内にあるすべての船舶局に対してその安全通報を送信しなければならない（運用97条１項）。

⑵　５の⑴により、安全通報（一定の時刻に送信することとなっているものを除く。）を送信した海岸局は、別に告示（注）する時刻及び電波により４の⑵による安全呼出しを行い、その安全通報を更に送信しなければならない。ただし、その必要がないと認める場合は、この限りでない（運用97条２項）。

（注）告示（昭和58年告示第595号）は、海上保安庁と海上保安庁以外の海岸局に分け、Ｆ３Ｅ電波156.8MHzによる安全呼出しの時刻を定めている。

⑶　安全通報を送信した船舶局は、⑴により海岸局がその安全通報を更に送信したことを認めたときは、その後の送信は省略しなければならない（運用98条）。

7　安全信号を受信した場合の措置

⑴　海岸局、海岸地球局、船舶局及び船舶地球局は、安全信号又は5-2-5-1に掲げた「総務省令で定める方法」により行われる無線通信（資料23の３参照）を受信したときは、その通信が自局に関係のないことを確認するまでその安全通信を受信しなければならない（法68条２項）。

⑵　海岸局、海岸地球局又は船舶局若しくは船舶地球局において安全

信号又は5-2-5-1に掲げた「総務省令で定める方法」により行われた通信（資料23の３参照）を受信したときは、遭難通信及び緊急通信を行う場合を除くほか、これに混信を与える一切の通信を中止して直ちにその安全通信を受信し、必要に応じてその要旨をその海岸局、海岸地球局又は船舶の責任者に通知しなければならない（運用99条）。

5－2－6　漁業通信

漁業通信は、漁業経営上必要な通信を確保するため漁船に無線局を開設し、漁業用の海岸局と漁船の船舶局との間及び漁船の船舶局相互間において行われる漁業に関する無線通信（操業の打ち合わせ、漁海況、気象、市況等）である。

したがって、漁船の船舶局においては、漁業通信及び船舶の航行の安全や危険防止、救難、乗組員の安全確保等のために必要な通信が行われる。

5-2-6-1　漁業通信の定義

漁業通信とは、漁業用の海岸局（漁業の指導監督用のものを除く。）と漁船の船舶局（漁業の指導監督用のものを除く。）との間及び漁船の船舶局相互間において行う漁業に関する無線通信をいう（運用２条１項）。

5-2-6-2　漁業局の通信時間

1　漁業局（漁業用の海岸局及び漁船の船舶局をいう。）が漁業通信又は漁業通信以外の通信（遭難通信、緊急通信、安全通信及び非常の場合の無線通信を除く。）を行う時間の時間割（通常「通信時間割」という。）は、特に指定する場合のほか、告示（注）するところによるものとする（運用２条１項、102条１項）。

（注）　告示（平成５年告示第370号）の通信時間割は、各漁業用の海岸局が指定さ

れたそれぞれの周波数において、当該海岸局とその海岸局を通信の相手方とする船舶局との間（「陸船間」）及び所属船舶局相互間（「船間」）において通信を行う割当時間を示している。

2　漁業局は、閉局の制限の規定（5－2－1－7の1の(2)参照）にかかわらず、その通信が終了しない場合であっても告示された通信時間割による自局の通信時間を超えて通信してはならない（運用102条2項）。

5－2－6－3　当番局及び当番局が行う通信に関する事項

同一の漁業用の海岸局（漁業の指導監督用のものを除く。）を通信の相手方とする出漁船の船舶局相互間の漁業通信は、それらの船舶局のうちからあらかじめ選定された船舶局（「当番局」という。）がある場合は、その指示に従って行われなければならない（運用103条1項）。

5－2－6－4　漁船に対する周知事項

1　漁業用の海岸局（漁業の指導監督用のものを除く。）は、海況又は漁況等に関し周知を要する通報を自局の通信の相手方である漁船の船舶局に対して同時に送信しようとするときは、その通信時間割に従い、各局あて同報の送信方法により、次の事項を順次送信して行うものとする（運用105条、59条1項）。

(1)	各局	3回以下
(2)	こちらは	1回
(3)	自局の呼出名称（又は呼出符号）	3回以下
(4)	通報の種類	1回
(5)	通報	2回以下

2　1の通報に使用する略符号は、告示（昭和25年告示第236号）されている（運用106条）。

5－2－7　医事通信

1　船舶局は、医師の乗り組んでいる船舶の船舶局（外国の船舶局を除く。）を呼び出そうとするときは、次の事項を順次送信して行うものとする（運用67条１項）。

(1)　医療　３回
(2)　こちらは　１回
(3)　自局の呼出名称（又は呼出符号）　３回以下
(4)　どうぞ　１回

2　この呼出しに対する応答は、5－1－2－5の２の応答に準じて行うものとする（運用67条２項）。

3　医事通報を送信しようとするときは、「医療」を前置して行うものとする（運用67条３項）。

4　海上移動業務において、無線電話を使用して医事通報に係る緊急呼出しを行った場合におけるその医事通報の送信は、通常通信電波によって行うものとする（運用70条の２・２項）。

5－2－8　特別業務の通信

特別業務の局（気象通報及び航行警報等の業務を行う無線局）及び標準周波数局の運用に関する次の事項は、告示されている（運用140条）。

1　電波の発射又は通報の送信を行う時刻
2　電波の発射又は通報の送信方法
3　その他当該業務について必要と認める事項

【参考】

特別業務の局は、時報（標準時）、気象通報、海上警報、海上における航行援助情報、航空路情報、飛行場情報等船舶及び航空機の安全運航上必要な情報等を提供する無線局であるが、海上移動業務の局、特に船舶局は告示事項に常に留意して、時計の時刻の照合、気象通報、航行警報など必要な情報を収集して船舶の安全運航に寄与しなければならない。なお、時報の送信は、標準周波数局がＡ１Ｂ電波40kHz及び60kHzの周波数で行っている。

5－3　固定業務及び陸上移動業務等

5－3－1　非常通信及び非常の場合の無線通信

5－3－1－1　意義

1　非常通信

非常通信とは、地震、台風、洪水、津波、雪害、火災、暴動その他非常の事態が発生し、又は発生するおそれがある場合において、有線通信を利用することができないか又はこれを利用することが著しく困難であるときに人命の救助、災害の救援、交通通信の確保又は秩序の維持のために行われる無線通信をいう（法52条）。この通信は、すべての無線局が自主的な判断に基づいて行うことができるものである。

2　非常の場合の無線通信

有線通信の利用のいかんにかかわらず、総務大臣は、地震、台風、洪水、津波、雪害、火災、暴動その他非常の事態が発生し、又は発生するおそれがある場合においては、人命の救助、災害の救援、交通通信の確保又は秩序の維持のために必要な通信を無線局に行わせることができる（法74条１項）。この通信を非常の場合の無線通信といい、総務大臣の命令に基づいて行うものであるから、国はその通信に要した実費を弁償しなければならないこととされている（法74条２項）。

5－3－1－2　通信の特則、通信方法及び取扱いに関する事項

1　非常通信は、法令上次のような特別の取扱いがなされている。

(1)　無線局の免許状に記載された目的又は通信の相手方若しくは通信事項の範囲を超えて、また、運用許容時間外においてもこの通信を行うことができる（法52条、55条）。

(2)　他の無線局等にその運用を阻害するような混信その他の妨害を与えないように運用しなければならないという混信等防止の義務から除外されている（法56条１項、運用55条の３）。

(3)　船舶局においては、その船舶が航行中でない場合であってもこの

通信を行うことができる（法62条１項）。

2　非常の場合の無線通信において連絡を設定するための呼出し又は応答は、呼出事項又は応答事項に「非常」３回を前置して行うものとする（運用131条）。

3　２の「非常」を前置した呼出しを受信した無線局は、応答する場合を除く外、これに混信を与えるおそれのある電波の発射を停止して傍受しなければならない（運用132条）。

【参考】

非常の場合の無線通信の方法については、無線局運用規則第129条から第137条までにおいて規定されているが、これらの条文の規定内容及び準用規定から、非常の場合の無線通信（電波法第74条第１項に規定する通信）のみでなく、非常通信における通信方法等にも共通する規定として解されている。

第６章 業務書類

無線局の管理及び運用が適正かつ能率的に行われるよう、電波法令では、無線局には、正確な時計及び無線業務日誌のほか、無線局免許状等の業務書類の備付けを義務付けるとともに、その管理、記載、保存等について規定している。

６－１ 時 計

６－１－１ 備付け及び照合の義務

１ 備付けの義務

無線局には、正確な時計を備え付けておかなければならない。ただし、総務省令（施行38条の２）で定める無線局（注）については、備付けを省略することができる（法60条）。

（注） 電波法施行規則第38条の２で定める無線局は、同条第１項の規定に基づき、昭和35年告示第1017号に規定されている（6－4－3の【参考１】参照）。

２ 照合の義務

１により備え付けた時計は、その時刻を毎日１回以上中央標準時又は協定世界時に照合しておかなければならない（運用３条）。

６－２ 無線業務日誌

６－２－１ 備付けの義務

１ 備付けの義務

無線局には、無線業務日誌を備え付けておかなければならない。ただし、総務省令（施行38条の２）で定める無線局（注）については、備付けを省略することができる（法60条）。

メ モ

（注） 電波法施行規則第38条の２で定める無線局は、同条第１項の規定に基づき、昭和35年告示第1017号に規定されている（6－4－3の【参考１】参照）。

2　備付けを要する無線局

海岸局、海岸地球局、船舶局、船舶地球局及び無線航行陸上局は、無線業務日誌を備え付けておかなければならない。ただし、義務船舶局以外の船舶局であって、特定船舶局が設置することができる無線設備（注）及びH3E電波又はJ3E電波26.1MHzを超え28MHz以下の周波数を使用する空中線電力25ワット以下の無線設備以外の無線設備を設置していない船舶局は備付けることを要しない（法60条、施行38条の２・１項、昭和35年告示第1017号）。

（注）6－4－3の【参考２】参照

6－2－2　記載事項及び保存期間

1　記載事項

(1)　無線業務日誌には、毎日次に掲げる事項を記載しなければならない。ただし、総務大臣又は総合通信局長において特に必要がないと認めた場合は、記載事項の一部を省略することができる（施行40条１項抜粋）。

ア　海上移動業務、無線標識業務を行う無線局（船舶局と交信しない無線局及び船上通信局を除く。）又は海上移動衛星業務を行う無線局

(ア)　無線従事者（主任無線従事者の監督を受けて無線設備の操作を行う者を含む。）の氏名、資格及び服務方法（変更のあったときに限る。）

(イ)　通信のたびごとに次の事項（船舶局及び船舶地球局にあっては、遭難通信、緊急通信、安全通信その他無線局の運用上重要な通信に関するものに限る。）

A　通信の開始及び終了の時刻

B　相手局の識別信号（国籍、無線局の名称又は機器の装置場

所等を併せて記載することができる。)

C　自局及び相手局の使用電波の型式及び周波数

D　使用した空中線電力（正確な電力の測定が困難なときは、推定の電力を記載すること。)

E　通信事項の区別及び通信事項別通信時間（通数のあるものについては、その通数を併せて記載すること。)

F　相手局から通知を受けた事項の概要

G　遭難通信、緊急通信、安全通信及び非常の場合の無線通信の概要（遭難通信については、その全文）並びにこれに対する措置の内容

H　空電、混信、受信感度の減退等の通信状態

(ウ)　発射電波の周波数の偏差を測定したときは、その結果及び許容偏差を超える偏差があるときは、その措置の内容

(エ)　機器の故障の事実、原因及びこれに対する措置の内容

(オ)　電波の規正について指示を受けたときは、その事実及び措置の内容

(カ)　電波法令に違反して運用した無線局を認めた場合は、その事実

(キ)　その他参考となる事項

イ及びウ　（省略)

(2)　次の無線局の無線業務日誌には、(1)のアに掲げる事項（(1)のただし書の規定により省略した事項を除く。）のほか、それぞれ次に掲げる事項を併せて記載しなければならない。ただし、総務大臣又は総合通信局長において特に必要がないと認めた場合は、記載事項の一部を省略することができる（施行40条２項抜粋)。

ア　海岸局

(ア)　時計を標準時に合わせたときは、その事実及び時計の遅速

(イ)　船舶の位置、方向その他船舶の安全に関する事項の通信で

あって船舶局から受信したものの概要

イ　海岸地球局

時計を標準時に合わせたときは、その事実及び時計の遅速

ウ　船舶局

(ア)　時計を標準時に合わせたときは、その事実及び時計の遅速

(イ)　船舶の位置、方向、気象状況その他船舶の安全に関する事項の通信の概要

(ウ)　自局の船舶の航程（発着又は寄港その他の立寄り先の時刻及び地名等を記載すること。）

(エ)　自局の船舶の航行中正午及び午後８時におけるその船舶の位置

(オ)　無線局運用規則第６条（義務船舶局等の無線設備の機能試験）及び第７条（双方向無線電話の機能試験）に規定する機能試験の結果の詳細

(カ)　電波法第80条第３号の場合（無線局が外国において、あらかじめ総務大臣が告示した以外の運用の制限をされたとき）は、その事実及び措置の内容

(キ)　送受信装置の電源用蓄電池の維持及び試験の結果の詳細（電源用蓄電池を充電したときは、その時間、充電電流及び充電前後の電圧の記載を含むものとする。）

(ク)　レーダーの維持の概要及びその機能上又は操作上に現れた特異現象の詳細

エ　船舶地球局

(ア)　時計を標準時に合わせたときは、その事実及び時計の遅速

(イ)　自局の船舶の航程（発着又は寄港その他の立ち寄り先の時刻及び地名等を記載すること。）

(ウ)　電波法第80条第３号の場合（無線局が外国において、あらかじめ総務大臣が告示した以外の運用の制限をされたとき。）は、

その事実及び措置の内容

(エ)　送受信装置の電源用蓄電池の維持及び試験の結果の詳細（電源用蓄電池を充電したときは、その時間、充電電流及び充電前後の電圧の記載を含むものとする。）

(オ)　無線局運用規則第６条（義務船舶局等の無線設備の機能試験）に規定する機能試験の結果の詳細

(3)　(1)及び(2)に規定する時刻は、次に掲げる区別によるものとする（施行40条３項）。

ア　船舶局又は船舶地球局においては、協定世界時（国際航海に従事しない船舶の船舶局又は船舶地球局であって、協定世界時によることが不便であるものにおいては、中央標準時によるものとし、その旨表示すること。）

イ　ア以外の無線局においては、中央標準時

2　保存期間

使用を終わった無線業務日誌は、使用を終わった日から２年間保存しなければならない（施行40条４項）。

3　電磁的方法による記録

(1)　海岸局、海岸地球局、船舶局、船舶地球局等の無線局においては、無線業務日誌は、電磁的方法により記録することができる。この場合においては、当該記録を必要に応じ、電子計算機その他の機器を用いて直ちに作成、表示及び書面への印刷ができなければならない（施行43条の５・１項）。

(2)　次に掲げる無線局は、それぞれに掲げる事項については、音声により記録することができる。この場合において、(1)の後段の規定にかかわらず、当該記録を必要に応じて電子計算機その他の機器を用いて再生できなければならない（施行43条の５・２項）。

ア　海岸局

６－２－２の１の記載事項のうち(1)のアの(イ)（Ｄを除く。）及び

(オ)の事項並びに(2)のアの(イ)の事項

イ　船舶局

6－2－2の1の記載事項のうち(1)のアの(イ)（Dを除く。）及び(オ)の事項並びに(2)のウの(イ)の事項

ウ　海岸地球局及び船舶地球局

6－2－2の1の記載事項のうち(1)のアの(イ)（Dを除く。）及び(オ)の事項

4　様式

無線業務日誌の様式は、特に規定されていないが、その様式の一例を資料35に掲げる。

6－3　免許状（業務書類）

6－3－1　備付けの義務

1　無線局には、正確な時計及び無線業務日誌のほかに、総務省令（施行38条1項）で定める書類（「業務書類」という。）である免許状を備え付けておかなければならない（法60条、施行38条1項）。

2　遭難自動通報局（携帯用位置指示無線標識のみを設置するものに限る。）、船上通信局、携帯局又は無線標定移動局は、1の規定にかかわらず、その無線設備の常置場所に免許状を備え付けなければならない（施行38条3項）。

6－3－2　掲示の義務

船舶局、無線航行移動局又は船舶地球局にあっては、免許状は、主たる送信装置のある場所の見やすい箇所に掲げておかなければならない。ただし、掲示が困難なものについては、その掲示を要しない（施行38条2項）。

６－３－３　訂正、再交付又は返納

１　訂　正

(1)　免許人は、免許状に記載した事項に変更を生じたときは、その免許状を総務大臣に提出し、訂正を受けなければならない（法21条）。

(2)　免許人は、免許状の訂正を受けようとするときは、所定の事項を記載した申請書（資料９参照）を総務大臣又は総合通信局長に提出しなければならない（免許22条１項）。

(3)　免許状の訂正の申請書の様式は、無線局免許手続規則に規定されている（免許22条２項、別表６号の５）（資料９参照）。

(4)　訂正の申請があった場合において、総務大臣又は総合通信局長は、新たな免許状の交付による訂正を行うことがある（免許22条３項）。

(5)　訂正は、(2)の申請による場合のほか、総務大臣又は総合通信局長は、職権により免許状の訂正を行うことがある（免許22条４項）。

２　再交付

(1)　免許人は、免許状を破損し、汚し、失った等のために、免許状の再交付を申請しようとするときは、所定の事項を記載した申請書（資料10参照）を総務大臣又は総合通信局長に提出しなければならない（免許23条１項）。

(2)　免許状の再交付の申請書の様式は、無線局免許手続規則に規定されている（免許23条２項、別表６号の８）（資料10参照）。

３　返　納

(1)　無線局の免許がその効力を失ったときは、免許人であった者は、１箇月以内にその免許状を返納しなければならない（法24条）。免許がその効力を失うのは、次の場合である。

ア　無線局の免許の取消し（処分）を受けたとき。

イ　無線局を廃止したとき。

ウ　無線局の免許の有効期間が満了したとき。

(2)　免許人は、次の場合は、遅滞なく旧免許状を返さなければならない（免許22条５項、23条３項）。

ア　免許状の訂正を申請した場合に、新たな免許状の交付を受けたとき。

イ　免許状を破損し、汚し、失った等のために再交付を申請し、新たな免許状の交付を受けた場合。ただし、免許状を失った等のためこれを返すことができない場合を除く。

６－４　その他備付けを要する業務書類

６－４－１　備付けの義務

無線局には、正確な時計及び無線業務日誌のほかに、業務書類を備え付けておかなければならない。ただし、総務省令（施行38条の２）で定める無線局（注）については、これらの全部又は一部の備付けを省略することができる（法60条、施行38条１項）。

（注）　電波法施行規則第 38 条の２で定める無線局は、同条第１項の規定に基づき、昭和 35 年告示第 1017 号に規定されている（6－4－3 の【参考１】参照）。

６－４－２　備付けを要する業務書類

船舶局、海岸局等に備え付けておかなければならない業務書類は、次のとおりである（施行38条１項抜粋）。

無線局の種別	業　務　書　類
１　船舶局及び船舶地球局	(1)　免許状 (2)　無線局の免許の申請書の添付書類の写し（再免許を受けた無線局にあっては、最近の再免許の申請に係るもの並びに無線局免許手続規則第16条の３の規定により提出を省略した添付書類と同一の記載内容を有する添付書類の写し及び同規則第17条の規定により提出を省略した工事設計書と同一の記載内容を有する工事設計書の写し）(◎) (3)　無線局免許手続規則第12条（同規則第25条第１項において準用する場合を含む。以下この表において同じ。）の変更の申請書の添付書類及び届出書の添付書類の写し（再免許を受けた無線局にあっては、最近の再免許後における変更に係るもの）(◎) (4)　電波法施行規則第43条第１項の届出書に添付した

	書類の写し（2-1-3の１の⑵のアの船舶に関する事項）（⊙）（船舶局の場合に限る。） ⑸　無線従事者選解任届の写し（⊙） ⑹　船舶局の局名録及び海上移動業務識別の割当表（＊）（義務船舶局等の場合に限る。） ⑺　海岸局及び特別業務の局の局名録（＊）（国際航海に従事する船舶の義務船舶局等の場合に限る。） ⑻　海上移動業務及び海上移動衛星業務で使用する便覧（＊）（国際通信を行う船舶局及び船舶地球局の場合に限る。） ⑼　電波法施行規則第43条第２項（船舶の所有者又は主たる停泊港に変更があって、その旨を文書によって届け出たとき）の届出書に添付した書類の写し（⊙）（船舶地球局の場合に限る。） ⑽　電波法第35条（3-9-3の３参照）各号の措置に応じて総務大臣が別に告示（注４）する書類（⊙）（同条の措置をとらなければならない義務船舶局等の場合に限る。）
２　海岸局及び海岸地球局	⑴　免許状 ⑵　１の⑵及び⑶に掲げる書類（◎） ⑶　１の⑹に掲げる書類（＊） （26.175MHzを超える周波数の電波を使用する海岸局にあっては、電気通信業務用又は港務用の海岸局の場合に限る。） ⑷　１の⑻に掲げる書類（＊）（国際通信を行う海岸局及び海岸地球局の場合に限る。）
８　遭難自動通報局、船上通信局、無線航行移動局及び無線標定移局	⑴　免許状 ⑵　１の⑵及び⑶に掲げる書類（◎） ⑶　１の⑼に掲げる書類（⊙）（遭難自動通報局（携帯用位置指示無線標識のみを設置するものを除く。）及び無線航行移動局の場合に限る。）

（注１）　◎印を付した書類は、総務大臣又は総合通信局長が提出書類の写しであることを証明したもの（無線局免許手続規則第８条第２項ただし書の規定により申請者に返したものとみなされた提出書類の写しに係る電磁的記録を含む。）とする（施行38条１項）。

（注２）　⊙を付した書類及び＊を付した書類（電波法施行規則第38条第６項に規定する総務大臣の認定するものを含む。）については、電磁的方法（電子的方法、磁気的方法その他の人の知覚によっては認識できない方法をいう。）により記録されたものとすることができる。この場合においては、当該記録を必要に応じ直ちに表示することができる電子計算機その他の機器を備え付けておかなければなら

ない。ただし、電波法施行規則第38条第7項に規定する方法による場合は、この限りでない（施行38条1項）。

（注3）　＊印を付した書類は、無線通信規則付録第16号（10-2-12参照）に掲げる書類とする（施行38条1項）。

ただし、①国際通信を行わない海岸局、②総トン数1,600トン未満の漁船の船舶局、③②以外の船舶局で国際通信を行わないもの、及び④船舶地球局は、1の(6)及び(7)の書類については総務大臣が別に告示するところにより公表するもの又は認定するものをもって当該書類に代えることができる（施行38条6項）。

（注4）　総務大臣が告示（平成4年告示第74号）した書類

1　電波法第35条第1号（予備設備を備える無線局）又は第3号（航行中に行う整備のために必要な計器及び予備品を備える無線局）の措置をとる義務船舶局等にあっては

無線設備の機器ごとの操作手引書及び保守手引書

2　電波法第35条第2号（入港中に定期に点検を行い、並びに停泊港に整備のために必要な計器及び予備品を備える無線局）の措置をとる義務船舶局等にあっては

(1)　無線設備の機器ごとの操作手引書及び保守手引書

(2)　最後に行った電波法第73条第1項本文の規定による検査（総務省職員を派遣して行われる定期検査）後に定期に行った無線設備の点検の結果の詳細な記録

6－4－3　備付け場所等の特例

無線業務日誌又は6－4－2の表の業務書類であって、当該無線局に備え付けておくことが困難であるか又は不合理であるものについては、総務大臣が別に指定する場所（注）（登録局にあっては、登録人の住所）に備え付けておくことができる（施行38条の3・1項）。また、同一の船舶又は航空機を設置場所とする2以上の無線局において当該無線局に備え付けなければならない時計、無線業務日誌又は6－4－2の表の業務書類であって総務大臣が無線局ごとに備え付ける必要がないと認めるもの（注）については、いずれかの無線局に備え付けたものを共用すること

ができる（施行38条の3・4項）。

（注）電波法施行規則第38条の3の総務大臣が別に指定する場所、無線局ごとに備え付ける必要がないと認めるもの等については、同条第5項の規定に基づき、昭和35年告示第1017号に規定されている（6-4-3の【参考1】参照）。

【参考1】時計、業務書類等の備付けを省略できる無線局及び省略できるものの範囲並びにその備付け場所の特例又は供用できる場合

（昭和35年告示第1017号抜粋）

1　時計の備付けを省略できる無線局

(1)　地上基幹放送局、地上基幹放送試験局、海岸局、航空局、船舶局、航空機局、無線航行陸上局、無線標識局、海岸地球局、航空地球局、船舶地球局、航空機地球局（航空機の安全運航又は正常運航に関する通信を行うものに限る。）、衛星基幹放送局、衛星基幹放送試験局、非常局、基幹放送を行う実用化試験局、標準周波数局及び特別業務の局以外の無線局

(2)　無人方式の無線設備の局（(1)の無線局を除く。）

2　無線業務日誌の備付けを省略できる無線局

地上基幹放送局、地上基幹放送試験局、海岸局、航空局、船舶局、航空機局、無線航行陸上局、無線標識局、海岸地球局、航空地球局、船舶地球局、航空機地球局（航空機の安全運航又は正常運航に関する通信を行うものに限る。）、衛星基幹放送局、衛星基幹放送試験局、非常局及び基幹放送を行う実用化試験局以外の無線局

3　船舶局の局名録及び海上移動業務識別の割当表の備付けを省略できる無線局

海岸局であって、無線設備規則第9条の2第1項に規定する選択呼出装置のみにより呼出しを行うもの

（注）義務船舶局（法13条2項）以外の船舶局であって、特定船舶局（施行34条の6・1号）が設置することができる無線設備及びH3E電波又はJ3E電波26.1MHzを超え28MHz以下の周波数を使用する空中線電力25ワット以下の無線設備以外の無線設備を設置していない船舶局については、無線業務日誌を備え付けることを要しない。

4　業務書類等の備付場所の特例

船舶局（F３E電波 156MHzを超え 157.45MHz以下又は 351.9MHzを超え 364.2MHz以下の周波数を使用する空中線電力５ワット以下のものに限る。）については、無線業務日誌及び業務書類（免許状を除く。）を免許人の所在地に備え付けておくことができる。

5　時計又は無線業務日誌の共用

(1)　同一の船舶を設置場所とする船舶局と船舶地球局であって、その通信室を共用しているものは、時計を共用することができる。

(2)　同一の船舶を設置場所とする船舶局と船舶地球局であって、無線従事者が共通に選任されているものは、無線業務日誌を共用することができる。

(3)　同一の船舶を設置場所とする船舶局と船舶地球局は、船舶局の局名録及び海上移動業務識別の割当表、海岸局及び特別業務の局の局名録並びに海上移動業務及び海上移動衛星業務で使用する便覧を共用することができる。

【参考２】特定船舶局の定義及び小規模な船舶局に使用する無線設備として総務大臣が別に告示する無線設備

1　特定船舶局とは、無線電話、遭難自動通報設備、レーダーその他の小規模な船舶局に使用する無線設備として総務大臣が別に告示（平成21年告示第471号）する無線設備のみを設置する船舶局（国際航海に従事しない船舶の船舶局に限る。）をいう（施行34条の６・１号）。

2　小規模な船舶局に使用する無線設備（平成21年告示第471号）

(1)　H３E電波又はJ３E電波26.1MHzを超え28MHz以下の周波数を使用する空中線電力25ワット以下の無線機器型式検定規則による型式検定に合格したもの（電波法施行規則第11条の5の規定により型式検定を要しない機器とされたものを含む。）又は適合表示無線設備（電波法第４条第２号の適合表示無線設備をいう。）

(2)　A２D電波又はA３E電波26.175MHzを超え28MHz以下の周波数を使用する空中線電力1ワット以下の無線機器型式検定規則による型式検定に合格したもの又は適合表示無線設備

(3)　A２D電波又はA３E電波29.75MHzを超え41MHz以下の周波数を使用する空中線電力5ワット以下の無線機器型式検定規則による型式検定

に合格したもの又は適合表示無線設備

⑷　Ａ２Ｄ電波又はＡ３Ｅ電波154.675MHzを超え162.0375MHz以下の周波数を使用する空中線電力１ワット以下の無線機器型式検定規則による型式検定に合格したもの又は適合表示無線設備

⑸　⑵から⑷までの無線機器型式検定規則による型式検定に合格したもの又は適合表示無線設備に接続して使用するデータ伝送装置を備える無線設備

⑹　Ｆ２Ｂ電波又はＦ３Ｅ電波156ＭＨzを超え157.45ＭＨz以下の周波数を使用する空中線電力25ワット以下の無線機器型式検定規則による型式検定に合格したもの又は適合表示無線設備

⑺　Ｆ３Ｅ電波351.9MHzを超え364.2MHz以下の周波数を使用する空中線電力５ワット以下の適合表示無線設備

⑻　レーダー（無線機器型式検定規則による型式検定に合格したもの又は適合表示無線設備に限る。）

⑼　船舶自動識別装置（無線機器型式検定規則による型式検定に合格したものに限る。）又は簡易型船舶自動識別装置（適合表示無線設備に限る。）

⑽　デジタル選択呼出装置による通信を行う海上移動業務の無線局の無線設備（適合表示無線設備に限る。）

⑾　双方向無線電話（無線機器型式検定規則による型式検定に合格したものに限る。）

⑿　衛星非常用位置指示無線標識（無線機器型式検定規則による型式検定に合格したものに限る。）

⒀　捜索救助用レーダートランスポンダ（無線機器型式検定規則による型式検定に合格したものに限る。）

⒁　捜索救助用位置指示送信装置（無線機器型式検定規則による型式検定に合格したものに限る。）

⒂　ＶＨＦデータ交換装置（適合表示無線設備に限る。）

⒃　⑴から⒂までの無線設備と併せて船舶局に設置する次に掲げる無線設備

ア　船上通信設備（適合表示無線設備に限る。）

イ　無線方位測定機

ウ　高機能グループ呼出受信機

エ　デジタル選択呼出専用受信機

オ　ナブテックス受信機

カ　地上無線航法装置

キ　衛星無線航法装置

ク　イからキまで以外の受信設備

⒄　前各号に掲げる無線設備であって、無線設備規則の一部を改正する省令（平成17年改正省令）による改正前の無線設備規則の規定に基づき、同規定に適合することにより表示が付された無線設備又は無線機器型式検定規則による型式検定に合格した無線設備のうち、平成17年改正省令による改正後の無線設備規則の規定に適合するもの

6－4－4　無線従事者選解任届

1　無線局の免許人等は、無線従事者又は主任無線従事者を選任又は解任したときは、遅滞なく、その旨を総務大臣に届け出なければならない（法39条4項、51条）。

2　1の届出は、電波法施行規則別表第3号の様式（資料19）によって行うものとする（施行34条の4、別表3号）。

3　船舶局及び船舶地球局においては、無線従事者選解任届の写しを備え付けなければならない（施行38条1項）。

第７章
監　　督

監督とは、総務大臣が無線局の免許・許可等の権限との関連において、免許人等、無線従事者その他の無線局関係者等の電波法上の行為について、その行為がこれらの者の守るべき義務に違反することがないかどうか、又はその行為が適正に行われているかどうかについて絶えず注意し、行政目的を達成するため必要に応じ、指示、命令、処分等を行うことである。

電波法では、総務大臣が行う無線局の周波数等の指定の変更、無線設備の技術基準への適合命令、無線局の電波の発射の停止や運用の停止の命令、無線局の検査の実施、無線局や無線従事者の免許の取消し等の処分、総務大臣への報告の義務などについて規定している。

このほか、総務省においては、全国各地に電波監視施設を設置し、不法無線局の探査、混信の排除等を行い電波の利用環境及び利用秩序の維持を図っている。

７－１　技術基準適合命令

総務大臣は、無線設備が電波法第３章に定める技術基準に適合していないと認めるときは、当該無線設備を使用する無線局の免許人等に対し、その技術基準に適合するように当該無線設備の修理その他の必要な措置をとるべきことを命ずることができる（法71条の５）。

メ　モ

7－2　電波の発射の停止

1　臨時の電波の発射の停止

総務大臣は、無線局の発射する電波の質（周波数の偏差及び幅、高調波の強度等）が総務省令（設備５条から７条）で定めるものに適合していないと認めるときは、当該無線局に対して臨時に電波の発射の停止を命ずることができる（法72条１項）。

2　停止の解除

１の命令を受けた無線局から、その発射する電波の質が総務省令の定めるものに適合するに至った旨の申出を受けたときは、総務大臣は、その無線局に電波を試験的に発射させ、総務省令で定めるものに適合しているときは、直ちに電波の発射の停止を解除しなければならない（法72条２項、３項）。

7－3　無線局の検査

7－3－1　定期検査

1　検査の実施

総務大臣は、総務省令（施行41条の３、41条の４）で定める時期ごとに、あらかじめ通知する期日に、その職員を無線局（総務省令（施行41条の２の６）で定めるものを除く。）に派遣し、その無線設備、無線従事者の資格（主任無線従事者の要件、船舶局無線従事者証明及び遭難通信責任者の要件に係るものを含む。）及び員数並びに時計及び書類（「無線設備等」という。）を検査させる。ただし、当該無線局の発射する電波の質又は空中線電力に係る無線設備以外の事項の検査を行う必要がないと認める無線局については、その無線局に電波の発射を命じて、その発射する電波の質又は空中線電力の検査を行う（法73条１項）。この検査を「定期検査」という。

2　定期検査の実施時期

(1)　無線局の免許（再免許を除く。）の日以後最初に行われる定期検査の時期は、総務大臣又は総合通信局長が指定した時期とする（施行41条の３）。

(2)　１の総務省令で定める時期は、電波法施行規則別表第５号において無線局ごとに定める期間を経過した日の前後３月を超えない時期とする。ただし、免許人の申出により、その時期以外の時期に定期検査を行うことが適当であると認めて、総務大臣又は総合通信局長が定期検査を行う時期を別に定めたときは、この限りでない（施行41条の４）。

定期検査の実施時期（施行41条の４、別表５号抜粋）

無　線　局	期　間
3　海岸局	
(1)　電気通信業務を行うことを目的として開設するもの、公共業務を遂行するために開設するもの及び漁業用海岸局（漁船の船舶局との間に漁業に関する通信を行うために開設する海岸局（漁業の指導監督用のものを除く。）をいう。）以外の海岸局であって、26.175MHzを超える周波数のみを使用するもの	５年
(2)　漁業用海岸局であって26.175MHzを超える周波数のみを使用するもの	３年
(3)　(1)及び(2)に該当しないもの	１年
10　船舶局	
(1)　義務船舶局であって旅客船又は国際航海に従事する船舶（旅客船を除く。）に開設するもの	１年
(2)　義務船舶局であって(1)に該当しないもの及び義務船舶局以外の船舶局であって船舶安全法第２条の規定に基づく命令により遭難自動通報設備の備付けを要する船舶に開設するもの	２年
(3)　特定船舶局であってＦ２Ｂ電波又はＦ３Ｅ電波156MHzから157.45MHz以下までの周波数を使用する無線設備、遭難自動通報設備（船舶安全法第２条の規定に基づく命令により備付けを要するものを除く。）、簡易型船舶自動識別装置、ＶＨＦデータ交換装置及びレーダー以外の無線設備を設置しないもの	５年
(4)　(1)から(3)までに該当しないもの	３年

11　遭難自動通報局（携帯用位置指示無線標識のみを設置するものを除く。）	
(1)　船舶安全法第２条の規定に基づく命令により遭難自動通報設備の備付けを要する船舶に開設するもの	２年
(2)　(1)に該当しないもの	５年
16　無線航行移動局	
(1)　船舶安全法第２条の規定に基づく命令により遭難自動通報設備の備付けを要する船舶に開設するもの	２年
(2)　(1)に該当しないもの	５年
20　海岸地球局	
(1)　電気通信業務を行うことを目的として開設するもの	１年
(2)　(1)に該当しないもの	５年
23　船舶地球局	
(1)　電波法施行規則第28条の２第１項の船舶地球局であって、旅客船又は国際航海に従事する船舶（旅客船を除く。）に開設するもの	１年
(2)　船舶自動識別の無線設備のみを設置するもの	３年
(3)　(1)及び(2)に該当しないもの	２年

３　定期検査を行わない無線局等

(1)　総務省令（施行41条の２の６）で定める無線局については、定期検査を行わない（法73条１項）。この定期検査を行わない無線局は、次のとおりである（施行41条の２の６抜粋）。

ア　船舶局であって、次に掲げるいずれかの無線設備のみを設置するもの。

(ア)　Ｆ２Ｂ電波又はＦ３Ｅ電波156MHzから157.45MHzまでの周波数を使用する空中線電力５ワット以下の携帯して使用するための無線設備

(イ)　簡易型船舶自動識別装置（(ア)に掲げる無線設備と併せて設置する場合を含む。）

(ウ)　(ア)又は(イ)に掲げる無線設備及び総務大臣が別に告示するレーダー

イ　遭難自動通報局であって、携帯用位置指示無線標識のみを設置するもの

ウ　船上通信局

エ　無線航行移動局（総務大臣が別に告示するレーダーのみのものに限る。）

オ　無線標定移動局

カ　船舶地球局（簡易型船舶自動識別装置のみを設置するものに限る。）

キ　簡易無線局

(2)　定期検査は、当該無線局についてその検査を総務省令（施行41条の３、41条の４）で定める時期に行う必要がないと認める場合及び当該無線局のある船舶又は航空機が当該時期に外国地間を航行中の場合においては、１の規定にかかわらずその時期を延期し、又は省略することができる（法73条２項）。

４　定期検査の省略

(1)　定期検査は、当該無線局（人の生命又は身体の安全の確保のためその適正な運用の確保が必要な無線局として総務省令で定めるものを除く。）の免許人から、総務大臣が通知した期日の１月前までに、当該無線局の無線設備等について登録検査等事業者（無線設備等の点検の事業のみを行う者を除く。）が、総務省令で定めるところにより当該登録に係る検査を行い、当該無線局の無線設備がその工事設計に合致しており、かつ、その無線従事者の資格及び員数並びに時計及び書類が電波法の規定にそれぞれ違反していない旨を記載した証明書（検査結果証明書（資料32参照））の提出があったときは、省略することができる（法73条３項）。

(2)　具体的には、免許人から提出された無線設備等の検査実施報告書（資料30参照）及びこれに添付された検査結果証明書（資料32参照）が適正なものであって、かつ、検査（点検である部分に限る。）を行った日から起算して３箇月以内に提出された場合は、定期検査が省略される（施行41条の５）。検査の省略は、無線局検査省略通知書

（資料29参照）により通知される（施行39条２項）。

(3) 人の生命又は身体の安全の確保のためその適正な運用の確保が必要な無線局として総務省令で定めるもの（定期検査の省略の対象とならない無線局）は、資料34のとおりである（登録検査15条、平成23年告示第277号）。

5 定期検査の一部省略

定期検査を受けようとする者が、総務大臣からあらかじめ通知を受けた検査実施期日の１箇月前までに、当該無線局（人の生命又は身体の安全の確保のためその適正な運用の確保が必要な無線局として総務省令で定めるもののうち国が開設するものを除く。）の無線設備等について登録検査等事業者又は登録外国点検事業者が総務省令で定めるところにより行った点検の結果を記載した書類（無線設備等の点検実施報告書に点検結果通知書が添付されたもの（注））（資料31及び33参照）を提出した場合は、検査の一部が省略される（法73条４項、施行41条の６、登録検査19条）。

（注） 検査の一部が省略されるためには、適正なものであって、かつ、点検を実施した日から起算して３箇月以内に提出されたものでなければならない。

6 検査結果の通知

検査の結果は、無線局検査結果通知書（資料28第２参照）により通知される（施行39条１項）。

7－3－2 臨時検査

1 総務大臣は、次に掲げる場合には、その職員を無線局に派遣し、その無線設備等を検査させることができる（法73条５項）。この検査を「臨時検査」と呼んでいる。

(1) 総務大臣が、無線局の無線設備が電波法第３章に定める技術基準に適合していないと認め、その技術基準に適合するよう当該無線設備の修理その他の必要な措置をとるべきことを命じたとき。

(2)　総務大臣が、無線局の発射する電波の質が総務省令で定めるものに適合していないと認め、電波の発射の停止を命じたとき。

(3)　(2)の命令を受けた無線局からその発射する電波の質が総務省令に定めるものに適合するに至った旨の申出があったとき。

(4)　無線局のある船舶又は航空機が外国へ出港しようとするとき。

(5)　その他電波法の施行を確保するため特に必要があるとき。

2　総務大臣は、1の(4)及び(5)の場合において、当該無線局の発射する電波の質又は空中線電力に係る無線設備の事項のみについて検査を行う必要があると認めるときは、その無線局に電波の発射を命じて、その発射する電波の質又は空中線電力の検査を行うことができる（法73条6項）。

3　検査の結果は、無線局検査結果通知書（資料28第1参照）により通知される（施行39条1項）。

7－4　無線局の免許の取消し、運用停止又は運用制限

1　免許の取消し

免許の取消しについては、絶対的に「取り消す場合」((1)の場合)と「取り消すことができる場合」((2)の場合）とがある。

(1)　総務大臣は、免許人が無線局の免許を受けることができない者となったときは、その免許を取り消さなければならない（法75条1項、5条1項、2項）。

(2)　総務大臣は、免許人（包括免許人を除く。）が次のいずれかに該当するときは、その免許を取り消すことができる（法76条4項）。

ア　正当な理由がないのに、無線局の運用を引き続き6月以上休止したとき。

イ　不正な手段により無線局の免許若しくは無線設備の設置場所の変更等（2－3－2の2(1)の事項）の許可を受け、又は周波数、空中線電力等（2－3－2の1の事項）の指定の変更を行わせたとき。

ウ　無線局の運用の停止の命令又は運用の制限に従わないとき。

エ　免許人が電波法又は放送法に規定する罪を犯し罰金以上の刑に処せられ、その執行を終わり、又はその執行を受けることがなくなった日から２年を経過しない者に該当するに至ったことにより無線局の免許を与えられないことがある者となったとき。

(3)　総務大臣は、(2)のアからウまでの規定により免許の取消しをしたときは、その免許人であった者が受けている他の無線局の免許等を取り消すことができる（法76条８項）。

2　運用の停止又は運用の制限

総務大臣は、免許人等が電波法、放送法若しくはこれらの法律に基づく命令又はこれらに基づく処分に違反したときは、３月以内の期間を定めて無線局の運用の停止を命じ、又は期間を定めて運用許容時間、周波数若しくは空中線電力を制限することができる（法76条１項）。

3　包括免許又は登録に係る無線局の開設の禁止

総務大臣は、包括免許人又は包括登録人が電波法、放送法若しくはこれらの法律に基づく命令又はこれらに基づく処分に違反したときは、３月以内の期間を定めて、包括免許又は電波法第27条の32第１項の規定による登録に係る無線局の新たな開設を禁止することができる（法76条２項）。

7－5　無線従事者の免許の取消し又は従事停止

1　総務大臣は、無線従事者が次のいずれかに該当するときは、その免許を取り消し、又は３箇月以内の期間を定めてその業務に従事することを停止することができる（法79条１項）。

(1)　電波法若しくは電波法に基づく命令又はこれらに基づく処分に違反したとき。

(2)　不正な手段により無線従事者の免許を受けたとき。

(3)　著しく心身に欠陥があって無線従事者たるに適しない者となった

とき。

2　総務大臣は、無線従事者が次のいずれかに該当するときは、その船舶局無線従事者証明を取り消し、又は３箇月以内の期間を定めてその業務に従事することを停止することができる（法79条２項）。

(1)　電波法若しくは電波法に基づく命令又はこれらに基づく処分に違反したとき。

(2)　不正な手段により無線従事者の船舶局無線従事者証明を受けたとき。

7－6　遭難通信を行った場合等の報告

1　無線局の免許人等は、次に掲げる場合は、総務省令で定める手続により、総務大臣に報告しなければならない（法80条）。

(1)　遭難通信、緊急通信、安全通信又は非常通信を行ったとき。

(2)　電波法又は電波法に基づく命令の規定に違反して運用した無線局を認めたとき。

(3)　無線局が外国において、あらかじめ総務大臣が告示した以外の運用の制限をされたとき。

2　１の報告は、できる限り速やかに、文書によって、総務大臣又は総合通信局長に行わなければならない。この場合において、遭難通信及び緊急通信にあっては、当該通報を発信したとき又は遭難通信を宰領したときに限り、安全通信にあっては、総務大臣が告示する簡易な手続により、当該通報の発信に関し、報告するものとする（施行42条の５）。

【参考１】

安全通報の発信に関しては、毎年１月から12月までの期間ごとに、その期間中における安全通報の種類別の通数、通信回数及び延べ通信時間を文書により報告することと定めている（平成30年告示第353号）。

【参考２】報告の請求

1　総務大臣は、無線通信の秩序の維持その他無線局の適正な運用を確保するため必要があると認めるときは、免許人等に対し、無線局に関し報告を求めることができる（法81条）。

2　総務大臣は、電波法を施行するため必要があると認めるときは、船舶局無線従事者証明を受けている者に対し、その証明に関し報告を求めることができる。また、証明を受けた者が電波法第48条の３第１号又は第２号に該当する疑いのあるときは、その者に対し、総務省令で定めるところにより、当該証明の効力を確認するための書類であって総務省令で定めるものの提出を求めることができる（法81条の２）。

第８章
罰　則　等

８－１　手数料の納付

電波法関係の各種手数料については、電波法関係手数料令の定めるところにより、実費を勘案して同政令で定める額を国（指定講習機関が行う講習を受ける者にあっては当該指定講習機関、指定試験機関がその実施に関する事務を行う無線従事者国家試験を受ける者にあっては当該指定試験機関）に納めなければならない（法103条１項）。

１　手数料の種類

手数料の主なものは、次のとおりである（手数料令２条から21条まで（抜粋））。

(1)　無線局の免許申請手数料

(2)　落成後の検査手数料

(3)　変更検査手数料

(4)　免許状、免許証又は船舶局無線従事者証明書の再交付申請手数料

(5)　無線従事者国家試験手数料

(6)　無線従事者の免許申請手数料

(7)　主任無線従事者の講習手数料

(8)　船舶局無線従事者証明申請手数料

(9)　船舶局無線従事者証明に係る訓練の手数料

(10)　定期検査手数料

２　手数料の納付方法（手数料令22条）

(1)　１の(1)及び(4)から(8)までの手数料（国に納付するものに限る。）及び１の(9)の手数料（総務大臣が行う再訓練の手数料に限る。）は、

その申請に際し、当該申請に係る書類に当該手数料の額に相当する収入印紙を貼って納めなければならない。また、1の(2)及び(3)の手数料は、工事落成の届出、無線設備の変更の工事の完了の届出等に際し、それぞれの届出に係る届出書に当該手数料の額に相当する収入印紙を貼って納めなければならない（手数料令22条1項、免許25条の3）。

(2) 1の(9)の手数料（総務大臣が行う新規訓練の手数料に限る。）及び1の(10)の手数料は、総務大臣が指定する期日までに、総務大臣が交付する納付書に当該手数料の額に相当する収入印紙を貼って納めなければならない（手数料令22条2項）。

(3) 収入印紙をもってすることその他の手数料の納付の方法が規定されているものを電子情報処理組織を使用する方法により行う場合には、当該手数料の納付については、当該法令の規定にかかわらず、電子情報処理組織を使用する方法その他の情報通信技術を利用する方法であって主務省令（注）で定めるものをもってすることができる（情報通信技術を活用した行政の推進等に関する法律（「情報通信技術活用法」という。）6条5項要旨）。

(注) 総務省関係法令に係る情報通信技術を活用した行政の推進等に関する法律施行規則（平成15年総務省令第48号）

(4) 1の(5)又は(7)の手数料であって、指定試験機関又は指定講習機関に納付するものの納付方法については、当該指定試験機関又は指定講習機関の業務規程の定めるところによる（手数料令22条3項）。

8－2 電波利用料制度

1 電波利用料制度の意義

現在は高度情報通信社会といわれている。その発展に大きな役割を果たしている電波の利用は、通信や放送を中心として国民生活や社会経済活動のあらゆる分野に及び、現代社会において必要不可欠のものとなっている。

このような中で、不法無線局を開設して他の無線局の通信や放送の受信を妨害する事例やさまざまな原因による混信その他の妨害の発生が多くなっている。

電波利用料制度は、このような電波利用社会の実態にかんがみ、混信や妨害のない良好な電波環境を守るとともに、コンピュータシステムによる無線局の免許等の事務処理の実施、新たな無線設備の技術基準の策定のための研究開発の促進等今後適正に電波を利用するための事務処理に要する費用の財源を確保するために導入されたものである。

なお、政府は、少なくとも３年ごとに、この制度の施行状況について電波利用料の適正性の確保の観点から検討を加え、必要があると認めるときは、その結果に基づいて所要の措置を講ずるものとされている（法附則14）。

２　電波利用料の使途

電波利用料は、次に掲げる電波の適正な利用の確保に関し総務大臣が無線局全体の受益を直接の目的として行う事務の処理に要する費用（「電波利用共益費用」という。）の財源に充てられる（法103条の2・4項）。

(1)　電波監視業務（電波の監視及び規正並びに不法に開設された無線局の探査）

(2)　総合無線局管理ファイルの作成及び管理

(3)　電波資源拡大のための無線設備の技術基準の策定に向けた研究開発

(4)　周波数ひっ迫対策のための技術試験事務

(5)　技術基準策定のための国際機関及び外国の行政機関等との連絡調整並びに試験及びその結果の分析

(6)　電波の人体への影響等電波の安全性に関する調査

(7)　標準電波の発射

(8) 電波の伝わり方について、観測の実施、予報及び異常に関する警報の送信等の事務並びにこれらに必要な技術の調査、研究及び開発の事務

(9) 特定周波数変更対策業務（周波数割当計画等の変更を行う場合において、周波数等の変更に伴う無線設備の変更の工事を行おうとする免許人に対して給付金を支給するもの。）

(10) 特定周波数終了対策業務（電波のひっ迫状況が深刻化する中で、新規の電波需要に迅速に対応するため、特定の既存システムに対して５年以内の周波数の使用期限を定めた場合に、国が既存利用者に対して一定の給付金を支給することで、自主的な無線局の廃止を促し、電波の再配分を行うもの。）

(11) 人命又は財産の保護の用に供する無線設備の整備のための補助金の交付

(12) 携帯電話等のエリア拡大のための補助金の交付

(13) 電波遮へい対策事業（鉄道や道路のトンネル内においても携帯電話の利用を可能とし、非常時における通信手段の確保等電波の適正な利用を確保するための補助金の交付）

(14) 電波の安全性及び電波の適正利用に関する国民のリテラシーの向上に向けた活動

(15) 電波利用料制度に係る制度の企画又は立案等

３　電波利用料の徴収対象

無線局の免許人等が対象である。ただし、国及び地方公共団体等の無線局であって、国民の安心･安全や治安・秩序の維持を目的とするもの（警察、消防、航空保安、気象警報、海上保安、防衛、水防事務、災害対策等）については、電波利用料制度は適用されない。また、地方公共団体が地域防災計画に従って防災上必要な通信を行うために開設する無線局（防災行政用無線局）は、電波利用料の額が２分の１に減額される。この場合において対象の無線局が、電波の能率的な利

用に資する技術を用いた無線設備を使用していないと認められるものとして政令で定めるものである場合は、電波利用料の不適用又は減額の規定は適用されない（法103条の2・1項、14項、15項）。

4　電波利用料の額

電波利用料は、無線局を9区分し、無線局の種別、使用周波数帯、使用する電波の周波数の幅、空中線電力、無線局の無線設備の設置場所、業務形態等に基づいて、及び使用する電波の経済的価値を勘案して電波利用料の額を年額で規定している（法103条の2・1項、別表第6）。

〔海上関係無線局の電波利用料〕（法別表第6抜粋）

（令和4年10月1日現在）

<table>
<tr><th colspan="4">無線局の区分</th><th>金額</th></tr>
<tr><td rowspan="6">移動する無線局</td><td rowspan="2">470MHz以下の周波数の電波を使用するもの</td><td colspan="2">航空機局又は船舶局</td><td>400円</td></tr>
<tr><td colspan="2">その他のもの</td><td>400円</td></tr>
<tr><td rowspan="2">470MHzを超え3,600MHz以下の周波数の電波を使用するもの</td><td colspan="2">航空機局若しくは船舶局又はこれらの無線局が使用する電波の周波数と同一の周波数の電波を使用するもの</td><td>400円</td></tr>
<tr><td>その他のもの</td><td>使用する電波の周波数の幅が6MHz以下のもの</td><td>400円</td></tr>
<tr><td>3,600MHzを超え6,000MHz以下の周波数の電波を使用するもの</td><td colspan="2">使用する電波の周波数の幅が100MHz以下のもの</td><td>400円</td></tr>
<tr><td colspan="3">6,000MHzを超える周波数の電波を使用するもの</td><td>400円</td></tr>
<tr><td>移動しない無線局であって、移動する無線局と通信を行うために陸上に開設するもの</td><td>470MHz以下の周波数の電波を使用するもの</td><td colspan="2">空中線電力が0.01Wを超えるもの</td><td>6,400円</td></tr>
<tr><td colspan="4">自動車、船舶その他の移動するものに開設し、又は携帯して使用するために開設する無線局であって、人工衛星局の中継により無線通信を行うもの</td><td>2,700円</td></tr>
<tr><td>その他の無線局</td><td colspan="3">6,000MHzを超える周波数の電波を使用するもの</td><td>18,700円</td></tr>
</table>

5　納付の方法

⑴　無線局の免許人等は、免許の日から30日以内（翌年以降は免許の日に当たる日（応当日）から30日以内）に上記の電波利用料を、総務省から送付される納入告知書により納めなければならない（法103条の２・１項）。

⑵　納付は、最寄りの金融機関（郵便局、銀行、信用金庫等）、インターネットバンキング等若しくはコンビニエンスストアで行うか又は貯金口座若しくは預金口座のある金融機関に委託して行うことができる。また、翌年以降の電波利用料を前納することも可能である（法103条の２・17項、23項、施行４章２節の５）。

⑶　電波利用料を納めない者は、期限を指定した督促状によって督促され、さらにその納付期限を過ぎた場合は、延滞金を納めなければならない。また、督促状に指定された期限までに納付しないときは、国税滞納処分の例により、処分される（法103条の２・25項、26項）。

8－3　罰則

電波法は、「電波の公平かつ能率的な利用を確保することによって、公共の福祉を増進する」ことを目的としており、この目的を達成するために、一般国民、無線局の免許人、無線従事者等に対して「○○をしなければならない。」や「○○をしてはならない。」という義務を課し、この義務の履行を期待している。この義務が履行されない場合は、電波法の行政目的を達成することも不可能となるため、これらの義務の履行を罰則をもって確保することとしている。

義務の不履行に対しては、無線局の免許の取消し、運用の停止又は運用の制限や無線従事者免許の取消し又は従事停止等の行政処分によって行政目的を達成することとしているが、罰則に掲げられている義務は、電波法上きわめて重要な事項である。

電波法の第９章では、電波法に違反した場合の罰則を設け、電波法の法益の確保及び違反の防止と抑制を図っている。

8－3－1　不法開設又は不法運用

無線局の不法開設又は不法運用とは、免許を受けないで無線局を開設し、又は電波を発射して通信を行うことである。このような不法行為に対しては、厳しく処罰することになっており、電波法第110条は、次のように規定している。

「電波法第4条の規定による免許又は第27条の21第1項の規定による登録がないのに、無線局を開設し、又は運用した者は、1年以下の懲役（注）又は100万円以下の罰金に処する。」

8－3－2　その他の罰則

以下に主なものを挙げる。

1　遭難通信に関する罰則

(1)　無線通信の業務に従事する者が遭難通信の取扱いをしなかったとき、又はこれを遅延させたときは、1年以上の有期懲役に処する（法105条1項）。

(2)　遭難通信の取扱いを妨害した者も、同様とする（法105条2項）。

(3)　(1)及び(2)の未遂罪も罰する（法105条3項）。

(4)　船舶遭難又は航空機遭難の事実がないのに、無線設備によって遭難通信を発した者は、3月以上10年以下の懲役に処する（法106条2項）。

2　通信の秘密を漏らし、又は窃用した場合の罰則

(1)　無線局の取扱中に係る無線通信の秘密を漏らし、又は窃用した者は、1年以下の懲役又は50万円以下の罰金に処する（法109条1項）。

(2)　無線通信の業務に従事する者がその業務に関し知り得た(1)の秘密を漏らし、又は窃用したときは、2年以下の懲役又は100万円以下の罰金に処する（法109条2項）。

（注）「懲役」は、法改正により令和7年6月1日以降は「拘禁刑」となる（8-3-2その他の罰則も同様）。

(3) 暗号通信を傍受した者又は暗号通信を媒介する者であって、当該暗号通信を受信したものが、当該暗号通信の秘密を漏らし、又は窃用する目的で、その内容を復元したときは、1年以下の懲役又は50万円以下の罰金に処する（法109条の2・1項）。

(4) 無線通信の業務に従事する者が、(3)の罪を犯したとき（その業務に関し暗号通信を傍受し、又は受信した場合に限る。）は、2年以下の懲役又は100万円以下の罰金に処する（法109条の2・2項）。

(5) (3)及び(4)の未遂罪は、罰する（法109条の2・4項）。

【参考】

暗号通信とは、通信の当事者（当該通信を媒介する者であって、その内容を復元する権限を有するものを含む。）以外の者がその内容を復元できないようにするための措置が行われた無線通信をいう（法 109 条の2・3項）。

3 無線局の運用違反に対する罰則

(1) 免許状の記載事項の遵守の規定（法52条、53条、54条1号、55条）に違反して無線局を運用した者は、1年以下の懲役又は100万円以下の罰金に処する（法110条）。

(2) 電波法第18条第1項に違反して変更検査を受けないで許可に係る無線設備を運用した者は、1年以下の懲役又は100万円以下の罰金に処する（法110条）。

(3) 電波の発射又は運用を停止された無線局を運用した者は、1年以下の懲役又は100万円以下の罰金に処する（法110条）。

(4) 定期検査又は臨時検査を拒み、妨げ、又は忌避した者は、6月以下の懲役又は30万円以下の罰金に処する（法111条）。

(5) 船舶が航行中でないのにその船舶局を運用した者は、50万円以下の罰金に処する（法112条）。

(6) 無線局の運用の制限に違反した者は、50万円以下の罰金に処する（法112条）。

４　無資格操作等に対する罰則

無線設備の操作等に関し、次のような違反があったときは、30万円以下の罰金に処する（法113条）。

(1)　無線従事者の資格のない者が、主任無線従事者として選任されその届出がされた者の監督を受けないで、無線局の無線設備の操作を行ったとき。

(2)　無線局の免許人が主任無線従事者を選任又は解任したのに、届出をしなかったとき又は虚偽の届出をしたとき。

(3)　無線従事者が３箇月以内の期間を定めてその業務に従事することを停止（行政処分）されたのに、その期間中に無線設備の操作を行ったとき。

(4)　船舶局無線従事者証明の効力を停止された無線従事者が、義務船舶局等の無線設備であって総務省令で定める船舶局の無線設備の操作を行ったとき。

５　両罰規定

無線従事者等がその免許人の業務に関し、電波法第110条、第110条の２又は第111条から第113条までの規定の違反行為をしたときは、行為者を罰するほか、その免許人である法人又は人に対しても罰金刑を科す（法114条）。

第9章 関 係 法 令

9－1　電気通信事業法及びこれに基づく命令の関係規定の概要

1　目的

電気通信事業法は、電気通信事業の公共性にかんがみ、その運営を適正かつ合理的なものとするとともに、その公正な競争を促進することにより、電気通信役務の円滑な提供を確保するとともにその利用者の利益を保護し、もって電気通信の健全な発達及び国民の利便の確保を図り、公共の福祉を増進することを目的とするものである(事業法1条)。

2　用語の定義

電気通信事業法に用いる用語について定義がなされている。その用語の意義は、次のとおりである（事業法2条)。

(1)　電気通信　有線、無線その他の電磁的方式により、符号、音響又は影像を送り、伝え、又は受けることをいう。

(2)　電気通信設備　電気通信を行うための機械、器具、線路その他の電気的設備をいう。

(3)　電気通信役務　電気通信設備を用いて他人の通信を媒介し、その他電気通信設備を他人の通信の用に供することをいう。

(4)　電気通信事業　電気通信役務を他人の需要に応ずるために提供する事業（放送法第118条第1項に規定する放送局設備供給役務に係る事業を除く。）をいう。

(5)　電気通信事業者　電気通信事業を営むことについて、電気通信事業法第9条の登録を受けた者及び同法第16条第1項の規定による届

メ モ

出をした者をいう。

(6) 電気通信業務 電気通信事業者の行う電気通信役務の提供の業務をいう。

3 検閲の禁止及び秘密の保護

検閲の禁止及び通信の秘密の保護は憲法において保障されているところであるが、電気通信事業法においても次のように規定している。

(1) 電気通信事業者の取扱中に係る通信は、検閲してはならない（事業法3条）。

(2) 電気通信事業者の取扱中に係る通信の秘密は、侵してはならない（事業法4条1項）。

(3) 電気通信事業に従事する者は、在職中電気通信事業者の取扱中に係る通信に関して知り得た他人の秘密を守らなければならない。その職を退いた後においても、同様とする（事業法4条2項）。

4 利用の公平、基礎的電気通信役務の提供及び重要通信の確保

(1) 電気通信事業者は、電気通信役務の提供について、不当な差別的取扱いをしてはならない（事業法6条）。

(2) 基礎的電気通信役務（国民生活に不可欠であるためあまねく日本全国における提供が確保されるべきものとして総務省令で定める電気通信役務をいう。）を提供する電気通信事業者は、その適切、公平かつ安定的な提供に努めなければならない（事業法7条）。

(3) 電気通信事業者は、天災、事変その他非常事態が発生し、又は発生するおそれがあるときは、災害の予防若しくは救援、交通、通信若しくは電力の供給の確保又は秩序の維持のために必要な事項を内容とする通信を優先的に取り扱わなければならない（事業法8条1項）。

5 電気通信事業の登録等

(1) 電気通信事業を営もうとする者は、総務大臣の登録を受けなければならない。ただし、次に掲げる場合は、この限りでない（事業法9条）。

ア その者の設置する電気通信回線設備（注）の規模及び当該電気

通信回線設備を設置する区域の範囲が総務省令で定める基準を超えない場合

イ　その者の設置する電気通信回線設備が電波法第７条第２項第６号に規定する基幹放送に加えて基幹放送以外の無線通信の送信をする無線局の無線設備である場合（アに掲げる場合を除く。）

(2) 電気通信事業を営もうとする者（電気通信事業法第９条の登録を受けるべき者を除く。）は、総務省令で定めるところにより、その旨を総務大臣に届け出なければならない（事業法16条１項）。

（注）送信の場所と受信の場所との間を接続する伝送路設備及びこれと一体として設置される交換設備並びにこれらの附属設備をいう。

6　電気通信事業法に基づく政省令の主なもの

電気通信事業法施行令

電気通信事業法施行規則

電気通信事業会計規則

電気通信事業報告規則

電気通信主任技術者規則

工事担任者規則

事業用電気通信設備規則

端末設備等規則

【参考】 電気通信役務に係る用語の意義

電気通信役務に係る用語の意義は次のとおりである（事業施行２条）。

音声伝送役務	：概ね４キロヘルツ帯域の音声その他の音響を伝送交換する機能を有する電気通信設備を他人の通信の用に供する電気通信役務であってデータ伝送役務以外のもの
データ伝送役務	：専ら符号又は影像を伝送交換するための電気通信設備を他人の通信の用に供する電気通信役務
専　用　役　務	：特定の者に電気通信設備を専用させる電気通信役務
特定移動通信役務	：電気通信事業法第12条の２第４項第２号ニに規定する特定移動端末設備と接続される伝送路設備を用いる電気通信役務

9－2　船舶安全法及びこれに基づく命令の関係規定の概要

1　船舶安全法の目的

船舶安全法は、日本船舶に対し、その堪航性を保持し、かつ、人命の安全を保持するに必要な施設をすることにより、航行の安全を確保することを目的としている。

すなわち、船舶は海上でいろいろな危険に遭遇することが多いが、船舶安全法はこれら遭遇するであろう危険を予想してこれに堪えて安全に航行し得るような必要な施設をし、かつ、これら予測し難い非常事態に遭遇した場合に人命の安全を保持するために必要な各種の施設を義務づけ、もって海上における人命及び財貨の安全を確保することがこの法律の制定の主旨である。

2　無線電信又は無線電話の施設義務

(1)　船舶は国土交通省令の定めるところにより、その航行する水域(注)に応じ電波法による無線電信又は無線電話であって船舶の堪航性及び人命の安全に関し陸上との間において相互に行う無線通信に使用し得るもの（「無線電信等」(注)という。）を施設しなければならない。ただし、航海の目的その他の事情により国土交通大臣において已(や)むを得ず又は必要がないと認めるときはこの限りでない(船舶安全法４条１項)。

(2)　(1)の規定は船舶安全法第２条第２項に掲げる船舶その他無線電信等の施設を要しないものとして国土交通省令をもって定める船舶には適用しない(船舶安全法４条２項)。

(3)　非義務船（無線設備の施設を強制されない船舶）

沿海区域を航行区域(注)とする長さ12メートル未満の船舶（旅客船を除く）又は平水区域を航行区域とする船舶（旅客船を除く）、総トン数20トン未満の漁船（100海里以内の水域）その他政令で定めるものは、無線電信又は無線電話の施設は強制されない(船舶安全法附則32条の２)。

(注)　船舶安全法に規定する「水域」は、Ａ１水域からＡ４水域に分類され（船舶安全法施行規則１条10項から13項）、「航行区域」は平水区域、沿海区域、近海区域及び遠洋区域に分かれ（同条６項から９項）、また、施設しなければならない「無線電信等」の設備は、次に掲げるものである（船舶設備規程311条の22）。

①ＨＦ無線電話　②ＭＦ無線電話　③ＶＨＦ無線電話
④ＨＦ直接印刷電信　⑤ＭＦ直接印刷電信
⑥インマルサット等直接印刷電信　⑦インマルサット等無線電話

3　その他の無線設備の備付け

所定の船舶には、２に掲げる無線施設のほかに、船舶の種別・航行する水域等により次に掲げる無線設備の備え付けが要求されている。

(1)　船舶設備規程で定めるもの

ア　ナブテックス受信機
イ　高機能グループ呼出受信機
ウ　航海用レーダー
エ　衛星航法装置
オ　船舶自動識別装置
カ　船舶長距離識別追跡装置
キ　航海情報記録装置
ク　ＶＨＦデジタル選択呼出装置
ケ　ＶＨＦデジタル選択呼出聴守装置
コ　ＭＦデジタル選択呼出装置
サ　ＭＦデジタル選択呼出聴守装置
シ　ＨＦデジタル選択呼出装置
ス　ＨＦデジタル選択呼出聴守装置

(2)　船舶救命設備規則で定めるもの

ア　浮揚型極軌道衛星利用非常用位置指示無線標識装置
イ　非浮揚型極軌道衛星利用非常用位置指示無線標識装置
ウ　レーダー・トランスポンダー

エ　捜索救助用位置指示送信装置

オ　持運び式双方向無線電話装置

カ　固定式双方向無線電話装置

キ　船舶航空機間双方向無線電話装置

ク　船上通信装置

(3)　その他の法令で定めるもの

船舶警報通報装置（船舶保安警報装置）

4　船舶安全法に基づく省令のうち無線設備に関係する主なもの

船舶安全法施行規則

船舶設備規程

船舶救命設備規則

漁船特殊規則

漁船特殊規程

小型船舶安全規則

第10章

国　際　法　規

国際法規とは、一般的に国家間の取決めであり、国家間の合意を文書化したものである。文書の具体的名称としては、条約（Treaty）、協約（Convention）、協定（Agreement）、議定書（Protocol）、憲章（Charter）等種々のものがあるが、これらはすべて条約の一種であり、その合意の範囲内において締約国を拘束するものである。

また、条約は、国家間の合意として各締約国を拘束するものであるが、国民の権利義務に関係のある事項については、あらためて国内法に規定するのが通例である。電波法の場合もその例に漏れない。

憲法第98条第２項には「日本国が締結した条約及び確立された国際法規は、これを誠実に遵守することを必要とする。」という条約尊重の規定を設けているが、この憲法の規定に対応して、電波法第３条にも「電波に関し条約に別段の定めがあるときは、その規定による。」と規定し、条約が電波法に優先して適用されることを宣言している。これは、電波規律が極めて国際性の強いものであることを表しているといえる。

条約のうち電波に直接関係あるものとしては、「国際電気通信連合憲章」及び「国際電気通信連合条約」がある。

その他、海上人命安全条約、船員の訓練及び資格証明並びに当直の基準に関する条約、海上における捜索及び救助に関する国際条約、国際民間航空条約、国際移動通信衛星機構（IMSO）に関する条約、日米安全保障条約等も関係のある条約である。

メ　モ

10－1　国際電気通信連合憲章及び国際電気通信連合条約の概要

国際電気通信連合憲章及び国際電気通信条約は、国際間の電気通信に関して関係各国の間に結ばれた約束である。

憲章は、国際電気通信連合の基本的文書であり、連合の目的、構成国の権利及び義務、連合の各部門の任務及び組織等の基本的性格を有する事項であって、必要不可欠と認められる場合を除き、原則として改正の対象とならない事項を規定し、条約は、連合の運営、会議、会計、電気通信業務の運用に関する諸種の事項等を規定している。また、細目にわたる事項は、電気通信の種別ごとに、次の二つの業務規則を設けて憲章及び条約の規定を補足している。

(1)　国際電気通信規則

(2)　無線通信規則

1　連合の目的（憲章１条抜粋）

(1)　連合の目的は、次のとおりである。

(a)　すべての種類の電気通信の改善及び合理的利用のため、すべての構成国の間における国際協力を維持し及び増進すること。

(b)　電気通信の分野において開発途上国に対する技術援助を促進し及び提供すること、その実施に必要な物的資源、人的資源及び資金の移動を促進すること並びに情報の取得を促進すること。

(c)　電気通信業務の能率を増進し、その有用性を増大し、及び公衆によるその利用をできる限り普及するため、技術的手段の発達及びその最も能率的な運用を促進すること。

(d)　新たな電気通信技術の便益を全人類に供与するよう努めること。

(e)　平和的関係を円滑にするため、電気通信業務の利用を促進すること。

(2)　このため、連合は、特に次のことを行う。

(a)　各国の無線通信の局の間の有害な混信を避けるため、無線周波数スペクトル帯の分配、無線周波数の割り振り及び周波数割当ての登録（宇宙業務のため、対地静止衛星軌道上の関連する軌道位置等を登録することを含む。）を行うこと。

(b)　各国の無線通信の局の間の有害な混信を除去するため並びに無線通信業務に係る無線周波数スペクトルの使用及び対地静止衛星軌道その他の衛星軌道の使用を改善するための努力を調整すること。

(c)　満足すべき業務の質を保ちつつ、電気通信の世界的な標準化を促進すること。

(d)　電気通信業務の協力によって人命の安全を確保する措置の採用を促進すること。

(e)　電気通信に関し、研究を行い、規則を定め、決議を採択し、勧告及び希望を作成し、並びに情報の収集及び公表を行うこと。

2　連合の組織（憲章7条）

連合は、次のものから成る。

(1)　全権委員会議（連合の最高機関）

(2)　理事会（全権委員会議の代理者として行動する。）

(3)　世界国際電気通信会議

(4)　無線通信部門（世界無線通信会議、地域無線通信会議、無線通信総会及び無線通信規則委員会を含む。）

(5)　電気通信標準化部門（世界電気通信標準化総会を含む。）

(6)　電気通信開発部門（世界電気通信開発会議及び地域電気通信開発会議を含む。）

(7)　事務総局

3　言語（憲章29条）

連合の公用語は、英語、アラビア語、中国語、スペイン語、フランス語及びロシア語とする。

矛盾又は紛議がある場合は、フランス文による。

4　連合の所在地（憲章30条）

連合の所在地は、ジュネーブとする。

5　国際電気通信業務を利用する公衆の権利（憲章33条）

構成国は、公衆に対し、国際公衆通信業務によって通信する権利を承認する。各種類の通信において、業務、料金及び保障は、すべての利用者に対し、いかなる優先権又は特恵も与えることなく同一とする。

（注）　構成国：憲章の規定により国際電気通信連合の構成員と認められる国

6　電気通信の停止（憲章34条）

(1)　構成国は、国内法令に従って国の安全を害すると認められる私報又はその法令、公の秩序若しくは善良の風俗に反すると認められる私報の伝送を停止する権利を留保する。この場合には、私報の全部又は一部の停止を直ちに発信局に通知する。ただし、その通知が国の安全を害すると認められる場合は、この限りでない。

(2)　構成国は、また、国内法令に従って他の私用の電気通信であって国の安全を害すると認められるもの又はその法令、公の秩序若しくは善良の風俗に反すると認められるものを切断する権利を留保する。

7　業務の停止（憲章35条）

構成国は、国際電気通信業務を全般的に、又は一定の関係若しくは通信の一定の種類（発信、着信又は中継）に限って、停止する権利を留保する。この場合には、停止する旨を事務総局長を経由して直ちに他の構成国に通知する。

〔補足〕

本条の「業務の停止」は、例えば、戦争、内乱、大規模な天災地変等の非常事態において、国が国家主権を発動して通信業務の一部又は全部を停止する権利を有することを明示した規定である。

8　責任（憲章36条）

構成国は、国際電気通信業務の利用者に対し、特に損害賠償の請求に関しては、いかなる責任も負わない。

〔補足〕

国際電気通信業務は、その通信取扱上の事故に起因する損害の賠償を払えば、その収納金額で充当することは不可能な額が予想されること、また、損害発生の事実、その原因、責任所在の確認、損害の程度等を調査するのは容易でないこと等の理由により、損害賠償の責任を免除し、事業経営上の負担を軽くして低廉な料金で業務をあまねく提供しようとの趣旨である。

9　電気通信の秘密（憲章37条）

(1)　構成国は、国際通信の秘密を確保するため、使用される電気通信のシステムに適合するすべての可能な措置をとることを約束する。

(2)　もっとも、構成国は、国内法令の適用又は自国が締約国である国際条約の実施を確保するため、国際通信に関し、権限のある当局に通報する権利を留保する。

10　違反の通報（憲章39条）

構成国は、第６条（連合の文書の実施）の規定の適用を容易にするため、この憲章、条約及び業務規則に対する違反に関し、相互に通報し、必要な場合には、援助することを約束する。

〔補足〕

国際業務を行う電気通信の局は、常に憲章、条約、業務規則を遵守する義務を負っており、一方、局の設置、運用を許可する主管庁は、これらの局の業務規則の違反について監督指導する義務を負っている。特に、国外における違反の事実は他の主管庁の通報によって知り得ることから、相互に違反の事実を通報することとしている。

11　人命の安全に関する電気通信の優先順位（憲章40条）

国際電気通信業務は、海上、陸上、空中及び宇宙空間における人命の安全に関するすべての電気通信並びに世界保健機関の伝染病に関する特別に緊急な電気通信に対し、絶対的優先順位を与えなければならない。

12　無線周波数スペクトルの使用及び対地静止衛星軌道その他の衛星軌道の使用（憲章44条）

(1)　構成国は、使用する周波数の数及びスペクトル幅を、必要な業務の運用を十分に確保するために欠くことができない最小限度にとどめるよう努める。このため、構成国は、改良された最新の技術をできる限り速やかに適用するよう努める。

(2) 構成国は、無線通信のための周波数帯の使用に当たっては、無線周波数及び関連する軌道(対地静止衛星軌道を含む。)が有限な天然資源であることに留意するものとし、また、これらを各国又はその集団が公平に使用することができるように、開発途上国の特別な必要性及び特定の国の地理的事情を考慮して、無線通信規則に従って合理的効果的かつ経済的に使用しなければならないことに留意する。

13 有害な混信 (憲章45条)

(1) すべての局は、その目的のいかんを問わず、他の構成国、認められた事業体その他正当に許可を得て、かつ、無線通信規則に従って無線通信業務を行う事業体の無線通信又は無線業務に有害な混信を生じさせないように設置し及び運用しなければならない。

(2) 各構成国は、認められた事業体その他正当に許可を得て無線通信業務を行う事業体に前号の規定を遵守させることを約束する。

(3) 構成国は、また、すべての種類の電気機器及び電気設備の運用が(1)の無線通信又は無線業務に有害な混信を生じさせることを防ぐため、実行可能な措置をとることの必要性を認める。

14 遭難の呼出し及び通報 (憲章46条)

無線通信の局は、遭難の呼出し及び通報を、いずれから発せられたかを問わず、絶対的優先順位において受信し、同様にこの通報に応答し、及び直ちに必要な措置をとる義務を負う。

15 虚偽の遭難信号、緊急信号、安全信号又は識別信号 (憲章47条)

構成国は、虚偽の遭難信号、緊急信号、安全信号又は識別信号の伝送又は流布を防ぐために有用な措置をとること並びにこれらの信号を発射する自国の管轄の下にある局を探知し及び識別するために協力することを約束する。

16　**相互通信**（条約39条）

移動業務の無線通信を行う局は、その通常の取扱範囲においては、採用する無線システムのいかんを問わず、相互に無線通信を交換しなければならない。

17　**暗語**（条約40条）

(1)　官用電報及び業務用電報は、すべての関係において暗語により記載することができる。

(2)　暗語による私報は、すべての構成国の間において認められる。ただし、私報に対して暗語を認めないことを事務総局長を経由してあらかじめ通告した構成国については、この限りでない。

(3)　構成国は、暗語による私報の自国の領域における発着を認めない場合においても、憲章第35条に規定する業務の停止のときを除くほか、暗語による私報の中継を認めなければならない。

10－2　国際電気通信連合憲章に規定する無線通信規則

10－2－1　無線通信規則の目的

1　無線通信規則（Radio Regulations：ＲＲ）は、陸上、海上、航空、宇宙及び放送の各分野における無線通信業務について、周波数の分配及び割当て、無線設備の技術基準、無線局の管理及び運用、無線従事者の資格証明等広範囲かつ詳細にわたり規定している。

無線通信規則がこのように詳細な規定を設けているのは、各国の無線通信が相互に混信しないようにし、また、船舶等が外国の船舶や陸上の無線局と円滑な通信を図るためである。

2　国際電気通信連合憲章第１条の目的の達成のため、無線通信規則は、次の目的をもつ（ＲＲ前文）。

(1)　有限な天然資源である無線周波数及び静止衛星軌道の公平かつ合理的な利用の促進

(2)　遭難及び安全通信のための周波数の有害な混信からの保護とその

利用の保証

(3) 異なる主管庁の無線通信間の有害な混信の防止と解決の援助

(4) すべての無線通信の効率的及び効果的な運用の促進

(5) 新たな無線通信技術の応用を提供し、必要ならばそれを規律すること

10－2－2 用語及び定義（RR 1条抜粋）

無線通信規則に用いられている用語の定義のうち主なものは、次のとおりである。

無線通信規則の適用上、次の用語は、当該各号に定める意義を有する。もっとも、これらの用語及び定義は、必ずしも他の目的に適用するものではない。国際電気通信連合憲章の附属書又は国際電気通信連合条約（1992年ジュネーブ）の附属書に定める定義と同一の定義は、「(憲章)」又は「(条約)」と表示する。

1 一般用語（1節）

(1) 主管庁：国際電気通信連合憲章、国際電気通信連合条約及び業務規則の義務を履行するため執るべき措置について責任を有する政府の機関（憲章1002号）(1.2)

(2) 電気通信：有線、無線、光線その他の電磁的方法によるすべての種類の記号、信号、文言、影像、音響又は情報のすべての伝送、発射又は受信（憲章1012号）(1.3)

(3) 無線：電波の使用を示す一般的語（1.4）

(4) 電波又はヘルツ波：人工的導波体のない空間を伝搬する当面3000GHzより低い周波数の電磁波（1.5）

(5) 無線通信：電波による電気通信（憲章1009号）(条約1005号)(1.6)

(6) 無線測位：電波の伝搬特性による物体の位置、速度その他の特性の決定又はこれらの諸元に関連する情報の取得（1.9）

(7) 無線航行：航行のために使用する無線測位（障害物の警告を含

む。）(1.10)

(8)　無線標定：無線航行の目的以外のために使用する無線測位（1.11）

(9)　無線方向探知：局又は物体の方向を決定するために電波の受信を使用する無線測位（1.12）

2　周波数の管理に関する特別用語（２節）

(1)　分配（周波数帯の）：特定の条件の下で１以上の地上無線通信業務、宇宙無線通信業務又は電波天文業務に使用するため、一定の周波数帯を周波数分配表において指定すること。この用語は、また、指定された周波数帯についても使用する。(1.16)

(2)　区域分配（無線周波数又はチャネルの）：特定の国若しくは地理的区域において１以上の主管庁が特定の条件の下で地上無線通信業務又は宇宙無線通信業務に使用するため、一定のチャネルを権限のある会議で採択する合意されたプランに記載すること。(1.17)

(3)　割当て（無線周波数又はチャネルの）：局が特定の条件の下で無線周波数又はチャネルを使用することに対して主管庁が与える許可(1.18)

3　無線業務（３節）

(1)　無線通信業務：特定の目的の電気通信のための電波の送信、発射又は受信による業務で、この節で定義するもの

　無線通信規則では、無線通信業務とは、特に示さない限り、地上無線通信業務をいう。(1.19)

(2)　海上移動業務：海岸局と船舶局との間、船舶局相互間又は関係船上通信局相互間の移動業務。救命浮機局及び非常用位置指示無線標識局も、この業務に参加することができる。(1.28)

(3)　海上移動衛星業務：移動地球局が船舶上にあるときの移動衛星業務。救命浮機局及び非常用位置指示無線標識局も、この業務に参加することができる。(1.29)

(4)　港務通信業務：港湾内又はその付近で行われる海岸局と船舶局と

の間又は船舶局相互間の海上移動業務。この業務においては、通報は、船舶の運航上の操作、移動及び安全並びに非常の際の人の安全に関するものに限る。公衆通信の性質を有する通報は、この業務から除く。(1.30)

(5) 船舶通航業務：海岸局と船舶局との間又は船舶局相互間の海上移動業務における港務通信業務以外の安全業務。この業務においては、通報は、船舶の移動に関するものに限る。公衆通信の性質を有する通報は、この業務から除く。(1.31)

(6) 安全業務：人命の安全及び財産の保護を確保するため恒久的又は一時的に運用される無線通信業務 (1.59)

4　無線局及び無線方式（4節）

(1) 地球局：地球の表面上又は地球の大気圏の主要部分にある局で、次のいずれかの局との通信を目的とするもの (1.63)

- 1以上の宇宙局
- 1以上の同種の局であって、1以上の反射衛星その他の宇宙にある物体を使用するもの

(2) 宇宙局：地球の大気圏の主要部分の外にあり、又はその外に出ることを目的とし、若しくはその外にあった物体上にある局 (1.64)

(3) 救命浮機局：専ら人命の救助のために救命艇、救命筏その他の救命設備に設置した海上移動業務又は航空移動業務の移動局 (1.65)

(4) 移動局：移動中又は特定しない点に停止中の使用を目的とする移動業務の局 (1.67)

(5) 陸上局：移動中の使用を目的としない移動業務の局 (1.69)

(6) 海岸局：海上移動業務の陸上局 (1.75)

(7) 海岸地球局：海上移動衛星業務のフィーダリンクを設定するための陸上の特定の地点にある固定衛星業務又は場合により海上移動衛星業務の地球局 (1.76)

(8) 船舶局：恒久的には係留されない船舶上にある海上移動業務の移

動局（救命浮機局を除く。）(1.77)

⑼　船舶地球局：船舶上にある海上移動衛星業務の移動地球局（1.78）

⑽　船上通信局：船舶の船内通信、救命艇の救命訓練中若しくは救助作業中の船舶とその救命艇及び救命筏との間の通信又は曳かれている船舶若しくは押されている船舶の船団内の通信並びに綱とり及び係留の指示のために使用する海上移動業務の小電力の移動局（1.79）

⑾　港務通信局：港務通信業務の海岸局（1.80）

⑿　非常用位置指示無線標識局：捜索救助活動を容易にするための発射を行う移動業務の局（1.93）

⒀　衛星非常用位置指示無線標識：捜索救助活動を容易にするための発射を行う移動衛星業務の地球局（1.94）

⒁　レーダー：決定すべき位置から反射し、又は再送信される無線信号と基準信号との比較を基礎とする無線測位方式（1.100）

5　運用に関する用語（5節）

(1)　無線電話通信：移動局又は移動地球局に発着し、その伝送経路の全部又は一部が移動業務又は移動衛星業務の無線通信回線による電話通信（1.124）

6　周波数の共用（7節）

(1)　混信：発射、輻射若しくは誘導又はこれらの組合せによる不要なエネルギーのため、無線通信系における受信の際に、この不要なエネルギーがない場合に選択することができる情報の品質低下、歪み又は消失として現れる影響（1.166）

(2)　有害な混信：無線航行業務その他の安全業務の運用を妨害し、又はこの無線通信規則に従って行う無線通信業務の運用に重大な悪影響を与え、妨害し、若しくは反復的に中断させる混信（憲章1003号）(1.169)

10－2－3　日付及び時刻（RR 2条）

1　無線通信に関して使用する日付は、グレゴリー暦によらなければならない。(2.3)

(注)　グレゴリー暦は、1年を365日とし、4年目ごとにうるう年を置いてその年を366日とする現在の太陽暦のことである。

2　日付において、月の表示を完全な又は短縮された形式で行わない場合には、日、月及び年をそれぞれ表す2数字からなる定まった順番による全数字形式で表記しなければならない。(2.4)

3　国際無線通信活動において特定の時刻が表示されるときには、別段の定めがある場合を除くほか、協定世界時（UTC）によらなければならず、かつ、その時刻は、4桁の数字（0000－2359）で表示しなければならない。略語UTCは、いずれの言語においても使用しなければならない。(2.6)

10－2－4　周波数の分配（RR 5条）

1　周波数の分配のため、次図に示し、かつ、第5.3号から第5.9号までに定めるとおり、世界を3地域に区分する。(5.2)

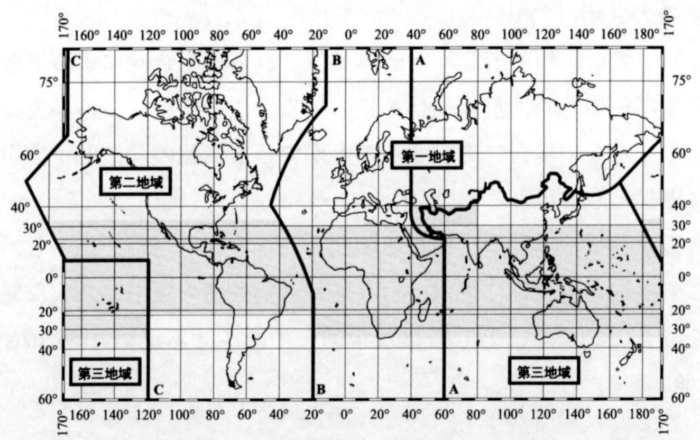

陰影の部分は、第5.16号から第5.20号まで及び第5.21号に定義する熱帯地域を表す。

2　**第一地域**　第一地域は、東はA線及び西はB線によって区画する地方とする。(5.3)

3　**第二地域**　第二地域は、東はB線及び西はC線によって区画する地方とする。(5.4)

4　**第三地域**　第三地域は、東はC線及び西はA線によって区画する地方とする。(5.5)

〔補足〕

1　周波数帯の分配（1.16）は、周波数の分配表において、一定の周波数帯を各種の無線通信業務に指定する場合の用語であり、割当て（1.18）は、分配された周波数を個々の無線局に指定する場合に用いられる用語であって両者は区別して使用されている。

2　区域の分配（1.17）は、世界をいくつかの区域に区分して一定の業務に周波数を分配し、その周波数を同地域内に所在する無線局が共通に使用するような場合に用いられる用語である。

3　地域について、第一地域は概略ヨーロッパ地域、第二地域は南北アメリカ地域、第三地域はアジア太平洋地域がこれに該当する。日本は、周波数分配表では第三地域に含まれている。

10－2－5　混信（RR15条）

1　**無線局からの混信**（1節）

(1)　すべての局は、不要な伝送、過剰な信号の伝送、虚偽の又はまぎらわしい信号の伝送、識別表示のない信号の伝送を禁止する。(15.1)

(2)　送信局は、業務を満足に行うために必要な最小限の電力で輻射しなければならない。(15.2)

(3)　混信を避けるために

(a)　送信局の位置及び業務の性質上可能な場合には、受信局の位置は、特に注意して選定しなければならない。(15.4)

(b)　不要な方向への輻射又は不要な方向からの受信は、業務の性質上可能な場合には、指向性アンテナの利点をできる限り利用して、最小にしなければならない。(15.5)

(c)　送信機及び受信機の選択及び使用は、第３条（局の技術特性）の規定に従わなければならない。(15.6)

(4)　遭難周波数及び安全周波数、第31条に定める遭難及び安全に関わる周波数並びに付録第27号に定められている飛行の安全及び定時性に関わる周波数に対する混信を回避するために、特別の考慮を払わなければならない。(15.8)

２　違反の通告（５節）

(1)　憲章、条約又は無線通信規則の違反は、これを認めた管理機関、局又は検査官から各自の主管庁に報告しなければならない。(15.19)

(2)　局が行った重大な違反に関する申入れは、これを認めた主管庁からこの局を管轄する国の主管庁に行わなければならない。(15.20)

(3)　主管庁は、その管轄の下にある局が行った憲章、条約又は無線通信規則（特に、憲章第45条及び無線通信規則第15.1号）の違反に関する情報を知った場合には、その事実を確認し、必要な措置を執らなければならない。(15.21)(WRC-12)

〔補足〕

この規定を受けて、我が国の電波法令では無線局の免許人等に対し、違反の事実を総務大臣に報告することを義務付けている（法80条、施行42条の５）。

10－２－６　秘密（RR17条）

主管庁は、憲章及び条約の関連規定を適用するに当たり、次の事項を禁止し、及び防止するために必要な措置を執ることを約束する。(17.1)

(a)　公衆の一般的利用を目的としていない無線通信を許可なく傍受すること。(17.2)

(b)　前号にいう無線通信の傍受によって得られたすべての種類の情報について、許可なく、その内容若しくは単にその存在を漏らし、又はそれを公表若しくは利用すること。(17.3)

〔補足〕

1　本条は、1927年のワシントン無線電信条約（第５条）に既に規定されていた。公衆の一般的利用を目的としない無線通信とは、特定の相手方に対して行われる通信をいい､このような通信は傍受そのものも禁止されている。

公衆の一般的利用を目的とする通信には、例えば、安全信号を前置して行われる航海者への通報、台風等の気象警報がある。これらの通信は、傍受することができる何人によっても受信され、又は利用することが許される情報の伝送である。

2　傍受の意図がなくても通信中偶然に受信された通信は、これを第三者に知らせたり、また、通信が行われたことの事実さえも漏らすことは、禁止されている。

10－２－７　許可書（RR18条）

1　送信局は､その属する国の政府又はこれに代わる者が適当な様式で、かつ、この規則に従って発給する許可書がなければ、個人又はいかなる団体においても、設置し、又は運用することができない。(18.1)

2　許可書を有する者は、憲章及び条約の関連規定に従い、電気通信の秘密を守ることを要する。さらに許可書には、局が受信機を有する場合には、受信することを許可された無線通信以外の通信の傍受を禁止すること及びこのような通信を偶然に受信した場合には、これを再生し、第三者に通知し、又はいかなる目的にも使用してはならず、その存在さえも漏らしてはならないことを明示又は参照によって記載していなければならない。(18.4)

3　移動局及び移動地球局に発給された許可書の検査を容易にするため、自国語で記載された本文には、必要に応じ、連合の業務用語の一による訳文を付加しなければならない。(18.5)

10－２－８　局の識別（RR19条）

1　総則

(1)　すべての伝送は、識別信号その他の手段によって識別することができるものでなければならない。(19.1)

(2) 虚偽の又はまぎらわしい識別表示を使用するすべての伝送は禁止する。(19.2)

2 無線電話を使用する局の識別

無線電話を使用する局は、次の(1)から(4)までに示すとおりに識別しなければならない。(19.72)

(1) 海岸局

－ 呼出符号 又は

－ 海岸局及び特別業務の局の局名録に示すとおりの場所の地理的名称及び次になるべくRADIOの語又はその他の適当な表示

(2) 船舶局

－ 呼出符号 又は

－ 船舶の公の名称（必要な場合には、遭難、緊急及び安全の信号と混同するおそれがないことを条件として、所有者名を前置する。） 又は

－ その選択呼出番号又は選択呼出信号

(3) 船舶の救命浮機局

－ 呼出符号 又は

－ 親船の名称及び次に2アラビア数字を付けて組み立てる識別信号

(4) 非常用位置指示無線標識局

音声による送信が使用されるとき

－ 無線標識が所属する親船の名称及び（又は）呼出符号

10－2－9 遭難通信及び安全通信（RR 7章）

(注) この章において、遭難通信及び安全通信は、遭難、緊急及び安全の呼出し及び通報を含む。

1 総則（RR30条）

(1) この章は、「海上における遭難及び安全に関する世界的な制度(GMDSS)」の運用に関する規定を定めている。また、このGMDSS

の機能要件、システムの構成要素及び設備の搭載要件は、1974年の海上における人命の安全のための国際条約（SOLAS条約）（改正含む。）に定められている。この章では、さらに、周波数156.8MHz（VHFチャネル16）で無線電話による遭難通信、緊急通信及び安全通信を実施するための規定も定めている。(30.1)

(2)　無線通信規則の規定は、遭難移動局又は遭難移動地球局が注意を喚起し、その位置を通報し、又は救助を受けるために利用し得るすべての手段をとることを妨げるものではない。(30.2)

(3)　無線通信規則の規定は、捜索救助活動に従事している航空機上又は船舶上の局が、例外的な事態に際して、遭難移動局又は遭難移動地球局を救助するために利用し得るすべての手段をとることを妨げるものではない。(30.3)

(4)　この章に定める規定は、この章に定める機能（第30.5号参照）について規定する周波数及び技術を使用するすべての局の海上移動業務及び海上移動衛星業務において義務的である。(30.4)

(5)　1974年の海上における人命の安全のための国際条約は、いかなる船舶及びその船舶のいかなる生存艇が無線設備を備えるか、並びにいかなる船舶が生存艇で使用する携帯用無線設備を備えるかを定めている。この条約は、また、これらの設備が満たさなければならない要件についても定めている。(30.5)

(6)　主管庁は、特別の事情から必要と認める場合には、この規則に定める運用方法にかかわらず、救助調整本部（注）に設置する船舶地球局が、遭難及び安全の目的のために、海上移動衛星業務に分配された周波数帯を使用するいかなる局とも通信することを許可することができる。(30.6)

（注）「救助調整本部」とは、1979年の海上における捜索及び救助に関する国際条約に定義するとおり、捜索救助区域内における捜索救助業務の効率的な組織化を促進する責任及び同区域内における捜索救助活動の実施を調整

する責任を有する単位をいう。(10－6参照)

(7) 海上移動業務の移動局は、安全の目的のため、航空移動業務の局と通信することができる。これらの通信は、通常、第31条第1節(次の2の(2の1)参照)で認められた周波数により、かつ、同節で定める条件に従って行わなければならない。(30.7)

〔補足〕海上遭難安全制度(GMDSS)……………………………………

海上における遭難及び安全に関する世界的な制度(GMDSS：Global Maritime Distress and Safety System)は、遭難事故が発生した場合、遭難船舶局の識別及びその位置を知らせる遭難警報を、地上系ではデジタル選択呼出し(DSC)を、衛星系(インマルサット衛星を使用)ではテレックスを使用して捜索救助機関にあてて自動送信するものであり、また、第二手段として、あるいは突然の転覆事故等には位置指示無線標識が同様に捜索救助機関への通報を行う通信制度である。

この制度によれば、いつ、どこの海域で発生した遭難事故に対してもその事実が捜索救助機関に自動的に確実に通報され、捜索救助活動が行われることになる。なお、この制度は、SOLAS条約により1992年2月から段階的に導入され、1999年2月1日から完全実施されている。

2　GMDSSのための周波数(RR31条)

2の1　総則

(1) GMDSSにおいて遭難及び安全に関する情報の送信のために使用する周波数は、付録第15号に定める。付録第15号に掲げる周波数に加えて、船舶局及び海岸局は、陸上に設置した無線システム若しくは無線通信網に対して及びそれらからの安全通報若しくは一般無線通信の送信のためにその他の適切な周波数を使用するものとする。(31.1)

(2) 付録第15号に掲げるいかなる個々の周波数でも遭難及び安全に関する通信に対して有害な混信を生じさせるいかなる発射も禁止する。(31.2)

(注) 付録第15号は10－2－11に掲載

(3) 試験伝送の回数及び間隔は、付録第15号で定められた周波数では最小にとどめなければならない。この伝送は、必要に応じ、権限のある機関と調整し、かつ、実行可能な場合は、擬似アンテナを使用し、又は電力を低減して行うものとする。もっとも、遭難及び安全のための呼出周波数による試験は行わないものとする。ただし、これを行うことが不可避である場合には、その伝送が試験伝送であることを示すものとする。(31.3)

(4)　局は、遭難及び安全のために付録第15号に定めるいずれかの周波数で遭難以外の目的で伝送する前に、実行可能な場合には、遭難の伝送が行われていないことを確かめるため、関係周波数で聴守しなければならない。(31.4)

2の2　聴守

(1)　GMDSSにおいて聴守の責任を有する海岸局は、海岸局及び特別業務の局の局名録（第Ⅳ表）において公表された情報に示す周波数で、及びこれに示す時間中自動のデジタル選択呼出しの聴守を維持しなければならない。(31.13)

(2)　GMDSSにおいて聴守の責任を負う海岸地球局は、宇宙局が中継する遭難警報のために無休の自動の聴守を行わなければならない。(31.15)

(3)　船舶局は、海上にある間、その設備を有している場合には、その船舶局が運用している周波数帯の適切な遭難及び安全のための呼出周波数で、自動のデジタル選択呼出しの聴守を維持しなければならない。また、船舶局は、そのための設備を有する場合には、船舶向けの気象警報、航行警報その他の緊急な情報の送信を自動受信するため適切な周波数で聴守を維持しなければならない。(31.17)

(4)　この章の規定に適合する船舶局は、実行可能な場合には、周波数156.8MHz（VHFチャネル16）の聴守を維持するものとする。(31.18)

(5)　この章の規定に適合する船舶地球局は、海上にある間、通信チャネルで通信している場合を除いて、聴守を維持しなければなら

ない。(31.20)

3　GMDSSにおける遭難通信のための運用手続（RR32条）

3の1　総則

(1) 遭難通信は、ＭＦ、ＨＦ及びＶＨＦの地上無線通信の使用並びに衛星技術を用いる通信による。遭難通信はすべての他の送信に対して絶対的な優先順位を有しなければならない。これに関連し使用する用語の意義は、次のとおりである。(32.1)

(a) 遭難警報は、地上無線通信で使用する周波数帯において遭難呼出フォーマットを使用するデジタル選択呼出し（DSC）又は宇宙局を経由して中継される遭難通報フォーマットをいう。

(b) 遭難呼出しは、最初に行われる音声又は文字による手順である。

(c) 遭難通報は、遭難呼出しに続いて行われる音声又は文字による手順である。

(d) 遭難警報の中継は、他の局に代わって行うDSCの送信である。

(e) 遭難呼出しの中継は、自らは遭難していない局が行う最初に行われる音声又はテキストによる手順である。

(2)(a) 遭難警報は、一般通信チャネルで絶対的優先順位をもって、若しくは地球から宇宙向けの衛星EPIRB用に留保した専用の遭難及び安全のための周波数のいずれかによって衛星経由で送信され、又はデジタル選択呼出しのためMF、HF及びVHF帯において定められた遭難及び安全のための周波数（付録第15号参照）で送信されなければならない。(32.2)

(b) 遭難呼出しは、無線電話のためのMF、HF及びVHF帯において定められた遭難及び安全のための周波数で送信しなければならない。(32.2A)

(c) 遭難警報若しくは遭難呼出し及びそれに続く遭難通報は、移動局若しくは移動地球局を有する船舶、航空機又はその他の移動体の責任者の命令に基づいてのみ送信しなければならない。(32.3)

(3)　MF、HF及びVHF帯の遭難及び安全のための周波数で送信される遭難警報又は遭難呼出しを受信するすべての局は、遭難通信に混信を生じさせるおそれがあるいかなる送信も直ちに中止し、引き続いて行われる遭難通信に備えなければならない。(32.4)

(4)　DSCを用いた遭難警報又は遭難警報の中継は、ITU-R勧告M.493及びITU-R勧告M.541の最新版に定められている技術上の構成及び内容を使用するものとする。(32.5)

(5)　各主管庁は、GMDSSに参加する船舶が使用する識別を割り当て、及び登録するための適切な措置を執り、かつ、その登録情報を救助調整本部が１日24時間、週７日ベースで利用することができることを確保しなければならない。主管庁は、適当な場合には、責任ある機関に、直ちにこの割当ての追加、削除その他の変更を通告しなければならない。提供される登録情報は、決議第340（WRC-97）に従わなければならない。(32.5A)

(6)　遭難警報の一部として位置座標を送信することができるGMDSS船舶搭載機器であって、統合電子位置決定システムの受信機を有しないものは、自動的に同様の情報を提供する分離した航行用受信機（これを備える場合に限る。）に接続しなければならない。(32.5B)

(7)　無線電話による送信は、ゆっくり、かつ、区切って行う。各語は、筆記を容易にするために、明確に発音しなければならない。(32.6)

(8)　付録第14号（掲載略）の音声表記によるアルファベット及び数字のコード並びにITU-R勧告M.1172の最新版に従った略語及び符号を、可能な場合は、使用するものとする。(32.7)

（注）　言語上の困難がある場合には、いずれも国際海事機関（ＩＭＯ）が刊行する標準海事航海用語及び国際信号書を使用することを奨励する。(32.7.1)

３の２　遭難警報及び遭難呼出し

Ａ　通則

(1)　遭難警報又は遭難呼出しの送信は、移動体又は人が重大で急迫な

危険にさらされており、かつ、即時の救助を求めていることを示す。(32.9)

(2) 遭難警報は、遭難局の識別及びその位置を知らせなければならない。(32.10)

(3) 遭難警報が、移動体又は人が遭難していること及び即時の救助を求めていることのいかなる表示もなく送信された場合には、その遭難警報は、誤りである(第32.9号参照)。虚偽の遭難警報に関する情報を受領する主管庁は、その警報が次のいずれかの事項に該当する場合には、第15条第5節の規定に従い、この違反を通告しなければならない。(32.10A)

(a) 意図的に送信された場合

(b) 第32.53A号及び決議第349(WRC-19改)(誤り遭難警報の取消し)に従って取り消されない場合

(c) 第31.16号から第31.20号までの規定に従って適切な周波数で行う聴守の維持に関する船舶の不首尾又は権限のある救助当局からの呼出しに対する応答に関する船舶の不首尾の結果として、警報を確認することができなかった場合

(d) 警報が反復された場合

(e) 虚偽の識別を使用して送信された場合

この通告を受領する主管庁は、このような違反が再発しないことを確保するために適切な手段を執らなければならない。通常は、誤りの遭難警報を通告し、及び取り消した船舶又は船員に対しては、何ら措置も執らないものとする。

(4) 主管庁は、虚偽の遭難警報(不注意で送信されたものを含む。)の回避を確保するために実行可能で必要な措置を執らなければならない。(32.10B)

B 遭難警報又は遭難呼出しの送信

(1) 船舶局又は船舶地球局による遭難警報又は遭難呼出しの送信

(a)　船舶から陸上向けの遭難警報又は遭難呼出しは、船舶が遭難していることを海岸局又は海岸地球局を経由して救助調整本部に警報するために使用する。これらの警報は、衛星経由（船舶地球局又は衛星EPIRBから）の送信の利用及び地上業務（船舶局及びEPIRBから）の利用を基本とする。(32.12)

(b)　船舶から船舶向けの遭難警報は、遭難船舶の付近にいる他の船舶に警報するために使用するものであり、ＶＨＦ及びＭＦの周波数帯におけるデジタル選択呼出しの使用を基本とする。さらに、ＨＦの周波数帯を使用することができる。(32.13)

(c)　デジタル選択呼出手順のための装置を備える船舶局は、できるだけ多くの船舶局の注意を喚起するため、遭難警報に引き続いて直ちに遭難呼出し及び遭難通報を送信することができる。(32.13A)

(d)　デジタル選択呼出手順を行う機器を備えていない船舶局は、実効的な場合には、周波数156.8MHz（VHFチャネル16）で、無線電話による遭難呼出し及び遭難通報を送信して遭難通信を開始しなければならない。(32.13B)

(e)　無線電話の遭難信号は、フランス語の「m'aider」のように発音するMAYDAYの語から成る。(32.13BA)

(f)　周波数156.8MHz（VHFチャネル16）で送信する遭難呼出しは、第32.6号及び第32.7号を考慮し、次の様式により行わなければならない。(32.13C)

- 遭難信号　MAYDAY　３回
- THIS　IS　の語
- 遭難船舶の名称　３回
- 呼出符号その他の識別
- 海上移動業務識別（MMSI)(最初の警報をDSCで送信した場合)

(g) 遭難呼出しに続く遭難通報は、第32.6号及び第32.7号を考慮し、次の様式により行うものとする。(32.13D)

- 遭難信号　MAYDAY
- 遭難船舶の名称
- 呼出符号その他の識別
- 海上移動業務識別（MMSI）(最初の警報をDSCで送信した場合)
- 緯度及び経度で示す位置又は、緯度及び経度が不明であるとき若しくは十分な時間がない場合には、周知の地理上の場所に関連する位置
- 遭難の種類
- 必要とする救助の種類
- その他の有用な情報

(h) DSC手順は、ITU-R勧告M.541の最新版の適切な遭難呼出フォーマットを発出するため、自動の機能と手動の操作の組合せを使用する。DSCで送る遭難警報は、遭難している局を識別し、最後に記録された位置を与え、及び、入力されている場合には、遭難の種類を示して通報フォーマットで送信する1回以上の遭難警報の試行で構成する。MF帯及びHF帯においては、遭難警報は、単一の周波数か又は1分間に最大6つまでの周波数の複数の周波数により送信することができる。VHF帯においては、単一周波数呼出のみが使用される。遭難警報は、DSCで送信される受信証を受信するまで、2、3分の間隔で自動的に反復する。(32.13E)

(2) 陸上から船舶への遭難警報の中継又は遭難呼出しの中継

(a) 遭難警報又は遭難呼出し及び遭難通報を受信する局又は救助調整本部は、衛星及び／又は地上の手段により、適宜、すべての船舶あて、選択した船舶のグループあて又は特定の船舶あて

に、陸上から船舶に向け遭難警報の中継の送信を開始しなければならない。(32.14)

(b)　遭難警報の中継及び遭難呼出しの中継には、遭難移動体の識別、その位置及び救助を容易にする全ての他の情報を含めなければならない。(32.15)

(3)　自身は遭難していない局による遭難警報の中継又は遭難呼出しの中継の送信

(a)　移動体が遭難していることを知った（例えば、無線による呼出し又は観測により）移動業務の局又は移動衛星業務の局は、次のいずれかの事情に該当することを確認した場合には、遭難移動体に代わって遭難警報の中継又は遭難呼出しの中継を開始し、送信しなければならない。(32.16)

①　５分以内に海岸局又は他の船舶が受信証を与えていない遭難警報又は遭難呼出しを受信した場合（第32.29A号及び第32.31号も参照）(32.17)

②　遭難移動体が、遭難通信に何らかの事情で参加することができないことが判明したときに、遭難していない移動体の指揮者又は他の責任者が、更に救助が必要と考えた場合（32.18)

(b)　遭難移動体に代わって行う遭難中継は、無線電話による遭難呼出中継（第32.19D号及び第32.19E号を参照)、DSCによる個々にあてる遭難警報中継（第32.19B号参照）又は船舶地球局経由の遭難優先通報のいずれかを使用して、状況に適した形式（第32.19Aから第32.19Dまでを参照）で送信しなければならない。(32.19)

(c)　(a)の①及び②に従って遭難警報の中継又は遭難呼出しの中継を送信する局は、自らは遭難していないことを示す。(32.19A)

(d)　DSCによって送信する遭難警報の中継は、最新版のITU-R勧告M.493及びITU-R勧告M.541に掲げる呼出フォーマットを使用するものとし、なるべく個別の海岸局又は救助調整本部にあ

て送るものとする。(32.19B)

遭難警報の中継又は遭難呼出し中継を行う船舶は、適切な海岸局又は救助調整本部に対し、これまで交換されたいかなる遭難通信についても情報の提供を行うものとする。(32.19B.1)

(e) もっとも、船舶は、遭難船舶がデジタル選択呼出しにより送信した遭難警報の受信に続いて、VHF又はMFの遭難周波数でデジタル選択呼出しによるすべての船舶向けの遭難警報の中継を送信してはならない。(32.19C)

(f) 陸上において聴覚による聴守が継続され、かつ、船舶から陸上向けの信頼できる無線電話通信を設定することができる場合には、遭難呼出しの中継は、関連の海岸局又は救助調整本部に宛てて適切な周波数を用いて無線電話により送信する。(32.19D)

遭難呼出し中継を行う船舶は、適切な海岸局又は救助調整本部に対し、これまでに交換されたいかなる遭難通信についても情報の提供を行うものとする。(32.19D.1)

(g) 無線電話で送信する遭難呼出しの中継は、第32.6号及び第32.7号を考慮に入れて、次の様式によるものとする。(32.19E)

- 遭難信号　MAYDAY　RELAY　3回
- ALL　STATIONS の語 又は 海岸局の名称　3回
- THIS　IS　の語
- 中継する局の名称　3回
- 中継する局の呼出符号その他の識別
- 中継する局（遭難している船舶でない船舶）の海上移動業務識別（MMSI）(最初の警報がDSCで送信された場合)

(h) この呼出しに続いて遭難通報を送信しなければならない。この場合において遭難通報は、できる限り、最初の遭難警報又は遭難通報に含まれる情報を反復しなければならない。(32.19F)

遭難局を確認することができない場合には、遭難移動体を参照するために、例えば「不明のトロール船」のような用語を使用して、遭難通報を発信する必要がある。(32.19F.1)

(i) 陸上において聴覚による聴守が維持されておらず、又は船舶から陸上向けの信頼できる無線電話通信を設定することが困難である場合には、単独に海岸局に宛て、かつ、適当な呼出フォーマットを使用してDSCによる個々の遭難警報の中継を送信することによって適切な海岸局又は救助調整本部に連絡することができる。(32.19G)

(j) 海岸局又は救助調整本部に直接連絡することに継続的に失敗している場合には、遭難呼出しの中継を無線電話で、すべての船舶向けに又は一定の地域にあるすべての船舶向けに送信することが適切である。(第32.19C号も参照)(32.19H)

C　遭難警報及び遭難呼出しの受信及び受信証

(1) 遭難警報又は遭難呼出しを受信したときの受信証の手続

(a) 遭難警報の中継を含む遭難警報を受信したときの受信証は、警報の送信方法に照らして適切な方法で、警報を受信した局の役割に適した時間に行われなければならない。衛星による受信証は直ちに送信しなければならない。(32.21)

(b) DSCにより送信された遭難警報の受信証を送る場合には、地上業務における受信証は、最新版のITU-R勧告M.493及びITU-R勧告M.541において示す指示に適切な考慮を払い、遭難警報を受信した周波数帯と同一の周波数帯の関連する遭難及び安全のための周波数で、その状況に応じて適切なDSC、無線電話又は狭帯域直接印刷電信で行わなければならない。(32.21A)

不必要な遅延が生ずることなく陸上の権限ある当局が遭難事故に気づくようにするため、DSCで送信される遭難警報に対するDSCによる受信証は、通常、海岸局又は救助調整本部のみが行わなければならない。DSCによる受信証は、その後のDSCを使用するいかなる遭難警報の自動反復もキャンセルすることとなる。(32.21A.1)

(c) 海上移動業務の局にあてに、DSCで送られた遭難警報のDSCによる受信証は、すべての局にあてられなければならない。(32.21B)

(d) 船舶局又は船舶地球局からの遭難警報又は遭難呼出しの受信に無線電話で受信証を送信する場合には、受信証は第32.6号及び第32.7号を考慮に入れて、次の様式によるものとする。(32.23)

- 遭難信号　MAYDAY
- 遭難通報を送信する局の名称に続き呼出符号、MMSI又はその他の識別
- THIS　IS　の語
- 受信証を送信する局の名称及び呼出符号又はその他の識別
- RECEIVED　の語
- 遭難信号　MAYDAY

(e) 船舶局からの遭難警報の受信に狭帯域直接印刷電信で受信証を送信する場合には、受信証は、次の様式によるものとする。(32.24)

- 遭難信号　MAYDAY
- 遭難警報を送信する局の呼出符号又はその他の識別
- ＤＥ　の語
- 遭難警報の受信に受信証を送信する局の呼出符号又はその他の識別
- ＲＲＲの信号
- 遭難信号　MAYDAY

(2) 海岸局、海岸地球局又は救助調整本部による受信及び受信証

(a) 遭難警報又は遭難呼出しを受信した海岸局及び適切な海岸地球局は、これらを、できる限り速やかに、救助調整本部に通報

することを確保しなければならない。さらに海岸局が、又は救助調整本部が海岸局若しくは適当な海岸地球局を経由して、できる限り速やかに遭難警報又は遭難呼出しの受信証を与えるべきである。また、船舶向けに放送形式の警報で行う受信方法の必要がある場合又は遭難事故の状況が更なる救助を必要とする場合には、陸上から船舶向けの遭難警報の中継又は遭難呼出しの中継（第32.14号及び第32.15号参照）を行わなければならない。(32.26)

(b)　遭難警報に受信証を送るためにDSCを使用する海岸局は、遭難警報を受信した遭難呼出周波数で受信証を送信しなければならない、また、この受信証は、すべての船舶にあてるものとする。受信証には、その遭難警報に対して受信証が与えられる船舶の識別を含めなければならない。(32.27)

(3)　船舶局又は船舶地球局による受信及び受信証

(a)　遭難警報又は遭難呼出しを受信した船舶局又は船舶地球局は、できる限り速やかに、船舶の指揮者又は責任者にその遭難警報の内容を通報しなければならない。(32.28)

(b)　1以上の海岸局と確実な通信が可能である海域においては、他の船舶からの遭難警報又は遭難呼出しを受信する船舶局は、海岸局が第一に受信に対して受信証を送ることができるように、短い時間受信証の送信を遅らせるものとする。(32.29)

(c)　156.8MHz（VHFチャネル16）の周波数の無線電話によって発出された遭難呼出しを受信した船舶局は、もし5分経過しても海岸局又は他の船舶によりその呼出しに受信証が与えられない場合には、遭難船舶に対し受信証を送信しなければならず、また、その遭難呼出しを適切な海岸局又は海岸地球局へ中継するために利用可能な全ての手段を使用しなければならない。(第32.16号から第32.19F号までを参照)(32.29A)

(d) 海岸局と確実な通信を行うことができない海域において運用する船舶局であって、その局が疑いもなくその付近にある船舶局からの遭難警報又は遭難呼出しを受信する船舶局は、できる限り速やかに、かつ、適切な設備を有する場合には、遭難船舶に受信証を送信し、かつ、海岸局又は海岸地球局を経由して救助調整本部に通報しなければならない。(第32.16号から第32.19H号までを参照)(32.30)

(e) もっとも、応答に際し、不必要な送信又は混信を生じさせる送信を避けるため、遭難現場からかなりの遠距離にある可能性のある船舶局が、ＨＦの遭難警報を受信したときは、これに受信証を与えてはならず、かつ、第32.36号から第32.38号までの規定を遵守しなければならない。さらに、海岸局が５分以内に遭難警報に対して受信証を与えない場合には、この船舶局は適切な海岸局又は海岸地球局に対してのみ遭難警報を中継しなければならない。(第32.16号から第32.19H号までも参照)(32.31)

(f) DSCで送信される遭難警報の受信に受信証を与える船舶局は、(b)(第32.29号)又は(d)(第32.30号)に従って、次の措置をとるものとする。(32.32)

① 第一に、応答する海岸局が発出する可能性のあるいかなる指示をも考慮し、警報の送信に使用された周波数帯の遭難通信及び安全通信のための周波数で無線電話を使用して遭難警報の受信に受信証を与えること。(32.33)

② ＭＦ又はＶＨＦの遭難警報周波数で受信した遭難警報に対する無線電話による受信証が不成功に終わった場合には、適当な周波数でデジタル選択呼出しに応答し、遭難警報の受信の受信証を与えること。(32.34)

(g) もっとも船舶局は、海岸局又は救助調整本部がそのようにすることを指示しない限り、次に掲げる場合には、DSCによる受信

証のみ送信することができる。(32.34A)

① 海岸局からのDSCによる受信証が認められない場合

② 遭難船舶から又は遭難船舶に対する無線電話又は狭帯域直接印刷電信による他の通信が認められない場合

③ 少なくとも５分間経過しており、かつ、DSCによる遭難警報が反復されている場合（第32.21A.1号参照）

(h) 陸上から船舶向けの遭難警報の中継又は遭難呼出しの中継（第32.14号参照）を受信する船舶局は、指示を受けて通信を設定し、及び必要とされ、かつ、適切な支援を行うものとする。(32.35)

D　遭難通信の取扱いのための準備

(1) 遭難警報又は遭難呼出しを受信した場合には直ちに、船舶局及び海岸局は、遭難警報を受信した遭難及び安全のための呼出周波数と関連する無線電話の遭難通信及び安全通信のための周波数で聴守を設定しなければならない。(32.37)

(2) 狭帯域直接印刷電信装置を備える海岸局及び船舶局は、その遭難警報が、その後の遭難通信に狭帯域直接印刷電信を使用することを指示している場合には、遭難警報と関連する狭帯域直接印刷電信用の周波数に聴守を設定しなければならない。これらの無線局は、実行可能な場合には、さらに遭難警報と関連する無線電話の周波数で聴守を設定するものとする。(32.38)

３の３　遭難通信

A　一般通信並びに捜索及び救助の調整通信

(1) 遭難通信は、捜索及び救助の通信並びに現場通信を含む遭難船舶が要請する即時の救助に関するすべての通報から成る。遭難通信は、できる限り、第31条に定める周波数で行わなければならない。(32.40)

(2) 無線電話による遭難通信では、通信連絡を設定する場合には、呼出しには、遭難信号MAYDAYを前置しなければならない。(32.42)

(3) 直接印刷電信による遭難通信には、ITU-Rの関係勧告に適合する誤り訂正技術を使用しなければならない。すべての通報には、少なくとも、一のキャリッジ復帰、改行信号、レター・シフト信号及び遭難信号MAYDAYを前置しなければならない。(32.43)

(4) 直接印刷電信による遭難通信は、通常、遭難船舶が設定するものとし、かつ、放送（単方向誤り訂正）モードによるものとする。ＡＲＱモードを使用することが望ましいときは、これをその後、使用することができる。(32.44)

(5) 捜索及び救助活動の統制に責任を有する救助調整本部は、その事故に関する遭難通信を調整しなければならず、かつ、他の局にこれを調整することを指示することができる。(32.45)

(6) 遭難通信を調整する救助調整本部、捜索及び救助活動を調整する単位（注）又は関係の海岸局は、遭難通信を妨害する局に沈黙を命ずることができる。この指示は、場合に応じて、すべての局又は一の局のみあてに行わなければならない。いずれの場合においても、次の信号を使用しなければならない。(32.46)

(a) 無線電話では、フランス語の「silence m′aider」のように発音するSEELONCE　MAYDAYの信号（32.47)

(b) 通常、単方向誤り訂正モードを使用する狭帯域直接印刷電信では、SILENCE　MAYDAYの信号。もっとも、ＡＲＱモードを使用することが望ましいときは、これを使用することができる。(32.48)

（注） 1979年の海上における捜索及び救助に関する国際条約に従って、この単位は、現場調整者（OSC）又は海上捜索調整者（CSS）をいう。(32.46.1)

(7) 遭難通信を認めたが、これに参加していない局であって、自局が遭難していないすべての局は、通常の業務を再開できることを示す通報（第32.51号参照）を受信するまで、遭難通信が行われている周波数で送信することを禁止される。(32.49)

(8)　遭難通信を追随する一方で、その通常の業務を継続することができる移動業務の局は、遭難通信が良好に行われている場合には、(7)の規定を遵守し、かつ、遭難通信に混信を生じさせないことを条件として、その業務を継続することができる。(32.50)

(9)　遭難通信が使用している周波数における遭難通信が終了した場合には、捜索及び救助活動を統制する局は、これらの周波数で通信をするために、遭難通信が終了したことを示す通報を送信しなければならない。(32.51)

(10)　無線電話において、(9)（第32.51号）に規定する通報は、第32.6号及び第32.7号を考慮に入れて、次のものから成るものとする。(32.52)

- 遭難信号　MAYDAY
- ALL　STATIONS　の語　3回
- THIS　IS　の語
- この通報を送信する局の名称　3回
- この通報を送信する局の呼出符号又はその他の識別
- この通報を発出する時刻
- 遭難している移動局の海上移動業務識別（MMSI）（最初の警報がDSCで送信された場合）、名称及び呼出符号
- SEELONCE　FEENEEの語（フランス語の「silence fini」のように発音する）

(11)　直接印刷電信では、(9)（第32.51号）に規定する通報は、次のものから成る。(32.53)

- 遭難信号　MAYDAY
- ＣＱ　の字
- ＤＥ　の字
- この通報を送信する局の呼出符号又はその他の識別
- この通報の発出の時刻
- 遭難移動局の名称及び呼出符号

－ SILENCE FINI の語

⑿ 誤った遭難警報の取消し（32.53A）

(a) 誤った遭難警報又は遭難呼出しを送信した局は、その送信を取り消さなければならない。（32.53B）

(b) 誤ったDSC警報は、もしDSCにその機能がある場合にはDSC によって取り消さなければならない。この取消しは、ITU-R勧告M.493の最新版に従うものとする。あらゆる場合に、取消しは、第32.53E号に従い無線電話でも送信しなければならない。（32.53C）

(c) 誤った遭難呼出しは、第32.53E号に従って無線電話により取り消さなければならない。（32.53D）

(d) 誤った遭難の送信は、第32.6号及び第32.7号を考慮に入れて次に掲げる手順を使用して、遭難の送信が送られたものと同一の周波数帯の関連する遭難及び安全のための周波数によって音声で取り消さなければならない。（32.53E）

－ ALL STATIONSの語 3回

－ THIS IS の語

－ 船舶の名称 3回

－ 呼出符号又はその他の識別

－ MMSI（最初の警報がDSCで送信された場合）

－ PLEASE CANCEL MY DISTRESS ALERT OF の語の後にUTC時刻

誤った遭難に係る送信が行われたものと同一の周波数帯で聴守し、この遭難の送信に関するいかなる通信にも適宜対応すること。

B 現場通信

(1) 現場通信は、遭難移動体と救助移動体との間並びに移動体と捜索救助活動を調整する単位（注）との間の通信である。（32.55）

(2)　現場通信の統制は、捜索及び救助活動を調整する単位(注)の責任である。現場にあるすべての移動局が遭難事故に関する関連の情報を共有し得るため、単信通信を使用しなければならない。直接印刷電信を使用する場合には、単方向誤り訂正モードによらなければならない。(32.56)

(3)　無線電話による現場通信の周波数は、156.8MHz及び2182kHzが望ましい。周波数2174.5kHzは、また、単方向誤り訂正モードの狭帯域直接印刷電信を使用して船舶から船舶向けの現場通信を行うために使用することができる。(32.57)

(4)　156.8MHz及び2182kHzのほか、周波数3023kHz、4125kHz、5680kHz、123.1MHz及び156.3MHzは、船舶から航空機向けの現場通信を行うために使用することができる。(32.58)

(5)　現場通信用の周波数の選択又は指示は、捜索救助活動を調整する単位(注)の責任である。通常、いったん現場通信用の周波数が設定された場合には、参加するすべての現場の移動体は、その選択された周波数で聴覚又はテレプリンタによる無休の聴守を行う。(32.59)

(注)　1979年の海上における捜索及び救助に関する国際条約に従って、この単位は、現場調整者（OSC）又は海上捜索調整者（CSS）をいう。

C　位置決定信号及びホーミング信号

(1)　位置決定信号は、遭難移動体の発見又は遭難者の位置決定を容易にするための無線伝送である。この信号には、捜索移動体の送信するもの並びに捜索移動体を支援するために遭難移動体、生存艇、自動浮上型EPIRB、衛星EPIRB及び捜索救助用レーダートランスポンダの送信するものを含む。(32.61)

(2)　ホーミング信号は、送信局の方向を決定するために使用し得る信号を捜索移動体に提供する目的で、遭難移動体又は生存艇が送信する位置決定信号である。(32.62)

(3)　位置決定信号は、次の周波数帯で送信することができる。(32.63)

117.975 － 137 MHz
156 － 174 MHz
406 － 406.1MHz 及び
9200 － 9500 MHz

4　GMDSSにおける緊急通信及び安全通信のための運用手続（RR33条）

4の1　総則

緊急通信及び安全通信には、次のものを含む。（33.1）

(1)　航行警報、気象警報及び緊急な情報（33.2）

(2)　船舶から船舶向けの航行の安全のための通信（33.3）

(3)　船位通報通信（33.4）

(4)　捜索救助活動の支援通信（33.5）

(5)　その他の緊急通報及び安全通報（33.6）

(6)　船舶の航行、移動及び必要に関する通信並びに公の気象機関にあてる気象観測通報（33.7）

(7)　緊急通信は、遭難通信を除き、他のすべての通信に対して優先権をもたねばならない。（33.7A）

(8)　安全通信は、遭難通信及び緊急通信を除き、他のすべての通信に対して優先権をもたねばならない。（33.7B）

4の2　緊急通信

(1)　次の用語が用いられる。（33.7C）

(a)　緊急告知とは、地上無線通信で使用する周波数帯において緊急呼出フォーマット（注）を使用するデジタル選択呼出し又は宇宙局経由で中継される緊急通報フォーマットである。

(b)　緊急呼出しとは、最初に行われる音声又はテキストによる手順である。

(c)　緊急通報とは、その後に行われる音声又はテキストによる手順である。

（注）　緊急呼出し及び緊急通報のフォーマットは、関連するITU-R勧告に従うものとする。(33.7C.1)

(2)　地上のシステムにおいては、緊急通信は、デジタル選択呼出しを使用して送信される告知とそれに続く無線電話、狭帯域直接印刷電信又はデータによって送信される緊急呼出し及び緊急通報から成る。緊急通報の告知は、デジタル選択呼出し及びその緊急呼出フォーマット又は、これらが利用できない場合には、無線電話の手順及び緊急信号のいずれかを用いて、２の（２の１）総則に定める１以上の遭難及び安全の呼出周波数で行われなければならない。デジタル選択呼出しを用いる告知は、ITU-R勧告M.493及び ITU-R勧告M.541の最新版に定める技術的な構成及び内容を使用するものとする。緊急通報が海上移動衛星業務を通じて送信される場合には、これと分離した告知を行う必要はない。(33.8)

(3)　デジタル選択呼出手順のための装備をしていない船舶局は、VHFの通達距離の範囲外にある他の局が告知を受信することができないおそれがあることを考慮に入れながら、周波数156.8MHz（チャネル16）で無線電話によって緊急信号を送信して緊急呼出し及び緊急通報を告知することができる。(33.8A)

(4)　海上移動業務においては、緊急通信は、すべての局に、又は特定の局のいずれかにあてることができる。デジタル選択呼出技術を使用する場合には、緊急の告知には、引き続いて送信する緊急通報を送るためにどの周波数を使用するかを示さなければならない。また、その通報がすべての局にあてるものである場合には、設定している「すべての船舶」フォーマットを使用しなければならない。(33.8B)

(5)　海岸局からの緊急の告知は、船舶のグループ又は一定の地理的区域内にある船舶にもあてることができる。(33.8C)

(6)　緊急呼出し及び緊急通報は、２の（２の１）総則に定める１以上の

遭難通信及び安全通信のための周波数で送信しなければならない。(33.9)

(7) もっとも、海上移動業務においては、緊急通報は、次に掲げるいずれかの場合には、通信周波数で送信しなければならない。(33.9A)

(a) 長文の通報又は医事呼出しの場合

(b) 通信混雑の地域において、通報を反復する場合

これを実施することに係る指示は、緊急の告知又は緊急呼出しの際にこれに含めなければならない。

(8) 海上移動衛星業務においては、緊急通報を送信する前に、緊急通報と分離した緊急告知又は緊急呼出しは、行う必要がない。もっとも、利用可能な場合には、その通報を送信するために、設定している適切なネットワークの優先アクセスを使用するものとする。(33.9B)

(9) 緊急信号は、ＰＡＮ　ＰＡＮの語から成る。無線電話では、この集合の各語は、フランス語の「panne」のように発音しなければならない。(33.10)

(10) 緊急呼出フォーマット及び緊急信号は、呼出局が移動体又は人の安全に関して送信すべき非常に緊急な通報を有していることを示す。(33.11)

(11) 医療助言に関する通信は、緊急信号を前置することができる。医療助言を求める移動局は、海岸局及び特別業務の局の局名録に掲載されるいかなる陸上局を通じてもその医療助言を得ることができる。(33.11A)

(12) 捜索及び救助活動を支援する緊急通信は、緊急信号を前置する必要はない。(33.11B)

(13) 緊急呼出しは、第32.6号及び第32.7号を考慮に入れ、次に掲げる事項から成るものとする。(33.12)

－ 緊急信号　PAN　PAN　　3回

－　呼出しの対象とする局の名称又は「all stations」　3回

－　THIS　IS　の語

－　緊急通報を送信する局の名称　3回

－　呼出符号又はその他の識別

－　MMSI（最初の告知がDSCで送信された場合）

これに続いて緊急通報又は、通信チャネルを使用する場合には、この通報を送信するために使用するチャネルの詳細を送信する。

無線電話においては、選択された通信チャネルで、緊急呼出し及び緊急通報は、第32.6号及び第32.7号を考慮に入れて、次に掲げる事項から成る。

－　緊急信号　PAN　PAN　3回

－　呼出しの対象とする局の名称又は「all　stations」　3回

－　THIS　IS　の語

－　緊急通報を送信する局の名称　3回

－　呼出符号又はその他の識別

－　MMSI（最初の告知がDSCで送信された場合）

－　緊急通報の本文

⑭　狭帯域直接印刷電信では、緊急通報は、緊急信号（第33.10号参照）及び送信局の識別表示を前置しなければならない。（33.13）

⒂(a)　緊急呼出フォーマット又は緊急信号は、移動局又は移動地球局を搭載している船舶、航空機又はその他の移動体の責任者の権限に基づいてのみ送信しなければならない。（33.14）

(b)　緊急呼出フォーマット又は緊急信号は、責任を有する機関の承認に基づいて陸上局又は海岸地球局が送信することができる。（33.15）

(c)　すべての船舶局にあてる緊急告知又は緊急呼出しを受信した局は、受信証を与えてはならない。（33.15A）

(d) 緊急告知又は緊急通報の呼出しを受信した船舶局は、少なくとも５分間、緊急通報のために示された周波数又はチャネルで聴守しなければならない。５分間の聴守時間が経過しても、緊急通報を受信しなかった場合には、可能な場合には、受信しなかった通報について船舶局は海岸局に通知するものとする。その後、通常の通信を再開することができる。(33.15B)

(e) 緊急信号又はこれに続く緊急通報の送信に使用する周波数以外の周波数で通信中である海岸局及び船舶局は、緊急通報がその海岸局及び船舶局あてのものでなく、またすべての局向けの放送形式でないことを条件として、中断することなく通常の通信を継続することができる。(33.15C)

(16) 緊急告知又は緊急呼出し及び緊急通報が２以上の局にあてて送信され、かつ、もはや、何らの措置も必要がない場合には、その送信について責任を有する局が、緊急の取消しを送信するものとする。(33.16)

緊急の取消しは、第32.6号及び第32.7号を考慮に入れて、次に掲げる事項から成るものとする。

- 緊急信号　PAN　PAN　３回
- ALL　STATIONSの語　３回
- THIS　IS　の語
- 緊急通報を送信する局の名称　３回
- 呼出符号又はその他の識別
- MMSI（最初の告知がDSCで送信された場合）
- PLEASE　CANCEL　URGENCY　MESSAGE　OF　の語の後に UTC時刻

(17) ITU-Rの関係勧告に適合する誤り訂正技術は、直接印刷電信による緊急通報に使用しなければならない。すべての通報は、少なくとも、一のキャリッジ復帰、改行信号、レター・シフト信号及び緊

急信号ＰＡＮ　ＰＡＮを前置しなければならない。(33.17)

⒅　直接印刷電信による緊急通信は、通常、放送（単方向の誤り訂正）モードで設定するものとする。ＡＲＱモードを使用することが望ましいときは、これをその後使用することができる。(33.18)

４の３　安全通信

(1)　次の用語が用いられる。(33.30A)

(a)　安全告知とは、地上無線通信に使用する周波数帯で安全呼出フォーマットを使用して行うデジタル選択呼出し又は宇宙局を経由して中継される場合には安全通報フォーマットである。

(b)　安全呼出しとは、最初の音声又は文字による手順である。

(c)　安全通報とは、その後に行われる音声又は文字による手順である。

(2)　地上系システムにおいては、安全通信は、デジタル選択呼出しを使用して送信する安全告知並びにこれに続いて行われる無線電話、狭帯域直接印刷電信又はデータを使用して送信する安全呼出し及び安全通報から成る。安全通報の告知は、デジタル選択呼出技術及び安全呼出フォーマット又は無線電話の手順及び安全信号のいずれかを使用して、２の（２の１）総則に定める遭難及び安全呼出周波数の１以上の周波数で行わなければならない。(33.31)

(3)　もっとも、デジタル選択呼出技術を使用するために定められた遭難及び安全のための周波数の不要な負荷を避けるために、

(a)　海岸局が事前に定められた時間表に従って送信する安全通報は、デジタル選択呼出技術による告知は行わないものとする。

(b)　付近を航行中の船舶にのみ関係する安全通報は、無線電話の手順で告知するものとする。(33.31A)

(4)　さらに、デジタル選択呼出手順を有しない船舶局は、無線電話で安全呼出しを送信して安全通報の告知を行うことができる。この場合において告知は、VHFの通達距離の範囲外にある他の

局がその告知を受信することができないおそれがあることを考慮に入れて、周波数156.8MHz（VHFチャネル16）を使用して行わねばならない。（33.31B）

⑸　海上移動業務においては、安全通報は、一般的には、すべての局にあてられなければならない。もっとも、場合によっては、特定の局にあてることができる。デジタル選択呼出技術を使用する場合には、安全告知は、その後に通報を送信するために使用する予定の周波数を示さなければならず、及び、通報がすべての局向けである場合には、設定している「All Ships」フォーマットを使用しなければならない。（33.31C）

⑹　海上移動業務において、安全通報は、実行可能な場合には、安全告知又は安全呼出しに使用する周波数帯と同じ周波数帯の通信周波数で送信しなければならない。これに関する適切な指示は、安全呼出しの最後に行われなければならない。他に実行可能な手段がない場合には、安全通報は、周波数156.8MHz（VHFチャネル16）で送信することができる。（33.32）

⑺　海上移動衛星業務においては、安全通報を送信する前に、これと分離した安全告知又は安全呼出しを行う必要はない。もっとも、可能な場合には、通報を送信するために設定している適切なネットワーク優先アクセスを使用するものとする。（33.32A）

⑻　安全信号は、SECURITEの語から成る。無線電話では、この語は、フランス語のように発音しなければならない。（33.33）

⑼　安全呼出フォーマット又は安全信号は、呼出局が送信すべき重要な航行警報又は気象警報を有していることを示す。（33.34）

⑽　サイクロンの出現に関する情報を含む船舶局からの通報は、最小限の遅延で、付近にある他の移動局に対し送信しなければならず、及び適切な当局に対し、海岸局を通じて又は海岸局若しくは適切な海岸地球局経由で救助調整本部を通じて送信しなければな

らない。これらの送信には、安全告知又は安全呼出しを前置しなければならない。(33.34A)

⑾ 危険な氷、危険な漂流物又は海上航行に対するその他の急迫した危険の出現に関する情報を含む船舶局からの通報は、できる限り速やかに、付近にある他の船舶に対し送信し、及び適切な当局に対し海岸局を通じて又は海岸局若しくは適切な海岸地球局経由で救助調整本部を通じて送信しなければならない。これらの送信には、安全告知又は安全呼出しを前置しなければならない。(33.34B)

⑿ 完全な安全呼出しは、第32.6号及び第32.7号を考慮に入れて、次に掲げるものから成るものとする。(33.35)

- 安全信号　SECURITE　3回
- 呼出しの対象とする局の名称又は「all stations」　3回
- THIS　IS　の語
- 安全通報を送信する局の名称　3回
- 呼出符号又はその他の識別
- MMSI（最初の告知がDSCで送信された場合）

これに続いて安全通報又は、通信チャネルを使用する場合には、この安全通報を送信するために使用するチャネルの詳細を送信する。

無線電話においては、選択された通信チャネルで、安全呼出し及び安全通報は、第32.6号及び第32.7号を考慮に入れて、次に掲げる事項から成るものとする。

- 安全信号　SECURITE　3回
- 呼出しの対象とする局の名称又は「all　stations」　3回
- THIS　IS　の語
- 安全通報を送信する局の名称　3回
- 呼出符号又はその他の識別
- MMSI（最初の告知がDSCで送信された場合）

－　安全通報の本文

⒀　狭帯域直接印刷電信では、安全通報は、安全信号（第33.33号参照）及び送信局の識別表示を前置しなければならない。(33.36)

⒁　関連のITU-R勧告に適合する誤り訂正技術は、直接印刷電信による安全通報に使用しなければならない。すべての通報は、少なくとも、一のキャリッジ復帰、改行信号、レター・シフト信号及び安全信号ＳＥＣＵＲＩＴＥを前置しなければならない。(33.37)

⒂　直接印刷電信による安全通信は、通常、放送（単方向誤り訂正）モードで設定するものとする。ARQモードを使用することが望ましいときは、これをその後、使用することができる。(33.38)

⒃　デジタル選択呼出技術を使用する及び「すべての船舶」向けフォーマット設定を使用する安全告知又はその他すべての局にあてた安全告知を受信した船舶局は、受信証を送信してはならない。(33.38A)

⒄　安全告知又は安全呼出し及び安全通報を受信する船舶局は、その通報のために示された周波数又はチャネルを聴守しなければならず、その通報が当該船舶局に関係がないことを確認するまで聴守しなければならない。当該船舶局は、通報に混信を与えるようないかなる送信も行ってはならない。(33.38B)

４の４　海上安全情報の送信

（注）　海上安全情報は、海岸局又は海岸地球局から送信される航行警報、気象警報、気象予報その他安全に関する緊急な通報を含む。(33.V.1)

Ａ　通則

次のB、Cの⑴、⑵及びDに掲げる送信のモード及びフォーマットは、ITU - Rの関係勧告に適合するものでなければならない。(33.41)

Ｂ　国際ＮＡＶＴＥＸシステム

海上安全情報は、国際NAVTEXシステムに従って、周波数518kHzを使用して単方向誤り訂正の狭帯域直接印刷電信によって

送信しなければならない。（付録第15号参照）（33.43）

C　490kHz及び4209.5kHz

⑴　周波数490kHzは、単方向誤り訂正の狭帯域直接印刷電信による海上安全情報を送信するために使用することができる。（付録第15号参照）（33.45）

⑵　周波数4209.5kHzは、単方向誤り訂正の狭帯域直接印刷電信によるNAVTEX形式の送信のためにのみ使用する。（33.46）

D　遠洋海上安全情報

海上安全情報は、周波数4210kHz、6314kHz、8416.5kHz、12579kHz、16806.5kHz、19680.5kHz、22376kHz及び26100.5kHzを使用して、単方向誤り訂正の狭帯域直接印刷電信によって送信する。（33.48）

E　衛星経由の海上安全情報

海上安全情報は、1530－1545MHzの周波数帯を使用する海上移動衛星業務において衛星を経由して送信することができる。（付録第15号参照）（33.50）

4の5　船舶相互間の航行安全通信

⑴　船舶相互間の航行安全通信は、船舶の安全な移動に役立てる目的で船舶相互間において行うＶＨＦの無線電話通信をいう。（33.51）

⑵　周波数156.650MHzは、船舶相互間の航行安全通信に使用する。

（付録第15号及び付録第18号k参照）（33.52）

4の6　安全のためのその他の周波数の使用

船舶通報の通信、船舶の航行、移動及び必要品に関する通信並びに気象観測通報に関する安全目的の無線通信は、いかなる適切な通信周波数（公衆通信に使用する周波数を含む。）でも行うことができる。地上システムにおいては、415－535kHz（第52条参照）、1606.5－4000kHz（第52条参照）、4000－27500kHz（付録第17号参照）及び156－174MHz（付録第18号参照）の周波数帯は、この機能のために使用される。海上移動衛星業務においては、1530－1544MHz及び1626.5－1645.5MHzの周波数帯の周波数は、この機能のため及び遭

難警報の目的のために使用される。(第32.2号参照)(33.53)

5　GMDSSにおける警報信号 (RR34条)

5の1　非常用位置指示無線標識 (EPIRB) 及び衛星EPIRBの信号

406－406.1MHzの周波数帯の非常用位置指示無線標識の信号は、ITU-R勧告M.633-4に適合するものでなければならない。(34.1)

5の2　デジタル選択呼出し

デジタル選択呼出システムの「遭難呼出し」(第32.9号参照) の特性は、最新版のITU－R勧告M.493に適合するものとする。(34.2)

10－2－10　海上業務 (RR 9章)

1　指揮者の権限 (RR46条)

(1)　船舶局の業務は、その局を有する船舶又は他の移動体の指揮者又は責任者の最上権の下に置く。(46.1)

(2)　この権限を有する者は、各通信士がこの規則を遵守すること及び通信士の責任の下に置かれた船舶局が常にこの規則に従って使用されることを要求しなければならない。(46.2)

(3)　指揮者又は責任者は、無線電報の文若しくは単にその存在又は無線通信業務によって得られる何らかの情報を知り得るすべての者と同様に、通信の秘密を遵守し、これを確保する義務を負う。(46.3)

(4)　(1)から(3)までの規定は、船舶地球局の職員にも適用しなければならない。(46.4)

2　通信士の証明書 (RR47条)

2の1　総則

(1)　すべての船舶無線電話局、船舶地球局及び第7章 (10－2－9) に定めるGMDSSのための周波数及び技術を使用する船舶局の業務は、局の属する政府が発給し、又は承認した証明書を有する通信士が管理しなければならない。局がこのように管理されるときは、証明書を有する者以外の者も、その機器を使用することができる。(47.2)

(2)　もっとも、専ら30MHzを超える周波数で運用する無線電話局の業務については、各政府は、証明書が必要であるかどうかを各自決定しなければならず、必要なときは、その取得の条件を定めなければならない。(47.4)

(3)　もっとも、(2)の規定は、国際的使用のために割り当てられた周波数で運用する船舶局には適用してはならない。(47.5)

(4)　主管庁は、通信士を第18.4号に規定する通信の秘密を守る義務を負わせるために必要な措置を執らなければならない。(47.17)

2の2　無線通信士証明書の種類

2の2の1　GMDSS（SOLAS条約）証明書

(1)　第7章に定める周波数及び技術を使用する船舶局及び船舶地球局の職員については、以下の４種類の証明書（要件の上位から下位への順序で示される。）がある。上位の証明書の要件に合致する通信士は、下位の証明書のすべての要件に自動的に合致する。(47.19)

(a)　第一級無線電子証明書 (47.20)

(b)　第二級無線電子証明書 (47.21)

(c)　一般無線通信士証明書 (47.22)

(d)　制限無線通信士証明書 (47.23)

(2)　(a)から(d)までに定める証明書の一つを有する者は、第７章に定める周波数及び技術を使用する船舶局又は船舶地球局の業務を行うことができる。(47.24)

2の2の2　GMDSS（非SOLAS条約）証明書

要件の上位から下位への順序で示す２種類の証明書がある。一の証明書の要件に合致する通信士は、下位の順位の証明書のすべての要件に自動的に合致する。(47.24A)

(a)　遠距離（海域）証明書（Long-range certificate）(47.24B)

(b)　近距離（海域）証明書（Short-range certificate）(47.24C)

2の2の3　その他の海上無線通信士の証明書

(1)　6種類の証明書がある。(a)から(f)に規定する海上無線通信士の証明書は、発給の目的のために継続して使用することができる。(47.25)

(2)　以下に掲げる海上無線通信士証明書は、なお有効である。(47.26)

(a)　無線通信士一般証明書（47.26A）

(b)　第一級無線電信通信士証明書（47.26B）

(c)　第二級無線電信通信士証明書（47.26C）

(d)　無線電信通信士特別証明書（47.26D）

(e)　無線電話通信士一般証明書（47.26E）

(f)　制限無線電話通信士証明書（47.26F）

【参考】

無線通信規則の無線通信士証明書に相当する国内資格は、次のとおりである。

1　GMDSS（SOLAS条約）証明書関係

第一級無線電子証明書	第一級総合無線通信士及び 第一級海上無線通信士
第二級無線電子証明書	第二級海上無線通信士
一般無線通信士証明書	第三級海上無線通信士
制限無線通信士証明書	第二級総合無線通信士及び 第一級海上特殊無線技士

2　その他の海上無線通信士証明書関係

無線通信士一般証明書 第一級無線電信通信士証明書	第一級総合無線通信士
第二級無線電信通信士証明書	第二級総合無線通信士
無線電信通信士特別証明書	第三級総合無線通信士
無線電話通信士一般証明書	第三級総合無線通信士及び 第四級海上無線通信士

3　職員（RR48条）

(1)　主管庁は、船舶局及び船舶地球局の職員が局の有効な運用を行うに適する十分な資格を有することを確保しなければならず、関係の国際協定に従って遭難通信及び安全通信のための機器の操作上の能力及び保守を確保するよう措置を執らなければならない。(48.2)

(2)　遭難通信の場合に専門の通信士の任務を遂行できる十分な資格の職員がいなければならない。(48.3)

(3)　国際協定によって無線設備が強制される船舶局及び船舶地球局であって、第7章に定める周波数及び技術を使用するものの職員は、第47条の規定からみて次の者を包含していなければならない。(48.4)

(4)　1974年の海上における人命の安全のための国際条約（SOLAS）（改正を含む。）による規定を考慮し、VHFの海岸局の通信範囲を超えて航行する船舶上の局については、第一級無線電子証明書若しくは第二級無線電子証明書又は一般無線通信士証明書を有する者(48.5)

(5)　1974年の海上における人命の安全のための国際条約（SOLAS）（改正を含む。）による規定を考慮し、VHFの海岸局の通信範囲内のみ航行する船舶上の局については、第一級無線電子証明書若しくは第二級無線電子証明書又は一般無線通信士証明書若しくは制限無線通信士証明書を有する者（48.6）

(6)　国際協定又は国内規則によって無線設備が強制されていない船舶局及び船舶地球局であって、第7章に定める周波数及び技術を使用するものの職員は、主管庁の要件に従う十分な資格を有し、及び証明を受けていなければならない。適切な資格及び証明の指標は決議第343（WRC-97）に規定されている。同決議には、無線設備が強制されていない船舶局及び船舶地球局の職員に適する二つの証明書が記載されている。(48.7)

4　局の検査（RR49条）

(1)　船舶局又は船舶地球局が寄航する国の政府又は権限のある主管庁は、検査のため、許可書の提示を要求することができる。局の通信士又は責任者は、この検査が容易となるようにしなければならない。許可書は、要求に際して提示することができるように保留していなければならない。許可書又は、これを発給した当局の証明が付され

た副本を、できる限り、常に局内に提示しておくものとする。(49.1)

(2) 検査職員は、権限のある当局が交付した証票又は記章を所持しなければならず、船舶局若しくは船舶地球局を有する船舶、その他移動体の指導者又は責任者の請求があるときは、これを提示しなければならない。(49.2)

(3) 許可書が提示されないとき又は明白な違反が認められるときは、政府又は主管庁は、無線設備がこの規則によって課される条件に適合していることを自ら確認するため、その設備を検査することができる。(49.3)

(4) さらに、検査職員は、通信士の証明書の提示を請求する権限を有する。ただし、職務上の知識の証明を要求することはできない。(49.4)

(5) 政府若しくは主管庁が(3)に規定する措置を執ることを必要と認める場合又は通信士の証明書を提示することができない場合には、船舶局又は船舶地球局が属する政府若しくは主管庁に対し、遅滞なくその旨を通知しなければならない。さらに、必要な場合には、10－2－5（混信）に定める手続に従う。(49.5)

(6) 検査職員は、退去する前に、船舶局若しくは船舶地球局を有する船舶、その他移動体の指揮者又は責任者に検査の結果を通告しなければならない。無線通信規則によって課される条件に違反することが認められた場合には、検査職員は、その通告を文書で行わなければならない。(49.6)

(7) 構成国は、臨時にその領水内にあり、又は臨時にその領域内にとどまる外国の船舶局又は船舶地球局に対して、この規則に規定する技術上及び運用上の条件よりも厳しい条件を課さないことを約束する。この約束は、海上航行に関する国際協定に基づき作成され、及びそれ故無線通信規則には含まれない取決めに対しては何ら影響を及ぼさない。(49.7)

(8) 船舶局が発射する周波数は、その局が属する検査機関が調べなければならない。(49.8)

〔補足〕

本条は、船舶局又は船舶地球局の検査について規定しているが、検査は船舶が立ち寄る国の権限のある当局の検査職員により行われる。検査の際は、許可書及び通信士の証明書の提示が求められるが、許可書を提示しない場合又は無線設備が許可書の内容と明白に相違している場合には無線設備の検査を受けることになる。通信士の証明書が提示されないとき又は検査の結果によっては、船舶局の所属する国に対し違反の通告が行われることがある。

5　局の執務時間 (RR50条)

(1) 聴守時間に関する次の規定の適用を可能とするため、海上移動業務及び海上移動衛星業務の各局は、協定世界時（UTC）に正しく調整した正確な時計を備え付けていなければならない。(50.1)

(2) 夜半の0000時から2359時までとする協定世界時（UTC）は、国際協定に従って無線通信機器を義務的に設備する船舶の無線通信業務日誌及びこの種のすべての同様な書類への記載について使用しなければならない。この規定は、他の船舶に対してもできる限り適用する。(50.2)

(3) 海岸局及び海岸地球局の執務は、できる限り、昼夜常時とする。もっとも、一部の海岸局は、執務を限られた時間とすることができる。各主管庁又は海岸局の執務時間を定めることを正当に許可された認められた私企業は、その管轄下の海岸局の執務時間を定める。(50.3)

(4) これらの執務時間は、無線通信局に通告しなければならず、無線通信局は海岸局及び特別業務の局の局名録（第Ⅳ表）において公表しなければならない。(50.4)

(5) 執務時間が常時でない海岸局は、遭難呼出し、緊急信号又は安全信号に起因するすべての通信が終了するまで閉局してはならない。(50.5)

6　海上業務で遵守する条件（RR51条）

6の1　海上移動業務

6の1の1　通則

(1)　受信機から輻射するエネルギーは、最小限の実質値にまで低減しなければならず、また、他局に有害な混信を生じさせてはならない。(51.2)

(2)　主管庁は、船舶局に設備する電気機器又は電子機器の操作が無線通信規則の規定に従って運用している局の本来の無線業務に有害な混信を生じさせないようにするために必要となる実行可能なすべての措置を執らなければならない。(51.3)

(3)　船舶局の送信装置及び受信装置の周波数の変更は、できる限り迅速に行うことができるものでなければならない。(51.4)

(4)　船舶局の設備は、通信連絡が設定された後は、送信から受信へ、また、受信から送信へ、できる限り短時間に切り替えることができるものでなければならない。(51.5)

(5)　海上で船舶局が放送業務を運用することは、禁止する。(51.5A)

(6)　救命浮機局以外の船舶局及び船舶地球局は、付録第16号の該当の節に列挙する書類を備え付けなければならない。(51.6)

(7)　船舶局の送信機がそれ自体その周波数を付録第2号に掲げる許容偏差を満たすように制御することができないときは、船舶局は、発射の周波数を測定するため少なくともその許容偏差の2分の1に等しい精度を有する装置を備え付けなければならない。(51.7)

6の1の2　デジタル選択呼出しを使用する船舶局

(1)　デジタル選択呼出装置の特性は、最新版のITU-R勧告M.493に適合するものとする。(51.25)

(2)　415kHz － 535kHzの間の許可された周波数帯において通信を行うためにデジタル選択呼出機器を設備するすべての船舶局は、その業務に必要な少なくとも二つのデジタル選択呼出チャネルにお

いて種別F１B又はJ２Bの発射を送り、及び受けることができるものでなければならない。(51.27)

(3)　1606.5kHz － 4000kHzの間の許可された周波数帯において通信を行うためにデジタル選択呼出機器を設備するすべての船舶局は、次のことができるものでなければならない。(51.29)

(a)　周波数2187.5kHzにおいて種別F１B又はJ２Bの発射を送信し及び受信すること。(51.30)

(b)　さらに、その業務を行うために必要なこの周波数帯内での他のデジタル選択呼出周波数での種別F１B又はJ２Bの発射を送信し及び受信すること。(51.31)

(4)　4000kHz － 27500kHzの間の許可された周波数帯において通信を行うためにデジタル選択呼出機器を設備するすべての船舶局は、次のことができるものでなければならない。(51.33)

(a)　局が運用している各海上HF周波数帯において、デジタル選択呼出しのために指定された周波数で種別F１B又はJ２Bの発射を送信し及び受信すること。(51.34)

(b)　その業務に必要な各HF海上移動周波数帯において、国際呼出チャネル（ITU-R勧告M.541-10で特定される）で種別F１B又はJ２Bの発射を送信し及び受信すること。(51.35)

(c)　その業務に必要な各HF海上移動周波数帯の他のデジタル選択呼出チャネルで種別F１B又はJ２Bの発射を送信し及び受信すること。(51.36)

(5)　156MHz － 174MHzの間の許可された周波数帯において通信を行うためにデジタル選択呼出機器を設備するすべての船舶局は、周波数156.525MHzにおいて種別G２Bの発射を送り、及び受けることができるものでなければならない。(51.38)

６の１の３　狭帯域直接印刷電信を使用する船舶局

(1)　狭帯域直接印刷電信を使用するすべての船舶局は、その局が運用している周波数帯において、狭帯域直接印刷電信による遭難通信のために指定された周波数で送り、及び受けることができるものでなければならない。(51.40)

(2) 狭帯域直接印刷電信装置の特性は、ITU-R勧告M.476-5及びM.625-4に適合するものでなければならない。その特性は、最新版のITU-R勧告M.627にも適合するものとする。(51.41)

(3) 415kHz － 535kHzの間の許可された周波数帯において通信を行うために狭帯域直接印刷電信機器を設備するすべての船舶局は次のことができるものでなければならない。(51.43)

(a) その業務を行うために必要な通信周波数において種別F１B又はJ２Bの発射を送信し及び受信すること。(51.44)

(b) 第７章の規定に適合する場合には、518kHzで種別F１Bの発射を受信すること。(51.45)

(4) 1606.5kHz － 4000kHzの間の許可された周波数帯において通信を行うため狭帯域直接印刷電信機器を設備するすべての船舶局は、その業務の遂行に必要な通信周波数において、種別F１B又はJ２Bの発射を送り及び受けることができるものでなければならない。(51.47)

(5) 4000kHz － 27500kHzの間の許可された周波数帯において通信を行うために狭帯域直接印刷電信機器を設備するすべての船舶局は、その業務を行うために必要な各HF海上移動周波数帯内の通信周波数で種別F１B又はJ２Bの発射を送り及び受けることができるものでなければならない。(51.49)

６の１の４　無線電話を使用する船舶局

(1) 1606.5kHz － 2850kHzの間の許可された周波数帯において通信を行うために無線電話機器を設置するすべての船舶局は、次のことができるものでなければならない。(51.52)

(a) 第51.56号に掲げる機器を除き、搬送周波数2182kHzにおいて

種別J３Eの発射を送り、搬送周波数2182kHzにおいて種別J３Eの発射を受けること。(51.53)

(b) さらに、少なくとも二つの通信周波数において種別J３Eの発射を送信すること。(51.54)

(c) さらに、その業務に必要なすべての周波数において種別J３Eの発射を受信すること。(51.55)

(d) 第51.54号及び第51.55号の規定は、遭難、緊急及び安全の目的のためにのみ備える機器には適用しない。(51.56)

(2) 4000kHz－27500kHzの間の許可された周波数帯において、通信を行うために無線電話を設置し、かつ、第７章の規定には適合しないすべての船舶局は、搬送周波数4125kHz及び6215kHzで送信及び受信できるものとする。もっとも、第７章の規定に適合するすべての船舶局では、その局が運用する周波数帯において無線電話による遭難通信及び安全通信のために第31条において指定された搬送周波数で送信し、及び受信することができるものでなければならない。(51.58)

(3) 156MHz－174MHzの間の許可された周波数帯（第5.226号及び付録第18号参照）において通信を行うために無線電話を設備するすべての船舶局は、次の周波数で種別G３Eの発射を送り、及び受けることができるものでなければならない。(51.60)

(a) 遭難周波数、安全周波数及び呼出周波数156.8MHz（51.61）

(b) 船舶相互間一次周波数156.3MHz（51.62）

(c) 船舶相互間の航行安全周波数156.65MHz（51.63）

(d) その業務に必要なすべての周波数（51.64）

６の２　海上移動衛星業務

(1) 受信機から輻射するエネルギーは、最小限の実質値にまで低減しなければならず、また、他局に有害な混信を生じさせてはならない。(51.65)

⑵　主管庁は、船舶地球局に設備する電気機器又は電子機器の操作がこの規則に従って運用している局の本来の無線業務に有害な混信を生じさせないようにするために必要となる実行可能なすべての措置を執らなければならない。(51.66)

7　通信の優先順位（RR53条）

⑴　海上移動業務及び海上移動衛星業務のすべての局は、次の順序で４段階の優先順位を提供することができるものでなければならない。(53.1)

ア　遭難呼出し、遭難通報及び遭難通信

イ　緊急通信

ウ　安全通信

エ　その他の通信

⑵　完全に自動化されたシステムにおいて、４段階の優先順位すべてが提供不可能な場合、国際間の合意事項(注)として、当該システムによる完全な優先順位の順序の例外を取り去るまでの間、段階⑴のアが優先順位を与えられなければならない。(53.2)

(注) 海上における遭難及び安全の無線通信のための無線システム及び無線機器に求められる要件及び性能基準は、国際海事機関（ＩＭＯ）によって作成され、採択される。

8　選択呼出し（RR54条）

⑴　選択呼出しは、自動の局の呼出し及び遭難警報のため又は通信を構成するための情報の伝送に使用する。(54.1)

⑵　選択呼出しは、ITU-R勧告M.541-10に従わなければならず、また、最新版のITU-R勧告M.493に従うことができるデジタル選択呼出システムを使用して行われる。(54.2)

9　狭帯域直接印刷電信（RR56条）

⑴　狭帯域直接印刷電信を使用する局は、第51条及び第52条の規定に従わなければならない。(56.1)

(2)　ITU-R勧告M.492-6に定める手続は、遭難、緊急又は安全以外の場合に適用しなければならない。同場合には別個の又は非標準的な手続が使用される。(56.2)

(3)　局は伝送する前に、その発射が現に行われている伝送に混信を与えないことを確保するように注意しなければならない。このような混信を与えるおそれがある場合には、その局は、現に行われている通信の適切な中断を待たなければならない。この義務は、自動的手段による無人の操作が可能である局には適用しない。(56.3)

(4)(a)　2局間の通信については、利用し得るときは、ARQ方式を採用するものとする。(56.4)

(b)　1海岸局又は1船舶局から他の2以上の局への伝送については、利用し得るときは、単方向誤字訂正方式を使用するものとする。(56.5)

(5)　公衆通信を取り扱う各局が提供する業務は、料金に関する情報とともに、海岸局及び特別業務の局の局名録（第Ⅳ表）並びに船舶局の局名録及び海上移動業務識別割当表（第Ⅴ表）に示さなければならない。(56.6)

(6)　伝送が公衆通信の電気通信路（移動業務及び移動衛星業務の通信並びにそのフィーダリンクの電気通信路を除く。）上を経由する場合には、国際電気通信規則及び該当のITU-T勧告を考慮するものとする。(56.7)

10　無線電話（RR57条）

(1)　ITU-R勧告M.1171-0に詳述される手続は、遭難、緊急又は安全の場合を除くほか、無線電話局に適用しなければならない。(57.1)

(2)　船舶局の無線電話公衆通信業務は、可能な場合には、複信で運用するものとする。(57.2)

(3)(a)　一のチャネルで呼出しが行われていることを示す信号の発射を示す装置は、海岸局が行う業務に混信を生じさせないことを条件

として、この業務において使用することができる。(57.3)

(b) 手動で運用する無線電話業務において、連続的若しくは反復的呼出し又は識別表示のための装置の使用は、許されない。 (57.4)

(c) 局は、一の局のみと通信するときは、同時に２以上の周波数で同一の情報を伝送することができない。(57.5)

(d) 局は、呼出しの間にいかなる搬送波も発射してはならない。もっとも、自動的に運用する無線電話方式の局は、第52.179号に定める条件の下でマーキング信号を発射することができる。(57.6)

(e) 特定の表現、難解な語、業務用略語、数字等を１字ずつ区切って読む必要があるときは、付録第14号に掲げる通話表（資料25の２欧文通話表参照）を使用しなければならない。(57.7)

(4) 呼出し及び通信の準備信号は、遭難、緊急又は安全の場合を除き、搬送周波数2182kHz又は156.8MHzで行うときは、１分を超えてはならない。(57.8)

(5) 船舶局は、付近の海岸局の通信に混信を生じさせるおそれがある試験又は調整のための信号を送信する必要があるときは、その信号の送信前に、それらの局の同意を得なければならない。(57.9)

(6) 局が呼出しの前に送信機の調整をするために、又は受信機を調整するために試験信号を送信する必要があるときは、その信号は、最小限に維持し、いかなる場合においても10秒を超えてはならない。また、その信号は、試験信号を送信する局の呼出符号又は他の識別表示を含めなければならない。この呼出符号又は他の識別表示は、ゆっくり、かつ、明白に発声しなければならない。(57.10)

10－2－11　GMDSSにおける遭難及び安全通信のための周波数

（付録第15号）（RR31条参照）

GMDSSにおける遭難及び安全通信のための周波数は、30MHz未満及び30MHzを超えるものについて、各々表15.1及び表15.2のとおり。

表 15.1　30MHz 未満の周波数

周波数（kHz）	使用の態様	注
490	MSI	周波数490kHzは、海上安全情報（MSI）のためにのみ使用する（WRC-03）。
518	MSI	周波数518kHzは、国際NAVTEXシステムのためにのみ使用する。
*2174.5	NBDP - COM	
*2182	RTP - COM	周波数2182kHzは、発射の種別J３Eを使用する。第52.190号も参照。
*2187.5	DSC	
3023	AERO - SAR	航空用の搬送（基準）周波数3023kHz及び5680kHzは、付録第27号の規定に従って、共同の捜索救助活動に従事している移動局相互間の通信及びこれらの局と参加陸上局との間の通信に使用することができる（第5.111号及び第5.115号参照）。
*4125	RTP - COM	第52.221号も参照。搬送周波数4125kHzは、航空機局が、捜索及び救助を含む遭難及び安全の目的で、海上移動業務の局と通信するために使用することができる（第30.11号参照）。
*4177.5	NBDP - COM	
*4207.5	DSC	
4209.5	MSI	周波数4209.5kHz は、NAVTEX形式での送信にのみ使用する（決議第339（WRC-07、改）参照）。
4210	MSI - HF	
5680	AERO - SAR	上記3023 kHz の注を参照。
*6215	RTP - COM	第52.221号も参照。
*6268	NBDP - COM	
*6312	DSC	
6314	MSI - HF	
*8291	RTP - COM	
*8376.5	NBDP - COM	
*8414.5	DSC	
8416.5	MSI - HF	
*12290	RTP - COM	

*12520	NBDP - COM	
*12577	DSC	
12579	MSI - HF	
*16420	RTP - COM	
*16695	NBDP - COM	
*16804.5	DSC	
16806.5	MSI - HF	
19680.5	MSI - HF	
22376	MSI - HF	
26100.5	MSI - HF	

備考：

AERO-SAR　これらの航空用の搬送（基準）周波数は、共同の捜索救助活動に従事している移動局により遭難及び安全の目的のため使用することができる。

DSC　これらの周波数は、第32.5号に従いデジタル選択呼出しを使用する遭難及び安全呼出しのためにのみ使用する（第33.8号及び第33.32号参照）。

MSI　海上移動業務において、これらの周波数は、海岸局が狭帯域直接印刷電信を使用して船舶向けに海上安全情報（MSI）（気象警報、航行警報及び緊急情報を含む。）を送信するためにのみ使用する。

MSI-HF　海上移動業務において、これらの周波数は、海岸局が狭帯域直接印刷電信を使用して船舶向けに公海上のMSIを送信するためにのみ使用する。

NBDP-COM　これらの周波数は、狭帯域直接印刷電信を使用する遭難通信及び安全通信のためにのみ使用する。

RTP-COM　これらの搬送周波数は、無線電話による遭難通信及び安全通信のために使用する。

*　これらの規則に定める場合を除くほか、アスタリスク（*）で示した周波数による遭難、警報、緊急又は安全の通信に有害な混信を生じさせるおそれがあるいかなる発射も禁止する。本付録に定めるいかなる周波数による遭難通信及び安全通信に有害な混信を生じさせるいかなる発射も禁止する。

表 15.2　30MHz を超える周波数（ＶＨＦ／ＵＨＦ）（抜粋）

周波数（MHz）	使用の態様	注
*121.5	AERO-SAR	航空非常用周波数121.5MHzは、117.975MHzと137MHzとの間の周波数帯の周波数を使用する航空移動業務の局が無線電話による遭難及び緊急の目的のために使用する。この周波数は、救命浮機局がこれらの目的のためにも使用することができる。 非常用位置指示無線標識による、周波数121.5 MHzの使用は、ITU-R勧告M.690-3に適合しなければならない。 海上移動業務の移動局は、遭難及び緊急の目的のためにのみ、航空非常用周波数121.5MHzで、及び共同の捜索救助活動のために航空補助周波数123.1MHzで、いずれの周波数についても種別Ａ３Ｅの発射を使用して航空移動業務の局と通信することができる（第5.111号及び第5.200号参照）。この場合においては、これらの局は、航空移動業務を規律する関係政府間の特別取決めに従わなければならない。
123.1	AERO-SAR	航空補助周波数123.1MHzは、航空非常用周波数121.5MHzを補助するものであり、航空移動業務の局及び共同の捜索救助活動に従事するその他の移動局並びに陸上局が使用する（第5.200号参照）。 海上移動業務の移動局は、遭難及び緊急の目的のためにのみ、航空非常用周波数121.5MHzで、及び共同の捜索救助活動のために航空補助周波数123.1MHzで、いずれの周波数についても種別Ａ３Ｅの発射を使用して航空移動業務の局と通信することができる（第5.111号及び第5.200号参照）。この場合においては、これらの局は、航空移動業務を規律する関係政府間の特別取決めに従わなければならない。
156.3	VHF-CH06	周波数156.3MHzは、共同の捜索救助活動に従事している船舶局と航空機局との間の通信のために使用することができる。この周波数は、航空機局がその他の安全の目的で船舶局と通信するためにも使用することができる（付録第18号の注fも参照）。
*156.525	VHF-CH70	周波数156.525MHzは、海上移動業務において、デジタル選択呼出しを使用する遭難呼出し及び

		安全呼出しのために使用する（第4.9号、第5.227号、第30.2号及び第30.3号参照）。
156.650	VHF-CH13	周波数156.650MHzは、付録第18号の注kに従って船舶から船舶向けの航行の安全に関する通信のために使用する。
*156.8	VHF-CH16	周波数156.8MHzは、無線電話による遭難及び安全通信のために使用する。追加的に、周波数156.8 MHzは、航空機局によって安全目的のためにのみ使用することができる。
*161.975	AIS-SART VHF CH AIS 1	AIS 1 は、捜索救助活動において使用されるAIS捜索救助送信機（AIS-SART）のために使用する。
*162.025	AIS-SART VHF CH AIS 2	AIS 2 は、捜索救助活動において使用されるAIS捜索救助送信機（AIS-SART）のために使用する。
*406-406.1	406-EPIRB	この周波数帯は、地球から宇宙に向けた衛星非常用位置指示無線標識のためにのみ使用する（第5.266号参照）。
1530-1544	SAT-COM	1530-1544MHzの周波数帯は、一般の非安全目的の使用に加えて、海上移動衛星業務において宇宙から地球向けに遭難及び安全の目的のために使用する。この周波数帯では、GMDSSの遭難、緊急及び安全通信が優先権を持っている（第5.353 A号参照）。
*1544-1545	D&S-OPS	1544-1545MHzの周波数帯の使用（宇宙から地球）は、衛星非常用位置指示無線標識の発射を地球局に中継するために必要な衛星のフィーダリンク及び宇宙局から移動局への狭帯域の回線（宇宙から地球）を含む遭難及び安全に関する運用（第5.356号参照）に限る。
1621.35-1626.5	SAT-COM	1621.35-1626.5MHzの周波数帯は、一般の非安全目的の使用に加えて、海上移動衛星業務において地球から宇宙向け及び宇宙から地球向けにに遭難及び安全の目的のために使用する。この周波数帯では、GMDSSの遭難、緊急及び安全通信が同じ衛星システム内の非安全通信に対して優先権を持っている（WRC-19）。
1626.5-1645.5	SAT-COM	1626.5-1645.5MHzの周波数帯は、一般の非安全目的の使用に加えて、海上移動衛星業務において地球から宇宙向けに遭難及び安全の目的のために使用する。この周波数帯では、GMDSSの

		遭難、緊急及び安全通信が優先権を持っている（第5.353 A号参照）。
*1645.5-1646.5	D&S-OPS	1645.5-1646.5MHz帯（地球から宇宙）の使用は、遭難及び安全活動に限られる（第5.375号参照）。
9200-9500	SARTS	この周波数帯は、捜索及び救助を円滑に行うためのレーダートランスポンダに使用する。

備考：

AERO-SAR　これらの航空用の搬送波（基準）周波数は、共同の捜索救助活動に従事している移動局により遭難及び安全の目的のため使用する。

D&S-OPS　これらの周波数帯の使用は、衛星非常用位置指示無線標識（EPIRBs）の遭難及び安全に関する運用に限られる。

SAT-COM　これらの周波数帯は、海上移動衛星業務において、遭難及び安全の目的に利用できる（注参照）。

VHF-CH#　これらのVHF周波数は、遭難及び安全の目的のために使用される。チャネル番号(CH#)は、付録第18号に掲げるVHFチャネルに対応しており、この記述も考慮に入れるものとする。

AIS　これらの周波数帯は、ITU-R勧告M.1371の最新版に従って運用する船舶自動識別装置（AIS）によって使用される。

*　これらの規則に定める場合を除くほか、アスタリスク（*）で示した周波数による遭難、警報、緊急又は安全の通信に有害な混信を生じさせるおそれがあるいかなる発射も禁止する。本付録に定めるいかなる周波数による遭難及び安全通信に有害な混信を生じさせるいかなる発射も禁止する。

10－2－12　船舶上の局に備えなければならない書類（付録第16号）

（RR42条、51条（10-2-10の6）参照）

第1節　国際協定によって、海上における遭難及び安全に関する世界的な制度（GMDSS）に沿った設置が求められる船舶局

これらの局は、次の書類を備え付けなければならない。

1　第18条に定める許可書

2　通信士の証明書

3　記録簿。この記録簿には、次の事項を、事件が生ずる都度、その発生時刻と共に記録する。ただし、記録簿に掲げるべきすべての事項の記録について主管庁が別段の定めを採用している場合は、この限りでない。

(a)　遭難、緊急及び安全通信に関する通信の要約

(b)　業務上の重要な事件への参照

4　印刷された又は電子的フォーマットによる船舶局の局名録及び海上移動業務識別割当の一覧（RR20条参照）

5　印刷された又は電子的フォーマットによる海岸局及び特別業務の局の局名録（RR20条参照）

6　印刷された又は電子的フォーマットによる海上移動及び海上移動衛星業務で使用する便覧（RR20条参照）

（注）主管庁は、様々な状況の下（例えば、その船舶が自らの特有の航行域内でこれらの文書と同等の情報を持っている場合など）では、船舶に対し上記５と６の項目で述べられている文書の携行を免除することができる。

第２節　地域又は国際協定によって無線の設置が求められているその他の船舶局

これらの局は、次の書類を備え付けなければならない。

1　第18条に定める許可書

2　通信士の証明書

3　記録簿又は主官庁が目的に沿うものとして認めたその他の手段。そこには、遭難、緊急及び安全に関連する通信の要約が、それらが行われた時間と共に記録される。

4　印刷された又は電子的フォーマットによる海岸局及び特別業務の局の局名録（RR20条参照）

5　関連する無線通信の規則と手続、例えば海上移動及び海上移動衛星業務で使用する便覧（紙か電子的なフォーマットで）（RR20条参照）

（注）主管庁は、様々な状況の下（例えば、その船舶が自らの特有の航行域内でこ

れらの文書と同等の情報を持っている場合など）では、船舶に対し上記４と５の項目で述べられている文書の携行を免除することができる。

第３節　他の船舶局

これらの局は、次の書類を備え付けなければならない。

１　第２節の項目１及び２で述べられている文書

２　関係の主管庁の要請に従い、第２節の項目４及び５で述べられている文書

（注）主管庁は、様々な状況の下（例えば、その船舶が自らの特有の航行域内でこれらの文書と同等の情報を持っている場合など）では、船舶に対し上記項目２で述べられている文書の携行を免除することができる。主官庁は、相互の合意によって、互いの管轄圏内の間のみの行き来をするような船舶に対して、それらの船舶が他の場合には、規則によって許可を受けたり承認を得たりしているならば、第18条で定めるような許可を得ることや上記項目１に述べるような文書の携行を免除することもできる。

10－3　国際電気通信連合憲章に規定する国際電気通信規則（電気通信業務を取り扱う際の基本的規定に限る。）の概要

国際電気通信規則は、公衆に提供される国際電気通信業務の発展やその最も能率的な運用を促進すること、また、流通するその国際電報及び国際通話の取扱い、特に料金等の取扱いに関する事項を規定している。

１　規則の目的及び範囲（１条）

(1)　この規則は、公衆（注）に提供される国際電気通信業務の提供及び運用並びにその業務を提供するために使用される基盤的な国際電気通信伝送手段に関する一般原則を定める。この規則は、また、主管庁又は認められた私企業に適用する規則を定める。(1.1)

（注）「公衆」は、政府機関及び法人を含む人の意味。(1.2)

(2)　この規則は、電気通信手段の世界的な相互接続及び相互運用を容易にするとともに、技術的手段の調和ある発展及び能率的運用並びに国際電気通信業務の能率、利便性及び公衆の利用可能性を促進す

るために定められる。(1.3)

(3) 各関係における国際電気通信業務の提供及び運用は、この規則の範囲内で、主管庁又は認められた私企業間の相互協定に従う。(1.5)

(4) 主管庁又は認められた私企業は、この規則の原則を実施するにあたって、勧告の一部を構成するか又は勧告に由来する指示書を含む関連のITU - T 勧告を最大限実行可能な程度に遵守するものとする。(1.6)

(5) この規則は、無線通信規則に別段の定めのない限り、使用する伝送手段のいかんにかかわらず適用する。(1.8)

2 国際網（3条）

(1) 構成国は、主管庁又は認められた私企業が満足すべき業務の品質を提供するため、国際網の設置、運用及び維持に協力することを確保する。(3.1)

(2) 主管庁又は認められた私企業は、国際電気通信業務の要件及び需要を満たすための十分な電気通信手段を提供するように努める。(3.2)

(3) 主管庁又は認められた私企業は、使用する国際経過線路を相互協定によって決定する。協定締結に至るまでの間は、関係端末主管庁又は認められた私企業間に直通経過線路が存在しないことを条件として、発信主管庁又は認められた私企業は、関連の中継主管庁又は認められた私企業及び着信主管庁又は認められた私企業の利益を考慮しつつ、発信トラヒックの経過線路を任意に決定できる。(3.3)

(4) すべての利用者は、国内法に従い、主管庁又は認められた私企業により設置された国際網に接続することによりトラヒックを送出する権利を有する。関連のITU - T勧告に応じて最大限実行可能な程度に、満足すべき業務の品質は、維持するものとする。(3.4)

3 国際電気通信業務（4条）

構成国は、国際電気通信業務の実施を促進するとともに、その業務

が自国の国内網において、公衆に対して一般的に利用可能となるように努める。(4.1)

4　人命の安全及び電気通信の優先順位（5条）

(1)　遭難通信など人命の安全に関する電気通信は、伝送される権利を与えられており、条約の関連条項に従い、かつ関連のITU‐T 勧告を十分に考慮し、技術的に実行可能な場合は、他のすべての電気通信に対して絶対的優先順位を有する。(5.1)

(2)　国際連合憲章の特定の規定の適用に関連する電気通信を含む官用通信は、条約の関連条項に従い、かつ関連のITU‐T 勧告を十分に考慮し、技術的に実行可能な場合には、前項に掲げる電気通信以外の電気通信に対して優先順位を有する。(5.2)

5　課金及び計算（6条）

(1)　各主管庁又は認められた私企業は、国内関係法に従い、自己の顧客から収納すべき料金を定める。収納料金の水準は国内問題である。ただし主管庁又は認められた私企業は、収納料金を定めるに当たって、同一の関係の各々の方向に適用される料金の間に著しい不均衡が生じないように努めるものとする。(6.1.1)

(2)　ある特定の通信について主管庁又は認められた私企業が顧客から収納する料金は、一定の関係においては、その主管庁又は認められた私企業が選択する経過線路のいかんを問わず、原則として同一とするものとする。(6.1.2)

(3)　主管庁又は認められた私企業は、一定の関係において適用可能な各業務について、付録第1の規定に従い、かつ関連するITU‐T 勧告及びコストの傾向を考慮して、各主管庁又は認められた私企業の間に適用すべき計算料金を相互協定により定め、及び改定する。(6.2.1)

(4)　主管庁又は認められた私企業で締結された特別取決めがない場合、国際電気通信業務の料金計算の構成及び国際計算書の作成に使

用する貨幣単位は以下のいずれかとする。(6.3.1)

- 国際通貨基金（ＩＭＦ）の貨幣単位であって、現在はこの機関により定義された特別引出権（ＳＤＲ）
- 1/3.061ＳＤＲと等価の金フラン

10－4　海上における人命の安全のための国際条約（附属書の規定を含む。）の概要

(International Convention For The Safety of Life at Sea：SOLAS条約)

海上における人命の安全のための国際条約（以下「人命安全条約」という。）は、国際航海に従事する船舶等の航海の安全、特に乗船者の安全を確保することを目的としており、船舶の構造、積荷等に関し各国政府が自国の船舶に対してとらせるべき安全措置について詳細な技術規則を定めるとともに、一定の船舶に対する無線電信（又は無線電話）等の設備の強制及びその設備の条件等並びにこれらの安全措置の実施を確保するために行う検査及び証書の発給並びに証書の互認について規定している。現行の人命安全条約は、1974年11月１日ロンドンにおいて政府間海事協議機関（IMCO：現在は、国際海事機構（IMO）である。）の招集する国際海上人命安全会議で作成された。この人命安全条約は、条約本文、議定書及び附属書で構成され、無線通信は附属書第４章に規定されている。

なお、1988年の改正で新しい海上における遭難及び安全に関する世界的な制度（GMDSS）の実施方法が定められた。人命安全条約の附属書において、船舶は、航海する海域に応じて所定の無線設備を備え、船舶が海上にある間、DSCその他の遭難・安全周波数で聴守することなどが規定されている。これらの規定は、旅客船及び総トン数300トン以上の貨物船であって国際航海に従事する船舶に適用される。

〔附属書〕

第４章　無線通信

１　用語及び定義（Ａ部　総則　第２規則）

この章の規定の適用上、次の用語は、以下に定義する意味を有する。

(1)　「船橋間通信」とは、船舶を通常操船する場所から行う船舶相互間の安全通信をいう。

(2)　「無休聴守」とは、船舶の受信能力が損なわれ若しくは自船の通信により妨げられるとき又は設備が定期的な保守若しくは点検を受けるときの短時間を除くほか、中断することのない関連する無線の聴守をいう。

(3)　「デジタル選択呼出し（DSC）」とは、無線局が他の無線局と連絡をとり、かつ、情報を移転することを可能にするデジタル符号を用いた技術であって、これに関連するITU無線通信部門（ITU-R）の勧告に適合したものをいう。

(4)　「直接印刷電信」とは、関連するITU無線通信部門（ITU-R）の勧告に適合した自動電信技術をいう。

(5)　「一般無線通信」とは、無線で行われる運航に関する通信及び公衆通信（遭難通報、緊急通報及び安全通報を除く。）をいう。

(6)　「インマルサット」とは、1976年９月３日に採択された国際海事衛星機構（現、国際移動通信衛星機構）（インマルサット）に関する条約により設立された機構をいう。

(7)　「国際ナブテックス業務」とは、英語を使用する狭帯域直接印刷電信によって周波数518キロヘルツで行われる海上安全情報に関する調整された放送及びその自動受信をいう。

(8)　「位置の探知」とは、遭難した船舶、航空機、設備又は人を発見することをいう。

(9)　「海上安全情報」とは、船舶に向け放送される航行警報、気象警報、気象予報その他の緊急安全関係通報をいう。

⑽　「極軌道衛星業務」とは、衛星系非常用位置指示無線標識からの遭難警報を受信し及び中継する極軌道衛星に基づく業務であって、当該衛星系非常用位置指示無線標識の位置を示すものをいう。

⑾　「無線通信規則」とは、その時に効力を有する最新の国際電気通信条約（現、国際電気通信連合憲章及び国際電気通信連合条約）に附属し又は附属するとみなされる無線通信規則をいう。

⑿　「Ａ１海域」とは、デジタル選択呼出しの警報を継続して利用し得る少なくとも一のＶＨＦ海岸局の無線電話の通信圏内の区域であって締約政府が定めるものをいう。

⒀　「Ａ２海域」とは、デジタル選択呼出しの警報を継続して利用し得る少なくとも一のＭＦ海岸局の無線電話の通信圏内の区域（Ａ１海域を除く。）であって締約政府が定めるものをいう。

⒁　「Ａ３海域」とは、警報を継続して利用し得るインマルサット静止衛星の通信圏内の区域（Ａ１海域及びＡ２海域を除く。）をいう。

⒂　「Ａ４海域」とは、Ａ１海域、Ａ２海域及びＡ３海域以外の区域をいう。

⒃　「海上における遭難及び安全の世界的な制度（GMDSS）の識別」とは、海上移動業務の識別、船舶信号符字、インマルサットの識別及び船舶の装備により送信され、識別のために使用される通し番号等がある。

２　機能要件（A部　第４規則）

船舶は、海上にある間、次の能力を有するものとする。

⑴　この章の第８規則１⑴及び第10規則１⑷（4.3）に定める場合を除くほか、異なる無線通信業務を使用して少なくとも二の独立した設備により、船舶から陸上への遭難警報を送信すること。

⑵　陸上から船舶への遭難警報を受信すること。

⑶　船舶間の遭難警報を送信し及び受信すること。

⑷　捜索及び救助のための調整に関する通信を送信し及び受信するこ

と。

(5)　現場の通信を送信し及び受信すること。

(6)　位置の探知のための信号を送信し並びに第５章（航行の安全）第19規則（航海装置・機器の搭載、略）の規定に従ってその信号を受信すること。

(7)　海上安全情報を送信し及び受信すること。

(8)　この章の第15規則（保守要件、略）８の規定に従うことを条件として、陸上の無線体制又は無線通信網への一般無線通信を送信し及び当該無線体制又は無線通信網から一般無線通信を受信すること。

(9)　船橋間通信を送信し及び受信すること。

３　無線設備（Ｃ部　船舶の要件　第６規則）

１　船舶は、その予定された航海においてこの章の第４規則に規定する機能要件を満たすことができる無線設備であって、この章の第７規則の要件及び当該船舶がその予定された航海において通過する海域に該当するこの章の第８規則から第11規則までのいずれかの要件を満たす（この章の第３規則（免除、略）の規定により免除される場合を除く。）ものを備える。

２　無線設備は、次の要件を満たすものでなければならない。

(1)　その適正な使用に対し機械的、電気的その他の原因による妨害を受けない位置並びに他の設備及び装置と電磁的に両立し及び有害な相互作用が生じないことを確保するような位置に設けること。

(2)　できる限り高度の安全性及び運用の利用可能性を確保するような位置に設けること。

(3)　水又は極端な高温若しくは低温及び他の害を与える環境上の条件による影響から保護すること。

(4)　無線設備を操作するための装置を十分に照明するような照明であって、主電源及び非常電源から独立した、確実に機能しかつ恒久的に取り付けられたものを備えること。

⑸　無線設備の使用に適用する呼出符号、船舶局識別その他の符号を明確に表示すること。

3　航行の安全のために要求されるVHF無線電話の通信路の制御器は、操舵を指揮する場所に近い船橋内の位置において直ちに使用することができるようにしておくものとし、また、必要な場合には、船橋の両翼から無線通信を行うことを可能にする設備を設ける。持ち運び式VHF装置は、当該設備に代えて使用することができる。

4　無線設備（総則）（C部　第7規則）

1　船舶には、次のものを備える。

⑴　次の能力を有するVHF無線設備

(1.1)　周波数156.525メガヘルツ（第70チャネル）によるデジタル選択呼出しを送信し及び受信すること。船舶を通常操船する場所から第70チャネルで遭難警報の送信を行うことができるものとする。

(1.2)　周波数156.300メガヘルツ（第6チャネル）、156.650メガヘルツ（第13チャネル）及び156.800メガヘルツ（第16チャネル）で無線電話通信を送信し及び受信すること。

⑵　VHF第70チャネルによるデジタル選択呼出しの無休聴守をすることができる無線設備。当該無線設備は、⑴(1.1)の規定により要求される設備と分離し又はこれと組み合わせることができる。

⑶　次の要件を満たす9ギガヘルツ又はAISのために使用される周波数で動作することができる捜索救助位置表示装置

(3.1)　容易に利用することができるように積付けること。

(3.2)　第3章（救命設備、略）第6規則（通信）2.2の規定により救命用の端艇及びいかだに対して要求されるもののうちの一とすることができること。

⑷　国際ナブテックス業務が提供される海域の航海に従事する船舶の場合には、国際ナブテックス業務による放送を受信することが

できる受信機

(5)　国際ナブテックス業務が提供されていないＡ１、Ａ２又はＡ３海域での航海に従事する船舶の場合には、公認の移動衛星業務の高度集団呼出制度による海上安全情報を受信するための無線設備。ただし、HF直接印刷電信による海上安全情報に関する業務が提供される海域のみの航海に従事する船舶であって、当該業務を受信することができる設備を備えるものは、その要件を免除することができる。

(6)　この章の第８規則３の規定が適用される場合を除くほか、次の要件を満たす衛星系非常用位置指示無線標識（衛星系EPIRB）

(6.1)　406メガヘルツの周波数帯で運用する極軌道衛星業務によって遭難警報を送信することができること。

(6.2)　容易に近づき得る場所に備えること。

(6.3)　手動により取り外すことができ、かつ、救命用の端艇及びいかだの中に１人で持ち込むことができること。

(6.4)　船舶の沈没の際に離脱して浮かび、かつ、浮かんだときに自動的に始動することができること。

(6.5)　手動により始動することができること。

5　無線設備（Ａ１海域）（Ｃ部　第８規則）

1　Ａ１海域内のみの航海に従事する船舶には、この章の第７規則の要件に加え、船舶を通常操船する場所で船舶から陸上への遭難警報の送信を行うことができる次のいずれかのものにより運用される無線設備を備える。

(1)　デジタル選択呼出しを用いるＶＨＦ。この要件は、３に規定する非常用位置指示無線標識によって満たすことができるものとし、また、当該非常用位置指示無線標識は、船舶を通常操船する場所に近接して備えるか又は当該場所から遠隔始動することができるように備える。

⑵　周波数406メガヘルツによる極軌道衛星業務。この要件は、この章の第７規則１⑹の規定により要求される衛星系非常用位置指示無線標識によって満たすことができるものとし、また、当該衛星系非常用位置指示無線標識は、船舶を通常操船する場所に近接して備えるか又は当該場所から遠隔始動することができるように備える。

⑶　船舶がデジタル選択呼出しを備えるＭＦ海岸局の通信圏内の航海に従事する場合には、デジタル選択呼出しを用いるＭＦ

⑷　デジタル選択呼出しを用いるＨＦ

⑸　公認の移動衛星業務。この要件は、次のいずれかのものによって満たすことができる。

(5.1)　船舶地球局

(5.2)　この章の第７規則１⑹の規定により要求される衛星系非常用位置指示無線標識。当該衛星系非常用位置指示無線標識は、船舶を通常操船する場所に近接して備えるか又は当該場所から遠隔始動することができるように備える。

2　この章の第７規則１⑴の規定により要求されるVHF無線設備は、また、無線電話による一般無線通信を送信し及び受信することができるものとする。

3　Ａ１海域内のみの航海に従事する船舶には、この章の第７規則１⑹の規定により要求される衛星系非常用位置指示無線標識に代えて、次の要件を満たす非常用位置指示無線標識を備えることができる。

⑴　デジタル選択呼出しを用いるVHF第70チャネルによる遭難警報を送信すること及び９ギガヘルツの周波数帯で運用するレーダートランスポンダによって位置の探知ができること。

⑵　容易に近づき得る場所に備えること。

⑶　手動により取り外すことができ、かつ、救命用の端艇及びいか

だの中に１人で持ち込むことができること。

(4)　船舶の沈没の際に離脱して浮かび、かつ、浮かんだときに自動的に始動することができること。

(5)　手動により始動することができること。

6　無線設備（Ａ１海域及びＡ２海域）（Ｃ部　第9規則）

1　Ａ１海域を超える航海に従事するがＡ２海域内にとどまる船舶には、この章の第７規則の要件に加え、次の設備を備える。

(1)　遭難及び安全の目的のため、次の周波数で送信し及び受信することができるＭＦ無線設備

(1.1)　デジタル選択呼出しを用いる周波数2,187.5キロヘルツ

(1.2)　無線電話を用いる周波数2,182キロヘルツ

(2)　周波数2,187.5キロヘルツによるデジタル選択呼出しの無休聴守をすることができる無線設備。当該無線設備は、(1)(1.1)の規定により要求される設備と分離し又はこれと組み合わせることができる。

(3)　船舶から陸上への遭難警報の送信を行う設備であって、ＭＦ以外の次のいずれかの無線業務により運用されるもの

(3.1)　周波数406メガヘルツによる極軌道衛星業務。この要件は、この章の第７規則１(6)の規定により要求される衛星系非常用位置指示無線標識によって満たすことができるものとし、また、当該衛星系非常用位置指示無線標識は、船舶を通常操船する場所に近接して備えるか又は当該場所から遠隔始動することができるように備える。

(3.2)　デジタル選択呼出しを用いるＨＦ

(3.3)　船舶地球局による公認の移動衛星業務

2　１(1)及び(3)に規定する無線設備による遭難警報の送信は、船舶を通常操船する場所から行うことができるものとする。

3　船舶は、更に、次のいずれかの設備により無線電話又は直接印刷電信を用いる一般無線通信を送信し及び受信することができるもの

とする。

⑴　1,605キロヘルツと4,000キロヘルツとの間又は4,000キロヘルツと27,500キロヘルツとの間の周波数帯にある周波数で運用される無線設備。この要件は、１⑴の規定により要求される設備に前段の能力を追加することによって満たすことができる。

⑵　公認の移動衛星業務の船舶地球局

４　1997年２月１日前に建造された船舶であってＡ２海域内のみの航海に従事するものについて、実行可能な場合において、当該船舶がVHF第16チャネルの無休聴守をするときは、主管庁は、この章の第７規則１．１．１及び１．２に規定する要件を免除することができる。当該無休聴守は、船舶を通常操船する場所で行うものとする。

７　無線設備（Ａ１海域、Ａ２海域及びＡ３海域）（Ｃ部　第10規則）

１　Ａ１海域及びＡ２海域を超える航海に従事するが、Ａ３海域内にとどまる船舶であって2の要件を満たさないものは、この章の第７規則の要件に加え、次のいずれかの設備を備える。

⑴　次の能力を有する公認の移動衛星業務の船舶地球局

(1.1)　直接印刷電信を用いる遭難及び安全に関する通信を送信し及び受信すること。

(1.2)　遭難優先呼出しを行い及び受信すること。

(1.3)　陸上から船舶への遭難警報（地理的に特定された海域に向けたものを含む。）の聴守をすること。

(1.4)　無線電話又は直接印刷電信のいずれかを用い一般無線通信を送信し及び受信すること。

⑵　遭難及び安全の目的のため、次の周波数で送信し及び受信することができるＭＦ無線設備

(2.1)　デジタル選択呼出しを用いる周波数2,187.5キロヘルツ

(2.2)　無線電話を用いる周波数2,182キロヘルツ

⑶　周波数2,187.5キロヘルツによるデジタル選択呼出しの無休聴守

をすることができる無線設備。当該無線設備は、(2)(2.1)の規定により要求される設備と分離し又はこれと組み合わせることができる。

(4)　船舶から陸上への遭難警報の送信を行う設備であって、次のいずれかの無線業務により運用されるもの

(4.1)　周波数406メガヘルツによる極軌道衛星業務。この要件は、この章の第７規則１(6)の規定により要求される衛星系非常用位置指示無線標識によって満たすことができるものとし、また、当該衛星系非常用位置指示無線標識は、船舶を通常操船する場所に近接して備えるか又は当該場所から遠隔始動することができるように備える。

(4.2)　デジタル選択呼出しを用いるＨＦ

(4.3)　追加の船舶地球局による公認の移動衛星業務

2　Ａ１海域及びＡ２海域を超える航海に従事するがＡ３海域内にとどまる船舶であって１の要件を満たさないものには、この章の第７規則の要件に加え、次の設備を備える。

(1)　遭難及び安全の目的のため、1,605キロヘルツと4,000キロヘルツとの間及び4,000キロヘルツと27,500キロヘルツとの間の周波数帯にあるすべての遭難安全周波数で送信し及び受信することができる次のものを用いるＭＦ無線設備及びＨＦ無線設備

(1.1)　デジタル選択呼出し

(1.2)　無線電話

(1.3)　直接印刷電信

(2)　周波数2,187.5キロヘルツ及び8,414.5キロヘルツ並びにデジタル選択呼出しの遭難安全周波数4,207.5キロヘルツ、6,312キロヘルツ、12,577キロヘルツ又は16,804.5キロヘルツのうち少なくとも１の周波数によるデジタル選択呼出しの聴守をすることができる設備。当該設備は、常に、これらのデジタル選択呼出しの遭難安全周波数のうちからいずれかのものを選択することができるもの

とする。当該設備は、(1)の規定により要求される設備と分離し又はこれと組み合わせることができる。

(3) 船舶から陸上への遭難警報の送信を行う設備であって、ＨＦ以外の次のいずれかの無線通信業務により運用されるもの

(3.1) 周波数406メガヘルツによる極軌道衛星業務。この要件は、この章の第７規則１(6)の規定により要求される衛星系非常用位置指示無線標識によって満たすことができるものとし、また、当該衛星系非常用位置指示無線標識は、船舶を通常操船する場所に近接して備えるか又は当該場所から遠隔始動することができるように備える。

(3.2) 船舶地球局による公認の移動衛星業務

(4) 船舶は、更に、1,605キロヘルツと4,000キロヘルツとの間及び4,000キロヘルツと27,500キロヘルツとの間の周波数帯にある周波数で運用するＭＦ無線設備及びＨＦ無線設備により無線電話又は直接印刷電信を用いる一般無線通信を送信し及び受信することができるものとする。この要件は、(1)の規定により要求される設備に前段の能力を追加することによって満たすことができる。

3　1(1)、(2)及び(4)並びに2(1)及び(3)に規定する無線設備による遭難警報の送信は、船舶を通常操船する場所から行うことができるものとする。

4　1997年２月１日前に建造された船舶であってＡ２海域内及びＡ３海域内のみの航海に従事するものについて、可能な場合において、当該船舶がVHF第16チャネルの無休聴守をするときは、主管庁は、この章の第７規則１．１．１及び１．２に規定する要件を免除することができる。当該無休聴守は、船舶を通常操船する場所で行うものとする。

8　無線設備（Ａ１海域、Ａ２海域、Ａ３海域及びＡ４海域）

（Ｃ部　第11規則）

1　すべての海域の航海に従事する船舶は、この章の第７規則の要件に加え、この章の第10規則２の規定により要求される無線設備を備える。ただし、同規則２(3)（3.1）の規定により要求される設備は、常に備えるものとし、同規則２(3)（3.2）の規定により要求される設備に代えることはできない。更に、すべての海域の航海に従事する船舶は、同規則３の規定に適合するものとする。

2　1997年２月１日前に建造された船舶であってＡ２海域内、Ａ３海域内及びＡ４海域内のみの航海に従事するものについて、可能な場合において、当該船舶がVHF第16チャネルの無休聴守をするときは、主管庁は、この章の第７規則１．１．１及び１．２に規定する要件を免除することができる。当該無休聴守は、船舶を通常操船する場所で行うものとする。

9　聴守（Ｃ部　第12規則）

1　船舶は、海上にある間、次に定めるところにより無休聴守をする。

(1)　船舶が（この章の第７規則１(2)の規定により）ＶＨＦ無線設備を備える場合には、デジタル選択呼出しを用いるＶＨＦ第70チャネル

(2)　船舶が（この章の第９規則１(2)又は第10規則１(3)の規定により）ＭＦ無線設備を備える場合には、デジタル選択呼出しの遭難安全周波数2,187.5キロヘルツ

(3)　船舶が（この章の第10規則２(2)又は第11規則１の規定により）ＭＦ無線設備及びＨＦ無線設備を備える場合には、デジタル選択呼出しの遭難安全周波数2,187.5キロヘルツ及び8,414.5キロヘルツ並びにデジタル選択呼出しの遭難安全周波数4,207.5キロヘルツ、6,312キロヘルツ、12,577キロヘルツ又は16,804.5キロヘルツのうち、時間及び船舶の地理上の位置に適した少なくとも１の周

波数。この無休聴守は、走査受信機により行うことができる。

(4) 船舶がこの章の第10規則１(1)の規定により公認の移動衛星業務の船舶地球局を備える場合には、衛星を経由する陸上から船舶への遭難警報

２ 船舶は、海上にある間、当該船舶の航行する海域に向け海上安全情報が放送される適当な周波数により、当該海上安全情報に関する放送について無線の聴守をする。

３ 船舶は、海上にある間、1999年２月１日又は海上安全委員会が決定するその他の日（注）までに、実行可能な場合には、VHF第16チャネルで無休聴守をする。当該無休聴守は、船舶を通常操船する場所で行うものとする。

10 無線通信要員（C部 第16規則）

船舶は、主管庁が認めるところにより、遭難及び安全に関する無線通信について資格を有する要員を乗り組ませる。当該要員は、無線通信規則に定める証明書を有し、場合に応じ、そのうちの１人は、遭難した際、無線通信について第一の責任を有する者として指名される。

11 無線通信の記録（C部 第17規則）

主管庁が認めるところにより、かつ、無線通信規則により要求されるところにより、無線通信業務に関連するすべての事件であって海上における人命の安全にとって重要であると認められるものについて記録する。

12 船位の更新（C部 第18規則）

この章を適用する船舶に備える送受信装置で、遭難警報の船位を含め自動的に警報を出すことのできるものはすべて、いずれかが備わっているとすれば内部又は外部用の航海受信機のいずれかから、この情報を自動的に伝達されなければならない。このような受信機が備わっていない場合、船位とその位置が確定された時刻は、船舶の航行中は装置によって常に送受信が可能なように、４時間を超えない間隔で手

動により更新していかなければならない。

第５章　航行の安全

1　**遭難状況における義務及び手続**（第33規則）

1　支援を提供することができる立場にある海上にある船舶の船長は、発信源のいかんを問わず人が遭難しているとの情報を受けた場合には、全速力で遭難者の救助に赴かなければならず、可能なときは、その旨を遭難者又は捜索救助機関に通報する。支援を提供するこの義務は、遭難者の国籍若しくは地位又は遭難者の発見されるときの状況にかかわらず適用する。救助に赴くことが不可能である場合又は特殊の事情により不合理若しくは不必要であると認める場合には、船長は、機関の勧告を考慮して、捜索救助機関に連絡し、遭難者の救助に赴かなかった理由を航海日誌に記録する。

2　遭難船舶の船長又は関係する捜索救助機関は、救助の求めに応答した船舶の船長と可能なときは協議を行った後、それらの船舶のうち救助を与えるため最も適当と認める１又は２以上の船舶を招集する権利を有するものとし、招集を受けた船舶の船長は、遭難者の救助のため全速力で航行して招集に応ずる義務を負う。

3　船舶の船長は、自己の指揮する船舶以外の船舶が招集を受けて救助に赴いたことを知った場合には、１の規定による義務を解除される。この決定は、可能な場合には、他の招集を受けた船舶と捜索救助機関に伝えられなければならない。

4　船舶の船長は、遭難者から又は捜索救助機関（又は遭難者の所在に到達した他の船舶の船長）から救助の必要がなくなった旨の通報を受けた場合には、１の規定による義務を解除されるものとし、また、自己の指揮する船舶が招集を受けたものであるときは、２の規定による義務を解除される。

5　（略）

6　海上における遭難者を乗船させた船舶の船長は、当該船舶の能力及び限界の範囲内で当該遭難者を人道的に取り扱う。

2　遭難信号の濫用（第35規則）

国際遭難信号を人間が遭難していることを示す目的以外の目的に使用すること及び国際遭難信号と混同されることのある信号を使用することを禁止する。

10－5　船員の訓練及び資格証明並びに当直の基準に関する国際条約（附属書の規定を含む。）の簡略な概要

（International Convention on Standards of Training Certification and Watchkeeping for Seafarers：ＳＴＣＷ条約）

この条約は、1967年（昭和42年）英仏海峡において船長の不適切な判断で生じた座礁事故を契機として、航行の安全を確保するための船員の技能に関する国際的基準の必要性が認識され、政府間海事協議機関（1982年に国際海事機関（ＩＭＯ）と名称変更）において検討され、1978年に採択された。これに伴ってわが国では、昭和57年６月に電波法が改正され船舶局無線従事者証明が制度化された。

1　この条約は、本文17条及び8の章から成る附属書並びにSTCWコード（A部及びB部）で構成されている。条約本文は、締約国による船員に対する資格証明書の発給、締約国の港における船舶の監督等のほか、条約の手続事項を規定し、附属書は、船舶における当直の基準、船員に対する資格証明のための要件等について規定している。また、STCWコードは、A部において条約の附属書の規定に関する強制基準、B部においては、条約の本部の附属書の規定に関する勧告指針が規定されている。

2　無線部（附属書第４章）に関する規定の要旨は、次のとおりである。

(1)　この条約に定める無線通信士とは、無線通信規則に定めるところにより主管庁の発給し又は承認した適当な証明書を受有する者をい

う。

(2)　附属書には、船員の技能に関する国際基準として、船長、甲板部（第２章)、機関部（第３章）及び無線部（第４章）の各職員に対し、それぞれ次の三の要件が求められている。

(a)　当直の維持に当たり遵守すべき基本原則

(b)　資格証明のための最小限の要件

(c)　技能の維持及び最新の知識の習得の確保を図るための最小限の要件

(3)　上記の要件のうち、無線部職員に対する(a)の当直の維持に当たり遵守すべき基本原則については、無線通信規則及び海上における人命の安全のための国際条約により規律されているので、第４章無線部の「無線部の当直及び設備の保守」については規定を定めず、「注釈」を掲げその旨が明示されるにとどまっている。

〔附属書〕

1　ＧＭＤＳＳの下で無線通信士の資格証明のための最小限の要件

（第４－２規則）

(1)　全世界的な海上遭難安全制度（GMDSS）に参加することを要求される船舶において無線通信の任務を担当し又は遂行する者は、無線通信規則に基づき主管庁の発給し又は承認した全世界的な海上遭難安全制度（GMDSS）に関する適当な証明書を受有しなければならない。

(2)　1974年の海上における人命の安全のための国際条約（改正を含む。）により無線設備を備えることが要求される船舶において業務を行うため、この第４－２規則の規定に基づき資格証明を得ようとする者は、更に次の要件を満たさなければならない。

①　18歳以上であること。

②　承認された教育及び訓練を修了し、かつ、ＳＴＣＷコードＡ部

第４‐２節に規定する能力の基準を満たすこと。

２　当直体制及び遵守すべき原則（第８‐２規則）

無線通信士は、任務の遂行中、適当な周波数における継続的な無線部の当直を維持する責任を有する。

〔STCWコード〕

第４章　無線通信士に関する基準

GMDSSの無線通信士の資格証明のための最小限の要件

能力基準

⑴　GMDSSの無線通信士の資格証明のために最小限要求される知識（A‐Ⅳ／２節）理解及び技能は、無線通信士が自己の無線通信の任務を行うのに十分なものでなければならない。無線通信規則に定める各証明書を得るために要求される知識は、当該規則に基づくものでなければならない。さらに、資格証明を得ようとする者は、表A‐Ⅳ／２第１欄に掲げる業務、任務及び責任を遂行する能力を証明しなければならない。

⑵　無線通信規則の規定により発給された証明書を、条件の要件を満たすものとして裏書するための知識、理解及び技能は、表A‐Ⅳ／２第２欄に掲げる。

⑶　表A‐Ⅳ／２第２欄に掲げる事項の知識水準は、資格証明を得ようとする者が、自己の任務を行うのに十分なものでなければならない。

⑷　資格証明を得ようとする者は、次の事項により能力基準を達成したことを証明しなければならない。

１　表A‐Ⅳ／２第３欄及び第４欄に掲げる能力の証明の方法及び能力評価の基準に基づき、表A‐Ⅳ／２第１欄に掲げる業務、任務及び責任を遂行する能力を証明すること。

２　試験、又は表A‐Ⅳ／２第２欄に掲げる事項に基づく承認された訓練課程において行う継続的な評価を行うこと。

表Ａ－Ⅳ／２
ＧＭＤＳＳ無線通信士に対する最小限の能力基準の詳細

職務細目　運用レベルにおける無線通信

第１欄	第２欄	第３欄	第４欄
能　　力	知識・理解及び技能	能力の証明方法	能力評価の基準
GMDSSサブシステム及び設備を利用した情報の送受並びにGMDSSにおいて必要な職務の遂行	**無線通信規則の要件のほかに次の知識** (1)　国際航空海上捜索救助（IAMSAR）マニュアルにある手順を含む捜索救難無線通信 (2)　誤遭難警報の発射防止及びこれによる被害を軽減するための手段 (3)　船位通報制度 (4)　無線医療制度 (5)　国際信号書及びIMO標準海事連絡用語集の使用 (6)　海上における人命の安全に関する通信のための筆記及び会話による英語 （注）本要件は、制限無線通信士証明書（ROC）の場合には緩和することができる	試験及び次を使用しての操作手順の実際的証明から得られた証拠による評価 (1)　承認された設備 (2)　適切ならば、GMDSSシミュレータ (3)　無線実験室にある設備	送信及び受信は国際規則及び手順を遵守し、効果的に実施されること 船舶及び船内にある者の安全、保安及び海洋環境の保護に関する英語による情報が、確実に取り扱われること
非常事態における無線通信業務	**非常事態における無線通信業務は、次のとおり** (1)　退船 (2)　船内火災 (3)　無線設備の一部又は全部の故障 電気的又は電波輻射を含む無線設備に係る危険に関連する船舶及び乗船者の安全に対する予防的措置	試験及び次を使用しての操作手順の実際的証明から得られた証拠による評価 (1)　承認された設備 (2)　適切ならば、GMDSSシミュレータ (3)　無線実験室にある設備	確実かつ効果的に実施されること

10－6　1979年の海上における捜索及び救助に関する国際条約〔参考〕

(International Convention on Maritime Search and Rescue：ＳＡＲ条約)

この条約は、海上における遭難者を速やかに、かつ、効果的に救助するために、すべての沿岸国が自国周辺の一定海域について捜索救助の責任を分担し、適切な捜索救助業務を行うために、国内制度を確立するとともに、関係各国間で海上における捜索救助活動の調整等の協力を行うことを定め、世界的な捜索救助体制の確立を図ることを目的として、1979年に協定された。

条約は、前文、本文及び附属書で構成され、附属書では締約国の具体的な義務、活動などを規定している。

上述したように、この条約は、各国が自国における捜索救助（SAR）体制の確立を目指しており、かつ、国際民間航空条約及び海上における人命の安全のための国際条約（SOLAS条約）と相互関連として航空及び海上における捜索救助活動を推進するため、各国は、救助機関の組織と整備を図り、近隣諸国と協力し、捜索救助活動を全世界的システムとすることを目指している。

多くの国は、24時間体制で自国の領土、領海及び適切な場合は公海に対して、航空及び海事に関する捜索救助調整及び業務を提供する義務を引き受けている。

各国は、救助調整本部：RCC（Rescue Coordination Center）により定められた範囲の捜索救助区域において、その業務を実施している。（日本における救助調整本部（RCC）は、海上保安庁がその業務にあたっている。）

捜索救助システムは、大別して次の三つの調整レベルからなっている。

1　捜索救助調整者

2　捜索救助活動調整者

3　現場調整者⇒捜索救助隊、捜索に参加している船舶又は航空機を

所掌する実施機関

（注）用語については、次の附属書の定義を参照

また、この条約では締約国は、船舶の遭難等の場合に捜索救助活動を容易にするため、迅速な特定を可能にすることを目的として船位通報制度の導入を推奨している。

船位通報制度には、次の種類の船位通報（機関が定める捜索救助区域）を含めることとしている。

(1)　航海計画

(2)　位置通報

(3)　最終通報

（日本においては、海上保安庁が昭和60年10月１日から「日本の船位通報制度」（JASREP）の運用を開始している。概ね、北緯17度の緯度線以北、東経165度の経度線以西の海域）

附属書（第１章　用語及び定義）

1　**捜索**：遭難者を発見するため、利用可能な要員及び実施主体を用いて行われる活動であって、救助調整本部又は救助支部によって通常調整されるものをいう。

2　**救助**：遭難者を救出し、初期の医療処置その他の必要なものを提供し及び安全な場所へ遭難者を移送する活動をいう。

3　**捜索救助業務**：公的及び私的手段（協力に加わる航空機、船舶その他の乗物及び施設を含む。）を利用することにより、遭難の監視、通信、調整及び捜索救助の任務（医療上の助言、初期の医療上の援助又は医療のための輸送の提供を含む。）を遂行することをいう。

4　**捜索救助区域**：捜索救助業務が行われる一定の範囲の水域であって、救助調整本部と関係を有するものをいう。

5　**救助調整本部**：捜索救助区域内における捜索救助業務の効率的な組織化を促進する責任及び捜索救助活動の実施を調整する責任を有する

単位をいう。

6　救助支部：責任のある当局による特別の規定に従って、救助調整本部を補佐するために設置されたその救助調整本部の下部の単位をいう。

7　捜索救助実施主体：捜索救助活動を実施するために用いられるあらゆる動的な手段（指定された捜索救助隊を含む。）をいう。

8　捜索救助隊：訓練された要員で構成され、かつ、捜索救助活動の迅速な実施のために適した装備を有する単位をいう。

9　警報地点：緊急事態を通報する者と救助調整本部又は救助支部との間の中継の業務を行うことを目的とする施設をいう。

10　緊急の段階：場合に応じ、不確実な段階、警戒の段階又は遭難の段階を意味する包括的な用語である。

11　不確実な段階：人、船舶又はその他の乗物の安全が不確実である状態をいう。

12　警戒の段階：人、船舶又はその他の乗物の安全が憂慮される状態をいう。

13　遭難の段階：人、船舶又はその他の乗物が、重大かつ急迫した危険にさらされていること及び即時の救助を必要とすることについて合理的な確実性があることをいう。

14　現場調整者：特定の水域における捜索救助活動を調整するために指定された者をいう。

資　料　編

資料1　用語の定義

1　電波法施行規則第2条関係（抜粋）

⑴　無線通信：電波を使用して行うすべての種類の記号、信号、文言、影像、音響又は情報の送信、発射又は受信をいう。

⑵　衛星通信：人工衛星局の中継により行う無線通信をいう。

⑶　単信方式：相対する方向で送信が交互に行われる通信方式をいう。

⑷　複信方式：相対する方向で送信が同時に行われる通信方式をいう。

⑸　テレメーター：電波を利用して、遠隔地点における測定器の測定結果を自動的に表示し、又は記録するための通信設備をいう。

⑹　ファクシミリ：電波を利用して、永久的な形に受信するために静止影像を送り、又は受けるための通信設備をいう。

⑺　無線測位：電波の伝搬特性を用いてする位置の決定又は位置に関する情報の取得をいう。

⑻　無線航行：航行のための無線測位（障害物の探知を含む。）をいう。

⑼　無線標定：無線航行以外の無線測位をいう。

⑽　レーダー：決定しようとする位置から反射され、又は再発射される無線信号と基準信号との比較を基礎とする無線測位の設備をいう。

⑾　無線方向探知：無線局又は物体の方向を決定するために電波を受信して行う無線測位をいう。

⑿　一般海岸局：電気通信業務を取り扱う海岸局をいう。

⒀　送信設備：送信装置と送信空中線系とから成る電波を送る設備をいう。

⒁　送信装置：無線通信の送信のための高周波エネルギーを発生する装置及びこれに付加する装置をいう。

⒂　送信空中線系：送信装置の発生する高周波エネルギーを空間へ輻射（ふくしゃ）する装置をいう。

⒃　双方向無線電話：船舶局の無線電話であって、船舶が遭難した場合に当該船舶若しくは他の船舶（救命いかだを誘導し、又はえい航する艇を含む。）と生存艇（救命艇及び救命いかだをいう。以下同じ。）若しくは救助艇（船

船救命設備規則第２条第１号のニの一般救助艇及び高速救助艇をいう。以下同じ。）との間、生存艇と救助艇との間、生存艇相互間又は救助艇相互間で人命の救助に係る双方向の通信を行うため使用するものをいう。

⒄　船舶航空機間双方向無線電話：船舶局の無線電話であって、船舶が遭難した場合に当該船舶又は他の船舶と航空機との間で当該船舶の捜索及び人命の救助に係る双方向の通信を行うために使用するものをいう。

⒅　「船舶自動識別装置」とは、次に掲げるものをいう。（略称　AIS：Automatic Identification System）

ア　船舶局、海岸局又は船舶地球局の無線設備であって、船舶の船名その他の船舶を識別する情報、位置、針路、速度その他の自動的に更新される情報であって航行の安全に関する情報及び目的地、目的地への到着予定時刻その他の手動で更新される情報であって運航に関する情報を船舶局相互間、船舶局と海岸局との間、船舶局と人工衛星局との間又は船舶地球局と人工衛星局との間において自動的に送受信する機能を有するもの

イ　海岸局の無線設備であって、航路標識（航路標識法（昭和24年法律第99号）第１条第２項の航路標識をいう。）の種別、名称、位置その他情報を自動的に送受する機能を有するもの

⒆　簡易型船舶自動識別装置：船舶局又は船舶地球局の無線設備であって、船舶の船名その他船舶を識別する情報及び位置、針路、速度その他の自動的に更新される情報であって航行の安全に関する情報のみを船舶局相互間、船舶局と海岸局との間、船舶局と人工衛星局との間又は船舶地球局と人工衛星局との間において自動的に送受信する機能を有するものをいう。

⒇　VHFデータ交換装置：船舶局又は海岸局の無線設備であって、無線通信規則付録第18号の表に掲げる周波数の電波を使用し、船舶局相互間又は船舶局と海岸局との間においてデジタル変調方式によるデータ交換を行うもの（デジタル選択呼出装置、船舶自動識別装置、簡易型船舶自動識別装置及び捜索救助用位置指示送信装置を除く。）をいう。

(21)　衛星位置指示無線標識：人工衛星局の中継により、並びに船舶局及び航空機局に対して、電波の送信の地点を探知させるための信号を送信する無線設備をいう。

(22)　携帯用位置指示無線標識：人工衛星局の中継により、及び航空機局に対して、電波の送信の地点を探知させるための信号を送信する遭難自動通報設備であって、携帯して使用するものをいう。（略称　PLB：Personal Locator Beacon）

(23)　衛星非常用位置指示無線標識：遭難自動通報設備であって、船舶が遭難し

た場合に、人工衛星局の中継により、並びに船舶局及び航空機局に対して、当該遭難自動通報設備の送信の地点を探知させるための信号を送信するものをいう。（略称　EPIRB：Emergency Position Indicating Radio Beacon）

(24)　捜索救助用レーダートランスポンダ：遭難自動通報設備であって、船舶が遭難した場合に、レーダーから発射された電波を受信したとき、それに応答して電波を発射し、当該レーダーの指示器上にその位置を表示させるものをいう。（略称　SART：Search and Rescue Trasponder）

(25)　捜索救助用位置指示送信装置：遭難自動通報設備であって、船舶が遭難した場合に、船舶自動識別装置又は簡易型船舶自動識別装置の指示器上にその位置を表示させるための情報を送信するものをいう。（略称　AIS-SART：AIS Search and Rescue Transmitter）

(26)　船上通信設備：次のア、イ、ウ又はエに掲げる通信のみを行うための単一通信路の無線設備であって、（電波法施行規則）第13条の３の３に規定する電波の型式、周波数及び空中線電力の電波を使用するものをいう。

ア　操船、荷役その他の船舶の運航上必要な作業のための通信で当該船舶内において行われるもの

イ　救助又は救助訓練のための通信で船舶とその生存艇又は救命浮機との間において行われるもの

ウ　操船援助のための通信で引き船と引かれる船舶又は押し船と押される船舶との間において行われるもの

エ　船舶を接岸させ又は係留させるための通信で船舶相互間又は船舶とさん橋若しくは埠（ふ）頭との間において行われるもの

(27)　ラジオ・ブイ：浮標の用に供するための無線設備であって、無線測位業務に使用するものをいう。

(28)　割当周波数：無線局に割り当てられた周波数帯の中央の周波数をいう。

(29)　周波数の許容偏差：発射によって占有する周波数帯の中央の周波数の割当周波数からの許容することができる最大の偏差又は発射の特性周波数の基準周波数からの許容することができる最大の偏差をいい、百万分率又はヘルツで表す。

(30)　占有周波数帯幅：その上限の周波数を超えて輻（ふく）射され、及びその下限の周波数未満において輻射される平均電力がそれぞれ与えられた発射によって輻射される全平均電力の0.5パーセントに等しい上限及び下限の周波数帯幅をいう。ただし、周波数分割多重方式の場合、テレビジョン伝送の場合等0.5パーセントの比率が占有周波数帯幅及び必要周波数帯幅の定義を実際に適用することが困難な場合においては、異なる比率によることができる。

(31)　スプリアス発射：必要周波数帯外における一又は二以上の周波数の電波の発射であって、そのレベルを情報の伝送に影響を与えないで低減することができるものをいい、高調波発射、低調波発射、寄生発射及び相互変調積を含み、帯域外発射を含まないものとする。

(32)　帯域外発射：必要周波数帯に近接する周波数の電波の発射で情報の伝送のための変調の過程において生ずるものをいう。

(33)　不要発射：スプリアス発射及び帯域外発射をいう。

(34)　スプリアス領域：帯域外領域の外側のスプリアス発射が支配的な周波数帯をいう。

(35)　帯域外領域：必要周波数帯の外側の帯域外発射が支配的な周波数帯をいう。

(36)　混信：他の無線局の正常な業務の運行を妨害する電波の発射、輻射又は誘導をいう。

(37)　抑圧搬送波：受信側において利用しないため搬送波を抑圧して送出する電波をいう。

(38)　低減搬送波：受信側において局部周波数の制御等に利用するため一定のレベルまで搬送波を低減して送出する電波をいう。

(39)　全搬送波：両側波帯用の受信機で受信可能となるよう搬送波を一定レベルで送出する電波をいう。

(40)　空中線電力：尖（せん）頭電力、平均電力、搬送波電力又は規格電力をいう。

(41)　尖頭電力：通常の動作状態において、変調包絡線の最高尖頭における無線周波数１サイクルの間に送信機から空中線系の給電線に供給される平均の電力をいう。

(42)　平均電力：通常の動作中の送信機から空中線系の給電線に供給される電力であって、変調において用いられる最低周波数の周期に比較してじゅうぶん長い時間（通常、平均の電力が最大である約10分の１秒間）にわたって平均されたものをいう。

(43)　搬送波電力：変調のない状態における無線周波数１サイクルの間に、送信機から空中線系の給電線に供給される平均の電力をいう。ただし、この定義は、パルス変調の発射には適用しない。

(44)　規格電力：終段真空管の使用状態における出力規格の値をいう。

(45)　終段陽極入力：無変調時における終段の真空管に供給される直流陽極電圧と直流陽極電流との積の値をいう。

(46)　船舶保安警報：船舶に危害を及ぼす行為が発生した場合に送信する通報であって、当該行為によって当該船舶の安全が脅かされていることを示す情報その他の情報からなるものをいう。

2　電波法施行規則第３条関係（抜粋）

(1)　移動業務：移動局（陸上（河川、湖沼その他これらに準ずる水域を含む。基地局、陸上移動中継局、陸上移動局及び携帯局において同じ。）を移動中又はその特定しない地点に停止中に使用する受信設備（無線局のものを除く。陸上移動業務及び無線呼出業務において「陸上移動受信設備」という。）を含む。）と陸上局との間又は移動局相互間の無線通信業務（陸上移動中継局の中継によるものを含む。）をいう。

(2)　海上移動業務：船舶局と海岸局との間、船舶局相互間、船舶局と船上通信局との間、船上通信局相互間又は遭難自動通報局と船舶局若しくは海岸局との間の無線通信業務をいう。

(3)　携帯移動業務：携帯局と携帯基地局との間又は携帯局相互間の無線通信業務をいう。

(4)　無線呼出業務：携帯受信設備（陸上移動受信設備であって、その携帯者に対する呼出し（これに付随する通報を含む。以下この号において同じ。）を受けるためのものをいう。）の携帯者に対する呼出しを行う無線通信業務をいう。

(5)　無線測位業務：無線測位のための無線通信業務をいう。

(6)　無線航行業務：無線航行のための無線測位業務をいう。

(7)　海上無線航行業務：船舶のための無線航行業務をいう。

(8)　無線標定業務：無線航行業務以外の無線測位業務をいう。

(9)　無線標識業務：移動局に対して電波を発射し、その電波発射の位置からの方向又は方位をその移動局に決定させることができるための無線航行業務をいう。

(10)　非常通信業務：地震、台風、洪水、津波、雪害、火災、暴動その他非常の事態が発生し又は発生するおそれがある場合において、人命の救助、災害の救援、交通通信の確保又は秩序の維持のために行う無線通信業務をいう。

(11)　特別業務：上記各号に規定する業務及び電気通信業務（不特定多数の者に同時に送信するものを除く。）のいずれにも該当しない無線通信業務であって、一定の公共の利益のために行われるものをいう。

(12)　海上移動衛星業務：船舶地球局と海岸地球局との間又は船舶地球局相互間の衛星通信の業務をいう。

3　電波法施行規則第４条関係（抜粋）

(1)　海岸局：船舶局、遭難自動通報局又は航路標識に開設する海岸局（船舶自動識別装置により通信を行うものに限る。）と通信を行うため陸上に開設する移動しない無線局（航路標識に開設するものを含む。）をいう。

⑵　基地局：陸上移動局との通信（陸上移動中継局の中継によるものを含む。）を行うため陸上（河川、湖沼その他これらに準ずる水域を含む。）に開設する移動しない無線局（陸上移動中継局を除く。）をいう。

⑶　携帯基地局：携帯局と通信を行うため陸上に開設する移動しない無線局をいう。

⑷　航空局：航空機局と通信を行うため陸上に開設する移動中の運用を目的としない無線局（船舶に開設するものを含む。）をいう。

⑸　陸上局：海岸局、航空局、基地局、携帯基地局、無線呼出局、陸上移動中継局その他移動中の運用を目的としない移動業務を行う無線局をいう。

⑹　船舶局：船舶の無線局（人工衛星局の中継によってのみ無線通信を行うものを除く。）のうち、無線設備が遭難自動通報設備又はレーダーのみのもの以外のものをいう。

⑺　遭難自動通報局：遭難自動通報設備のみを使用して無線通信業務を行う無線局をいう。

⑻　船上通信局：船上通信設備のみを使用して無線通信業務を行う移動する無線局をいう。

⑼　陸上移動局：陸上（河川、湖沼その他これらに準ずる水域を含む。）を移動中又はその特定しない地点に停止中運用する無線局（船上通信局を除く。）をいう。

⑽　携帯局：陸上（河川、湖沼その他これらに準ずる水域を含む。）、海上若しくは上空の一若しくは二以上にわたり携帯して移動中又はその特定しない地点に停止中運用する無線局（船上通信局及び陸上移動局を除く。）をいう。

⑾　移動局：船舶局、遭難自動通報局、船上通信局、航空機局、陸上移動局、携帯局その他移動中又は特定しない地点に停止中運用する無線局をいう。

⑿　無線測位局：無線測位業務を行う無線局をいう。

⒀　無線航行局：無線航行業務を行う無線局をいう。

⒁　無線航行陸上局：移動しない無線航行局をいう。

⒂　無線航行移動局：移動する無線航行局をいう。

⒃　無線標定陸上局：無線標定業務を行う移動しない無線局をいう。

⒄　無線標定移動局：無線標定業務を行う移動する無線局をいう。

⒅　無線標識局：無線標識業務を行う無線局をいう。

⒆　地球局：宇宙局と通信を行い、又は受動衛星その他の宇宙にある物体を利用して通信（宇宙局とのものを除く。）を行うため、地表又は地球の大気圏の主要部分に開設する無線局をいう。

⒇　海岸地球局：陸上に開設する無線局であって、人工衛星局の中継により船舶地球局と無線通信を行うものをいう。

(21)　船舶地球局：船舶に開設する無線局であって、人工衛星局の中継によってのみ無線通信を行うもの（実験等無線局及びアマチュア無線局を除く。）をいう。

(22)　非常局：非常通信業務のみを行うことを目的として開設する無線局をいう。

(23)　実験試験局：科学若しくは技術の発達のための実験、電波の利用の効率性に関する試験又は電波の利用の需要に関する調査を行うために開設する無線局であって、実用に供しないもの（放送をするものを除く。）をいう。

(24)　実用化試験局：当該無線通信業務を実用に移す目的で試験的に開設する無線局をいう。

(25)　特別業務の局：特別業務を行う無線局をいう。

4　無線局運用規則第2条関係（抜粋）

(1)　漁業局：漁業用の海岸局及び漁船の船舶局をいう。

(2)　漁業通信：漁業用の海岸局（漁業の指導監督用のものを除く。）と漁船の船舶局（漁業の指導監督用のものを除く。以下、この号において同じ。）との間及び漁船の船舶局相互間において行う漁業に関する無線通信をいう。

(3)　中波帯：285kHzから535kHzまでの周波数帯をいう。

(4)　中短波帯：1,606.5kHzから4,000kHzまでの周波数帯をいう。

(5)　短波帯：4,000 kHzから26,175 kHzまでの周波数帯をいう。

(6)　通常通信電波：通報の送信に通常用いる電波をいう。

5　無線従事者規則第2条関係（抜粋）

(1)　指定講習機関：無線局の免許人は、選任の届出をした主任無線従事者に、総務省令で定める期間ごとに、無線設備の操作の監督に関し総務大臣が行う講習を受けさせなければならない（法39条7項）。総務大臣は、この講習をその指定する者に行わせることができる。指定された者を指定講習機関という（法39条の2）。

(2)　指定試験機関：総務大臣は、その指定する者に無線従事者国家試験の実施に関する事務の全部又は一部を行わせることができる。指定された者を指定試験機関という（法46条）。

6　無線設備規則関係

(1)　インマルサット人工衛星局：国際移動通信衛星機構が監督する法人が開設する人工衛星局をいう（設備14条3項）。

(2)　インマルサット船舶地球局：インマルサット人工衛星局の中継により海岸

地球局と通信を行うために開設する船舶地球局をいう（設備14条３項）。

(3)　地上無線航法装置：陸上の無線局からの電波を受信して無線航行を行うための受信設備をいう（設備47条の２）。

(4)　衛星無線航法装置：人工衛星局からの電波を受信して無線航行及び時刻の取得を行うための受信設備をいう（設備47条の３）。

７　その他〔参考〕

(1)　船舶保安警報装置：海上保安庁に対して船舶保安警報を伝送できることその他総務大臣が別に告示する要件を満たす機器をいう（略称　SSAS：Ship Security Alert System）（施行28条３項）。

(2)　航海情報記録装置：海難事故の原因を究明するために航海中の日時、船舶の位置、針路、速力、船体の状態及び船橋での会話等を記録するシステムで、記録されたデータは、再生、解析することにより、事故原因の究明と再発の防止に役立てられる。

この装置は、SOLAS（海上人命安全）条約の改正によって、2002年７月１日以降に建造されるすべての国際航海に従事する客船と総トン数3,000トン以上の客船以外の船舶に搭載が義務づけられていたが、2007年７月からは、さらに国際航海に従事する既存客船等への搭載が義務づけられた。（略称VDR：Voyage Data Recorder）。衛星位置指示無線標識に付加する簡易型航海情報記録装置（略称S‐VDR：Simplified Voyage Data Recorder）のものもある（施行28条４項）。

(3)　船舶長距離識別追跡装置：海上保安庁に対して自船の識別及び位置（その取得日時を含む。）に係る情報を自動的に伝送できることその他総務大臣が別に告示する要件を満たす機器をいう（略称　LRIT：Long Range Identification and Tracking of Ships）（施行28条６項）。

資料２　書類の提出先及び総合通信局の所在地、管轄区域

1　書類の提出先

(1)　無線局の免許関係の申請及び届出の書類、無線従事者の国家試験及び免許関係の申請及び届出の書類等は、次の表の左欄の区別及び中欄の所在地等の区分により右欄の提出先に提出する。この場合において総務大臣に提出するもの（◎印のもの）は、所轄総合通信局長を経由して提出する。

なお、所轄総合通信局長は、中欄の所在地等を管轄する総合通信局長である（施行51条の15・2項、52条１項（抜粋））。

区　　別	所　在　地　等	提　出　先	
		所轄総合通信局長	総務大臣
・船舶の無線局及び船舶地球局	その船舶の主たる停泊港の所在地	○	
・無線従事者の免許に関する事項 (1)　特殊無線技士並びに第三級及び第四級アマチュア無線技士の資格の場合 (2)　(1)以外の資格の場合	合格した国家試験（その免許に係るものに限る。）の受験地、修了した電波法第41条第２項第２号の養成課程の主たる実施の場所（その場所が外国の場合にあっては、当該養成課程を実施した者の主たる事務所の所在地）、同条第２項第３号の無線通信に関する科目を修めて卒業した同号の学校の所在地又は修了した無線従事者規則第33条に規定する認定講習の主たる実施の場所。ただし、申請者の住所とすることを妨げない。	(1)の場合 ○	(2)の場合 ◎
・無線従事者国家試験に関する事項 (1)　特殊無線技士並びに第三級及び第四級アマチュア無線技士の資格の場合 (2)　(1)以外の資格の場合	その無線従事者国家試験の施行地	(1)の場合 ○	(2)の場合 ◎
・船舶局無線従事者証明に関する事項	その船舶局無線従事者証明に関する無線従事者資格の免許に係る総合通信局長	○	

⑵　船舶局、航空機局、遭難自動通報局、無線航行移動局、ラジオ・ブイの無線局又は船舶地球局に係る工事落成届、電波法第18条本文の規定による検査を受けようとする場合の届出又は同法第73条第４項の規定による点検の結果を記載した書類については、任意の総合通信局長を経由して所轄総合通信局長に提出することができる（施行52条２項）。

（注１）指定試験機関がその試験事務を行う国家試験を受けようとする者は、当該指定試験機関が定めるところにより、当該指定試験機関に提出しなければならない（従事者10条２項）。

（注２）指定講習機関が行う主任無線従事者講習を受けようとする者は、当該指定講習機関に提出しなければならない（従事者73条２項）。

２　総合通信局等の所在地、管轄区域（総務省組織令 138 条）

名　　称	郵便番号	所　在　地	管　轄　区　域
北海道総合通信局	060-8795	札幌市北区北８条西２－１－１	北海道
東北総合通信局	980-8795	仙台市青葉区本町３－２－23	青森、岩手、宮城、秋田、山形、福島
関東総合通信局	102-8795	東京都千代田区九段南１－２－１	茨城、栃木、群馬、埼玉、千葉、東京、神奈川、山梨
信越総合通信局	380-8795	長野市旭町1108	新潟、長野
北陸総合通信局	920-8795	金沢市広坂２－２－60	富山、石川、福井
東海総合通信局	461-8795	名古屋市東区白壁１－15－１	岐阜、静岡、愛知、三重
近畿総合通信局	540-8795	大阪市中央区大手前１－５－44	滋賀、京都、大阪、兵庫、奈良、和歌山
中国総合通信局	730-8795	広島市中区東白島町19－36	鳥取、島根、岡山、広島、山口
四国総合通信局	790-8795	松山市味酒町２－14－４	徳島、香川、愛媛、高知
九州総合通信局	860-8795	熊本市西区春日２－10－１	福岡、佐賀、長崎、熊本、大分、宮崎、鹿児島
沖縄総合通信事務所	900-8795	那覇市旭町１－９	沖縄

資料３　無線局の免許申請書及び再免許申請書の様式（免許３条２項、16条２項、別表１号）（総務大臣又は総合通信局長がこの様式に代わるものとして認めた場合は、それによることができる。）

無線局免許（再免許）申請書

年　　月　　日

総務大臣　殿（注1）

収入印紙貼付欄 （注2）

□電波法第6条の規定により、無線局の免許を受けたいので、無線局免許手続規則第4条に規定する書類を添えて下記のとおり申請します。

□無線局免許手続規則第16条第1項の規定により、無線局の再免許を受けたいので、第16条の2の規定により、別紙の書類を添えて下記のとおり申請します。

□無線局免許手続規則第16条第1項の規定により、無線局の再免許を受けたいので、第16条の3の規定により、添付書類の提出を省略して下記のとおり申請します。

（注3）

記（注4）

1　申請者（注5）

住　所	都道府県―市区町村コード　〔　　　　　　　　〕 〒（　　―　　）
氏名又は名称及び代表者氏名	フリガナ
法人番号	

2　電波法第5条に規定する欠格事由（注6）

開設しようとする無線局	無線局の種類（法第5条第2項各号）	□　該当 □　該当しない
外国性の有無	国籍等（同条第1項第1号から第3号まで）	□　有　□　無
	代表者及び役員の割合（同項第4号）	□　有　□　無
	議決権の割合（同号）	□　有　□　無
相対的欠格事由	処分歴等（同条第3項）	□　有　□　無
一部の基幹放送をする無線局の欠格事由	国籍等（同条第4項第1号）	□　有　□　無
	処分歴等（同号）	□　有　□　無
	特定役員（同項第2号）	□　有　□　無
	議決権の割合（同項第2号及び第3号）	□　有　□　無
	役員の処分歴等（同項第4号）	□　有　□　無

3 免許又は再免許に関する事項(注7)

① 無線局の種別及び局数	
② 識別信号	
③ 免許の番号	
④ 免許の年月日	
⑤ 希望する免許の有効期間	
⑥ 備考	

4 電波利用料(注8)

① 電波利用料の前納(注9)

電波利用料の前納の申出の有無	□有 □無
電波利用料の前納に係る期間	□無線局の免許の有効期間まで前納します(電波法第13条第2項に規定する無線局を除く。)。 □その他(年)

② 電波利用料納入告知書送付先(法人の場合に限る。)(注10)

□1の欄と同一のため記載を省略します。

住 所	都道府県―市区町村コード 〔 〕
	〒(—)
部署名	フリガナ

5 申請の内容に関する連絡先

所属、氏名	フリガナ
電話番号	
電子メールアドレス	

(申請書の用紙は、日本産業規格A列4番である。)

注 (省略)

資料4　船舶局（特定船舶局を除く。）及び船舶地球局（電気通信業務を行うことを目的とするものに限る。）の無線局事項書の様式（免許4条、12条、別表2号第3）（総務大臣又は総合通信局長がこの様式に代わるものとして認めた場合は、それによることができる。）

宇宙無線通信を行う実験試験局であつて、船舶に開設するものについては、本様式のとおりとする。この場合において、本様式中「人工衛星局」とあるのは「人工衛星に開設する実験試験局」と、「船舶地球局」とあるのは「宇宙無線通信を行う実験試験局であつて船舶に開設するもの」と、「海岸地球局」とあるのは「宇宙無線通信を行う実験試験局であつて宇宙物体、船舶及び航空機に開設するもの以外のもの」と読み替える。

1枚目

無線局事項書	
1　免許の番号	
2　申請（届出）の区分	□開設　□変更　□再免許
3　無線局の種別コード	
4　開設、継続開設又は変更を必要とする理由	
5　法人団体個人の別	□法人　□団体　□個人
6　住　所	都道府県－市区町村コード　〔　　　　〕 〒（　　－　　） 電話番号（　　　）　－
7　氏名又は名称及び代表者氏名	フリガナ 英文
8　希望する運用許容時間	
9　工事落成の予定期日	□日付指定：＿＿.＿＿.＿＿ □予備免許の日から＿＿月目の日 □予備免許の日から＿＿日目の日
10　運用開始の予定期日	□免許の日 □日付指定：＿＿.＿＿.＿＿ □予備免許の日から＿＿月以内の日 □免許の日から＿＿月以内の日
11　無線局の目的コード	 □従たる目的 □従たる目的
12　通信事項コード	
13　通信の相手方	
14　識別信号	〔MMSI〕 〔NBDP〕
15　電波の型式並びに希望する周波数の範囲及び空中線電力	

長辺

短　辺　　　（日本産業規格A列4番）

２枚目（船舶局に限る。）

<table>
<tr><td colspan="2">16　無線局の区別</td><td></td></tr>
<tr><td>17　電波の型式並びに希望する周波数の範囲及び空中線電力</td><td>電波法第33条及び第35条の規定により備えている無線設備</td><td>□超短波帯（150　MHz）の無線設備の機器　〔　J　〕
　□F２B　ch　70　W
　□F３E　W
　□
□中短波帯の無線設備の機器　〔　K　〕
　□J３E　2182　kHz　W
　□F１B　2177　2187.5　kHz　W
　□F１B　2174.5　kHz　W
　□
□中短波帯及び短波帯の無線設備の機器　〔　L　〕
　□J３E　2182　kHz　W
　□F１B　2177　2187.5　kHz　W
　□F１B　2174.5　kHz　W
　□
　□J３E　4125　6215　8291　12290　16420　kHz　W
　□F１B　4207.5　6312　8414.5　12577　16804.5　kHz　W
　□F１B　4177.5　6268　8376.5　12520　16695　kHz　W
　□
□船舶自動識別装置　〔　S　〕
　□F２B　ch　70　12.5　W
　□F１D　156.025－156.5125　MHz,　156.5375－157.425　MHz,
　160.625－160.8875　MHz,　160.9125－160.9625　MHz
　及び 161.5－162.025　MHz
　12.5　kHz間隔の周波数　182波　12.5　W
　□F１D　156.025－156.5　MHz,　156.55－157.425　MHz,
　160.625－160.875　MHz,　160.925 - 160.95　MHz
　及び 161.5－162.025　MHz
　25　kHz間隔の周波数　91波　12.5　W
□捜索救助用レーダートランスポンダ　〔　M　〕
　□Q０N　9350　MHz　0.4　W
□捜索救助用位置指示送信装置　〔　Q　〕
　□F１D　161.975　162.025　MHz　1.0　W
□衛星非常用位置指示無線標識　〔　N　〕
　□G１B　406.025　MHz　5.0　W
　□G１B　406.028　MHz　5.0　W
　□G１B　406.031　MHz　5.0　W
　□G１B　406.037　MHz　5.0　W
　□G１B　406.04　MHz　5.0　W
　□A３X　121.5　MHz　0.05　W
□設備規則第45条の３の５に規定する無線設備　〔　E　〕
　□G１B　406.028　MHz　5.0　W
　□G１B　406.031　MHz　5.0　W
　□G１B　406.037　MHz　5.0　W
　□G１B　406.04　MHz　5.0　W
　□A３X　121.5　MHz　0.05　W
□双方向無線電話　〔　P　〕
　□F３E　150　MHz　（ch　15－17）　W
□船舶航空機間双方向無線電話　〔　T　〕
　□A３E　121.5　123.1　MHz　W</td></tr>
</table>

長辺

短辺　（日本産業規格A列４番）

３枚目

<table>
<tr><td colspan="3">18　無線局の区別</td><td colspan="2"></td></tr>
<tr><td rowspan="2">19 電波の型式並びに希望する周波数の範囲及び空中線電力</td><td rowspan="2">17 以外の無線設備</td><td colspan="3">□超短波帯（150MHz）の無線設備の機器　〔　J　〕
□Ｆ２Ｂ　ch　70　W
□Ｆ３Ｅ　W
□超短波帯（150　MHz　DSB）の無線設備の機器　〔　X　〕
□Ａ３Ｅ　W
□超短波帯（40　MHz　DSB）の無線設備の機器　〔　W　〕
□Ａ３Ｅ　W
□短波帯（27　MHz　SSB）の無線設備の機器　〔　U　〕
□Ｊ３Ｅ　W
□Ｈ３Ｅ　27524 kHz　W
□短波帯（27　MHz　DSB）の無線設備の機器　〔　V　〕
□Ａ３Ｅ　W
□船上通信設備　〔　I　〕
□Ｆ３Ｅ　ch　15　ch　17　W
□Ｆ３Ｅ　457.525　457.55　457.575　MHz　W
□Ｆ１Ｄ　Ｆ１Ｅ　457.515625MHz－457.584375MHz及び
467.515625MHz－467.584375MHz　6.25kHz間隔の24波　W
□
□レーダー　〔　G　〕
□Ｐ０Ｎ　9410　MHz　kW
□Ｐ０Ｎ　Ｑ０Ｎ　Ｖ０Ｎ　9400　MHz　W
□
□簡易型船舶自動識別装置　〔　R　〕
□Ｆ１Ｄ　161.5－162.025　MHzまでの25kHz間隔の周波数　22波　2Ｗ
□ＶＨＦデータ交換装置　〔　Y　〕
□　W
□
□その他の設備
□
□
□
□</td></tr>
<tr></tr>
<tr><td colspan="3" rowspan="2">20　無線設備の設置場所</td><td rowspan="2">船舶名</td><td>フリガナ</td></tr>
<tr><td>英文</td></tr>
<tr><td colspan="4">21　停泊港コード</td><td></td></tr>
<tr><td colspan="4">22　主たる停泊港</td><td></td></tr>
<tr><td colspan="4">23　船舶の所有者</td><td>□免許人　□その他（　　　）</td></tr>
<tr><td colspan="4">24　船舶の運行者</td><td></td></tr>
<tr><td colspan="4">25　船舶の用途コード</td><td></td></tr>
<tr><td colspan="4">26　総トン数</td><td></td></tr>
<tr><td colspan="4">27　旅客定員コード</td><td></td></tr>
<tr><td colspan="4">28　長さコード</td><td></td></tr>
<tr><td colspan="4">29　国際航海従事</td><td>□有　□無</td></tr>
</table>

長辺

短　　辺　　（日本産業規格Ａ列４番）

４枚目

<table>
<tr><td colspan="2">30　無線局の区別</td><td colspan="2"></td></tr>
<tr><td colspan="2">31　電気通信業務の取扱範囲</td><td colspan="2">□国内　　□国際</td></tr>
<tr><td colspan="2">32　航行する海域コード</td><td colspan="2"></td></tr>
<tr><td colspan="2">33　航行区域又は従業制限コード</td><td colspan="2"></td></tr>
<tr><td colspan="2">34　船舶番号又は漁船登録番号</td><td colspan="2"></td></tr>
<tr><td colspan="2">35　信号符字</td><td colspan="2"></td></tr>
<tr><td colspan="2" rowspan="2">36　加入海岸局</td><td>正加入</td><td></td></tr>
<tr><td>準加入</td><td></td></tr>
<tr><td colspan="2" rowspan="2">37　施行規則第28条第２項の無線設備等</td><td>局種コード</td><td></td></tr>
<tr><td>無線設備の名称</td><td>コード〔　　〕</td></tr>
<tr><td colspan="2" rowspan="2">38　施行規則第28条第３項の無線設備等</td><td>局種コード</td><td></td></tr>
<tr><td>無線設備の名称</td><td></td></tr>
<tr><td colspan="2" rowspan="2">39　施行規則第28条第６項の無線設備等</td><td>局種コード</td><td></td></tr>
<tr><td>無線設備の名称</td><td></td></tr>
<tr><td rowspan="2">40
電波法第33条及び第35条関連（義務船舶局等の場合に限る。）</td><td>(1)　電波法第33条の規定により備えなければならない受信機等</td><td colspan="2">□ナブテックス受信機〔英文（518kHz）〕
□ナブテックス受信機〔和文（424kHz）〕
□高機能グループ呼出受信機
□デジタル選択呼出専用受信機〔超短波帯〕
□デジタル選択呼出専用受信機〔中短波帯〕
□デジタル選択呼出専用受信機〔中短波帯及び短波帯〕
□無線航法装置
□地上無線航法装置
□衛星無線航法装置
□船舶地球局の無線設備
無線設備の名称〔　　〕
識別信号〔　　〕
免許の番号〔　　〕</td></tr>
<tr><td>(2)　電波法第35条の措置</td><td colspan="2">□電波法第35条第１号の措置
□超短波帯の無線設備の機器
□中短波帯の無線設備の機器
□中短波帯及び短波帯の無線設備の機器
□中短波帯及び短波帯のデジタル選択呼出専用受信機
□船舶地球局の無線設備を予備設備とする場合
無線設備の名称〔　　〕
識別信号〔　　〕
免許の番号〔　　〕
□その他（他の無線設備の機器を予備装置とするときはその機器）
〔　　〕
□電波法第35条第２号の措置
（□他の者への委託　　）
□電波法第35条第３号の措置</td></tr>
<tr><td colspan="2">41　備考</td><td colspan="2"></td></tr>
</table>

長辺

短辺　　（日本産業規格Ａ列４番）

注（省略）

資料5　船舶局（特定船舶局を除く。）の工事設計書の様式（免許4条、12条、別表2号の2第6）（総合通信局長がこの様式に代わるものとして認めた場合は、それによることができる。）

1枚目

長辺

<table>
<tr><td colspan="7">工事設計書</td></tr>
<tr><td colspan="3">1　無線局の区別</td><td colspan="4"></td></tr>
<tr><td colspan="3">2　電波法第33条の規定により備えられている無線設備</td><td colspan="4">□</td></tr>
<tr><td colspan="2" rowspan="3">3　装置の区別</td><td>番号</td><td colspan="4">第　　装置</td></tr>
<tr><td>無線設備の種別</td><td colspan="4">コード〔　　　　〕</td></tr>
<tr><td>現用又は予備の別</td><td colspan="4">□現用　□予備</td></tr>
<tr><td colspan="3">4　通信方式コード</td><td colspan="4"></td></tr>
<tr><td rowspan="8">5
送信機</td><td colspan="2">電波の型式</td><td colspan="4"></td></tr>
<tr><td colspan="2">定格出力（W）</td><td colspan="4"></td></tr>
<tr><td colspan="2">空中線電力(W)</td><td colspan="4"></td></tr>
<tr><td colspan="2">空中線電力低下の有無</td><td colspan="4">□有　□無</td></tr>
<tr><td colspan="2">変調方式コード</td><td colspan="4"></td></tr>
<tr><td colspan="2">製造者名</td><td colspan="4"></td></tr>
<tr><td colspan="2">検定番号、適合表示無線設備の番号又は名称</td><td colspan="4"></td></tr>
<tr><td colspan="2">製造番号</td><td colspan="4"></td></tr>
<tr><td rowspan="4">6
受信機</td><td colspan="2">区別</td><td colspan="4">□送信機と同じ</td></tr>
<tr><td colspan="2">製造者名</td><td colspan="4"></td></tr>
<tr><td colspan="2">検定番号又は名称</td><td colspan="4"></td></tr>
<tr><td colspan="2">製造番号</td><td colspan="4"></td></tr>
<tr><td colspan="3">7　補助電源</td><td colspan="4">□有　□無</td></tr>
<tr><td rowspan="8">空中線系</td><td colspan="2">8　空中線系番号</td><td colspan="4"></td></tr>
<tr><td rowspan="4">9
空中線</td><td rowspan="2">空中線型式等</td><td>送受の別コード</td><td>基本コード</td><td>付加コード</td><td>偏波面コード</td></tr>
<tr><td></td><td></td><td></td><td></td></tr>
<tr><td>高さ(m)</td><td colspan="4"></td></tr>
<tr><td>利得（dBi）</td><td colspan="4"></td></tr>
<tr><td colspan="2">10　発射する周波数等</td><td colspan="4"></td></tr>
<tr><td colspan="2">11　受信する周波数</td><td colspan="4"></td></tr>
<tr><td colspan="2">12　空中線系に関するその他の事項</td><td colspan="4">□構成が複雑で記載が困難なため、構成を別に添付する。</td></tr>
</table>

短　　辺

（日本産業規格A列4番）

２枚目

13　無線局の区別					
	機器の種類	台数	検定番号、適合表示無線設備の番号又は名称	製造番号	補足事項
14　特殊な設備	□デジタル選択呼出専用受信機（超短波帯）〔DSR〕				
	□デジタル選択呼出専用受信機（中短波帯）〔DSR〕				
	□デジタル選択呼出専用受信機（中短波帯及び短波帯）〔DSR〕				
	□ナブテックス受信機（英文）〔NRI〕				
	□ナブテックス受信機（和文）〔NRN〕				
	□インマルサット高機能グループ呼出受信機〔EGC〕				
	□1,621.35MHzから1,626.5MHzまでの周波数の電波を受信する高機能グループ呼出受信機〔EGＩ〕				
	□双方向無線電話（施行規則第28条第５項に規定するものを除く。）〔LP〕				
	□双方向無線電話（施行規則第28条第５項に規定するもの）〔LP〕				
	□船舶航空機間双方向無線電話〔SAW〕				
	□船上通信設備〔FMB〕				
	□レーダー〔R〕				
	□衛星非常用位置指示無線標識〔SE〕				
	□捜索救助用レーダートランスポンダ〔LTL〕				
	□捜索救助用位置指示送信装置〔ATL〕				
	□設備規則第45条の３の５に規定する無線設備〔VDR〕				
	□VHFデータ交換装置〔VDE〕				
	□無線方位測定機〔ADF〕				
	□周波数測定装置〔W〕				
	□地上無線航法装置〔LRN〕				
	□衛星無線航法装置〔GPS〕				
	□ファクシミリ受信機〔F〕				
	□その他（　　　　　　　　　　　）				

長辺

短　　辺　　（日本産業規格Ａ列４番）

３枚目

長辺

<table>
<tr><td colspan="2">15　無線局の区別</td><td colspan="3"></td></tr>
<tr><td rowspan="12">16
附属装置</td><td>機器の種類</td><td>型式又は名称</td><td>方式・規格等</td><td>補足事項</td></tr>
<tr><td>□選択呼出装置
（デジタル選択呼出装置を除く。）〔S〕</td><td></td><td></td><td></td></tr>
<tr><td>□ファクシミリ〔F〕</td><td></td><td></td><td></td></tr>
<tr><td>□変調信号処理装置〔SM〕</td><td></td><td></td><td></td></tr>
<tr><td>□データ伝送装置〔DT〕</td><td></td><td></td><td></td></tr>
<tr><td>□制御装置〔CON〕</td><td></td><td></td><td></td></tr>
<tr><td>□注意信号発生装置〔ASG〕</td><td></td><td></td><td></td></tr>
<tr><td>□施行規則第28条第５項の装置〔HFS〕</td><td></td><td></td><td></td></tr>
<tr><td>□デジタル選択呼出装置
（超短波帯）〔DSC〕</td><td></td><td></td><td></td></tr>
<tr><td>□デジタル選択呼出装置
（中短波帯）〔DSC〕</td><td></td><td></td><td></td></tr>
<tr><td>□デジタル選択呼出装置
（中短波帯及び短波帯）〔DSC〕</td><td></td><td></td><td></td></tr>
<tr><td>□狭帯域直接印刷電信装置〔NDP〕</td><td></td><td></td><td></td></tr>
<tr><td colspan="2">17　船舶等識別番号</td><td colspan="3"></td></tr>
<tr><td colspan="2">18　その他の工事設計</td><td colspan="3">□電波法第３章に規定する条件に合致する。</td></tr>
<tr><td colspan="2">19　添付図面</td><td colspan="3">□無線設備系統図
□機器配置図
□電源系統図
□ブロッキングチャート</td></tr>
<tr><td>20
備考</td><td colspan="4"></td></tr>
</table>

短　　辺　　（日本産業規格Ａ列４番）

4枚目

21　無線局の区別					
22　発射する電波の型式、周波数及び空中線電力	周波数番号	電波の型式	周波数	空中線電力	補足事項

長辺

短　辺　（日本産業規格A列4番）

注（省略）

資料6　工事落成、設置場所変更又は変更工事完了に係る届出書の様式

（免許13条2項、25条5項、別表3号の2）（総務大臣又は総合通信局長がこの様式に代わるものとして認めた場合は、それによることができる。）

工事落成等届出書

年　月　日

総務大臣　殿（注1）

収入印紙貼付欄 （注2）

□電波法第10条の規定により、工事が落成したので、下記のとおり届け出ます。
□無線局免許手続規則第25条第4項の規定により、無線設備の設置場所を変更したので、下記のとおり届け出ます。
□無線局免許手続規則第25条第4項の規定により、無線設備の変更の工事が完了したので、下記のとおり届け出ます。
（注3）

記

1　届出者（注4）

住　所	都道府県－市区町村コード〔　　　〕 〒（　　－　　）
氏名又は名称及び代表者氏名	フリガナ
法人番号	

2　工事落成、設置場所変更又は変更工事完了に係る事項（注5）

①　無線局の種別及び局数	
②　識別信号	
③　免許の番号	
④　予備免許の年月日及び予備免許通知書の番号又は変更の許可の年月日及び変更許可通知書の番号	
⑤　工事落成の年月日、設置場所変更の年月日又は変更工事完了の年月日	
⑥　検査を希望する日	

3　届出の内容に関する連絡先

所属、氏名	フリガナ
電話番号	
電子メールアドレス	

（届出書の用紙は、日本産業規格A列4番である。）

注　（省略）

資料7　無線局の変更等申請書及び変更届出書の様式（免許12条２項、25条１項、別表４号）（総務大臣又は総合通信局長がこの様式に代わるものとして認めた場合は、それによることができる。）

無線局変更等申請書及び届出書

年　　月　　日

総務大臣　殿（注１）

□電波法第9条第1項又は第4項の規定により、無線局の工事設計等の変更の許可を受けたいので、無線局免許手続規則第12条第1項に規定する書類を添えて下記のとおり申請します。

□電波法第9条第2項の規定により、無線局の工事設計を変更したので、無線局免許手続規則第12条第1項に規定する書類を添えて下記のとおり届け出ます。

□電波法第9条第5項第1号の規定により、基幹放送局以外の無線局(同法第5条第2項各号に掲げる無線局を除く。)について、同法第6条第1項第10号に掲げる事項に変更があつたので、無線局免許手続規則第12条第1項に規定する書類を添えて下記のとおり届け出ます。

□電波法第9条第5項第2号の規定により、基幹放送局について、同法第6条第2項第3号、第4号(事業収支見積りに係る部分に限る。)、第6号、第8号又は第9号に掲げる事項に変更があつたので、無線局免許手続規則第12条第1項に規定する書類を添えて下記のとおり届け出ます。

□電波法第17条第1項の規定により、無線局の変更等の許可を受けたいので、無線局免許手続規則第25条第1項において準用する第12条第1項に規定する書類を添えて下記のとおり申請します。

□電波法第17条第2項第1号の規定により、基幹放送局以外の無線局(同法第5条第2項各号に掲げる無線局を除く。)について、同法第6条第1項第10号に掲げる事項に変更があつたので、無線局免許手続規則第25条第1項において準用する第12条第1項に規定する書類を添えて下記のとおり届け出ます。

□電波法第17条第2項第2号の規定により、基幹放送局について、同法第6条第2項第3号、第4号(事業収支見積りに係る部分に限る。)、第6号、第8号又は第9号に掲げる事項に変更があつたので、無線局免許手続規則第25条第1項において準用する第12条第1項に規定する書類を添えて下記のとおり届け出ます。

□電波法第17条第3項の規定により、許可を要しない無線設備の軽微な変更工事をしたので、無線局免許手続規則第25条第1項において準用する第12条第1項に規定する書類を添えて下記のとおり届け出ます。

□電波法第19条の規定により、無線局の周波数等の指定の変更を受けたいので、無線局免許手続規則第25条第1項において準用する第12条第1項に規定する書類を添えて下記のとおり申請します。

(注２)

記

1　申請（届出）者(注３）

住　所	都道府県－市区町村コード〔　　　　〕
	〒（　　－　　）
氏名又は名称及び代表者氏名	フリガナ
法人番号	

2　変更の対象となる無線局に関する事項（注４）

①　無線局の種別及び局数	
②　識別信号	
③　免許の番号	
④　備考	

3　申請（届出）の内容に関する連絡先

所属、氏名	フリガナ
電話番号	
電子メールアドレス	

（申請（届出）書の用紙は、日本産業規格Ａ列４番である。）

注　（省略）

資料8　無線局に交付する免許状の様式（免許21条1項、別表6号の2）

(1)　船舶局の例

無　線　局　免　許　状

JAPANESE GOVERNMENT SHIP STATION LICENCE

免許人の氏名又は名称 Licensee			
免許人の住所 Address			
無線局の種別 Category	船舶局 Ship Station	免許の番号 NO.	
免許の年月日	○○.○.○○	免許の有効期間 Period of Validity	無期限 Unlimited
無線局の目的	一般業務用	運用許容時間	常　時
通　信　事　項	船舶の航行に関する事項 海上運送事業に関する事項		
通信の相手方	港湾通信業務を行う海岸局 免許人所属の船舶局 その他の船舶局（船舶の航行に関する事項に係る通信に限る。）		
識　別　信　号 Call Sign	J○○○ ××××まる ××××1－2（双方向無線電話、船上通信用） 431××××××（DSC、AIS、狭帯域直接印刷電信、衛星非常用）		

無線設備の設置場所　Name of Ship

××××丸　　××××MARU

電波の型式、周波数及び空中線電力　Type of Emission, Frequency and Power

電波法第33条の規定により備えている無線設備 Compulsory Equipment

中短波帯及び短波帯の無線設備の機器 MF/HF Radio Installation

J3E　2150　2182　2638kHz　200W

J3E　4-16　22MHz（63　80）　200W

F1B　2169　2174.5　2187.5　2189.5kHz

4172.5　6266　8376.5　12477　16683.5　18872　22287.5　25175kHz　200W

超短波帯（150MHz）の無線設備の機器　VHF Radio Installation

F2B　150MHz（CH　70）　25W

F3E　150MHz（CH　1-28　60-69　71-74　77-88）　25W

捜索救助用レーダートランスポンダ　Search and Rescue Transponder

Q0N　9350MHz　0.4W

衛星非常用位置指示無線標識　Satellite EPIRB

G1B　406.025MHz　5W

A3X　121.5MHz　0.05W

双方向無線電話　Two-Way Radio Telephone Apparatus

F3E　150MHz（CH　15　16　17）　0.8W

備考

法律に別段の定めがある場合を除くほか、この無線局の無線設備を使用し、特定の相手方に対して行われる無線通信を傍受してその存在若しくは内容を漏らし、又はこれを窃用してはならない。

年　月　日

○○総合通信局長 印

L.S. Director General of ○○ Bureau of Telecommunications

長辺

短　辺　　（日本産業規格A列4番）

無線局免許状　別紙（Annex）	免許の番号	

その他の無線設備 Others
レーダー Radar
P0N　3050MHz　30kW
P0N　9410MHz　50kW

船舶自動識別装置 Automatic Identification System
F2B　150MHz（CH70）　12.5W
F1D　156.025MHz から 156.5125MHz まで 12.5kHz 間隔の周波数 40 波
156.5375MHz から 157.425MHz まで 12.5kHz 間隔の周波数 72 波
160.625MHz から 160.8875MHz まで 12.5kHz 間隔の周波数 22 波
160.9125MHz から 160.9625MHz まで 12.5kHz 間隔の周波数 5 波
161.5MHz から 162.025MHz まで 12.5kHz 間隔の周波数 43 波　12.5W

船上通信設備 On-Board Communication Apparatus
F3E　457.525　457.550　457.575MHz　1W

電波法第 33 条の規定により備えなければならない受信機等
Compulsory Equipment（INMARSAT System, Receiver, etc.）

長

ナブテックス受信機　NAVTEX Service Broadcast Receiver　有 Yes
インマルサット高機能グループ呼出受信機　INMARSAT EGC Receiver　有 Yes
超短波帯のデジタル選択呼出専用受信機　VHF DSC Watch Receiver　有 Yes
中短波帯のデジタル選択呼出専用受信機　MF DSC Watch Receiver　無 No
中短波及び短波帯のデジタル選択呼出専用受信機
MF/HF DSC Watch Receiver　有 Yes
無線航法装置
地上無線航法装置　LORAN Receiver　無 No
衛星無線航法装置　GPS Receiver　有 Yes
船舶地球局の無線設備 INMARSAT System　無 No
無線設備の名称
識別信号　Call Sign
免許の番号
その他（他の無線設備の機器により代替する場合は、その機器）Others　無 No

電波法第 35 条の措置　Maintenance Requirement

電波法第 35 条第 1 号の措置　Duplication of Equipment　有 Yes
超短波帯の無線設備の機器　VHF Radio Installation　有 Yes
中短波帯の無線設備の機器　MF Radio Installation　無 No
中短波帯及び短波帯の無線設備の機器　MF/HF Radio Installation　無 No
中短波帯及び短波帯のデジタル選択呼出専用受信機

辺

MF/HF DSC Watch Receiver　無 No
船舶地球局の無線設備を予備設備とする場合　有 Yes
無線設備の名称
識別信号　Call Sign　431××××××
免許の番号　○第　号
その他（他の無線設備の機器を予備設備とするときはその機器）Others　無 No

電波法第 35 条第 2 号の措置 Shore-Based Electronic Maintenance　有 Yes
（他の者への委託）　有 Yes
電波法第 35 条第 3 号の措置　At-Sea Electronic Maintenance　無 No

年　月　日

○○総合通信局長　印
L.S. Director General of ○○ Bureau of Telecommunications

短　辺　（日本産業規格 A 列 4 番）

(2)　船舶地球局の例

長辺

無線局免許状

免許人の氏名 又は名称			
免許人の住所			
無線局の種別	船舶地球局	免許の番号	○第 ○○○ 号
免許の年月日	○○.○○.○○	免許の有効期間	○○.○○.○○まで
無線局の目的	電気通信業務用		運用許容時間 常時
通信事項	電気通信業務に関する事項		
通信の相手方	インマルサット・システムの人工衛星局		
識別信号	ＪＡ○○○ ４３１○○○○○○		
無線設備の設置場所又は移動範囲			
○ ○ 丸			
電波の型式、周波数及び空中線電力			
50K0G1B 30K0F3E 30K0F2C 24K0G1B	1636.525MHz から 1637.625MHzまで 25kHz間隔の周波数25波 1638.175MHz から 1644.975MHzまで 25kHz間隔の周波数273波 1626.515MHz から 1637.635MHzまで 5kHz間隔の周波数2225波 1638.165MHz から 1646.485MHzまで 5kHz間隔の周波数1665波		 33W 17W
備考			

法律に別段の定めがある場合を除くほか、この無線局の無線設備を使用し、特定の相手方に対して行われる無線通信を傍受してその存在若しくは内容を漏らし、又はこれを窃用してはならない。

年　月　日

○○総合通信局長　印

短辺　　(日本産業規格Ａ列４番)

(注)　国際航海に従事する船舶の船舶地球局に交付する免許状には、無線通信規則で規定する必要事項を英語で併記する。

資料９　無線局の免許状の訂正申請書の様式（免許22条２項、別表６号の５）（総務大臣又は総合通信局長がこの様式に代わるものとして認めた場合は、それによることができる。）

無線局免許状訂正申請書

年　　月　　日

総務大臣　殿（注１）

電波法第21条の規定により、無線局の免許状の訂正を受けたいので、下記のとおり申請します。

記

１　申請者（注２）

住　所	都道府県－市区町村コード〔　　　　　　　　〕
	〒（　　－　　）
氏名又は名称及び代表者氏名	フリガナ
法人番号	

２　免許状の訂正に関する事項（注３）

①　無線局の種別及び局数	
②　識別信号	
③　免許の番号又は包括免許の番号	
④　訂正を受ける箇所及び訂正を受ける理由	

３　申請の内容に関する連絡先

所属、氏名	フリガナ
電話番号	
電子メールアドレス	

（申請書の用紙は、日本産業規格Ａ列４番である。）

注　（省略）

資料10　無線局の免許状等の再交付申請書の様式（免許23条２項、25条の22の２・２項、別表６号の８）（総務大臣又は総合通信局長がこの様式に代わるものとして認めた場合は、それによることができる。）

免許状（登録状）再交付申請書

年　　月　　日

総務大臣　殿（注１）

収入印紙貼付欄 （注２）

□無線局免許手続規則第23条第１項の規定により、無線局の免許状の再交付を受けたいので、下記のとおり申請します。
□無線局免許手続規則第25条の22の２第１項の規定により、登録局の登録状の再交付を受けたいので、下記のとおり申請します。
（注３）

記（注４）

1　申請者（注５）

住　所	都道府県－市区町村コード〔　　　　　　　　〕
	〒（　　－　　）
氏名又は名称及び代表者氏名	フリガナ
法人番号	

2　再交付に関する事項（注６）

①　無線局の種別及び局数	
②　識別信号	
③　免許の番号、包括免許の番号又は登録の番号	
④　再交付を求める理由	

3　申請の内容に関する連絡先

所属、氏名	フリガナ
電話番号	
電子メールアドレス	

（申請書の用紙は、日本産業規格Ａ列４番である。）

注　（省略）

資料11　無線局の廃止届出書の様式（免許24条の３・２項、別表７号）（総務大臣又は総合通信局長がこの様式に代わるものとして認めた場合は、それによることができる。）

無線局廃止届出書

年　　月　　日

総務大臣　殿（注１）

電波法第22条又は電波法第27条の10第１項の規定により、無線局又は包括免許に係る全ての特定無線局を廃止するので、下記のとおり届け出ます。

記

１　届出者（注２）

住　所	都道府県－市区町村コード　〔　　　　　　　　　〕 〒（　　－　　）
氏名又は名称及び代表者氏名	フリガナ
法人番号	

２　無線局の廃止に係る事項（注３）

①　無線局の種別及び局数	
②　識別信号	
③　免許の番号又は包括免許の番号	
④　廃止する年月日	
⑤　備考	

３　届出の内容に関する連絡先

所属、氏名	フリガナ
電話番号	
電子メールアドレス	

（届出書の用紙は、日本産業規格Ａ列４番である。）

注　（省略）

資料12　周波数の許容偏差（設備５条、別表１号抜粋）

（許容偏差は、Hz 又は kHz を除き、百万分率）

周波数帯	無線局	許容偏差
9kHzを超え526.5kHz以下	3　移動局	
	(1)　船舶局	
	ア　生存艇及び救命浮機の送信設備	500
	イ　その他の送信設備	200
	4　無線測位局	100
1,606.5kHzを超え4,000 kHz以下	3　移動局	
	(1)　生存艇及び救命浮機の送信設備	100
	(3)　その他の移動局（注13）	50
	4　無線測位局	
	(1)　ラジオ・ブイの無線局	100
	(2)　その他の無線測位局	
	ア　200W以下のもの	20
	イ　200Wを超えるもの	10
4 MHzを超え29.7 MHz以下	2　陸上局	
	(1)　海岸局（注13、17）	20Hz
	(3)　その他の陸上局	20
	3　移動局	
	(1)　船舶局	
	ア　生存艇及び救命浮機の送信設備	50
	イ　その他の送信設備（注13、17）	50Hz
	(3)　その他の移動局	40
	4　無線測位局	50
29.7MHzを超え100 MHz以下	1　固定局、陸上局及び移動局	
	(1)　54MHzを超え70MHz以下のもの	
	ア　１W以下のもの	20
	イ　１Wを超えるもの	10
	(2)　その他の周波数のもの	20
	2　無線測位局	50
100 MHzを超え470 MHz以下	2　陸上局（注24）	
	(1)　海岸局	
	ア　335.4MHzを超え470MHz以下のもの	
	(ア)　１W以下のもの	4
	(イ)　１Wを超えるもの	3
	イ　その他の周波数のもの（注46）	10
	3　移動局（注24）	
	(1)　船舶局	
	ア　156 MHzを超え174MHz以下のもの（注46）	10

	イ　335.4 MHzを超え470MHz以下のもの（注25）	
	(ア)　1W以下のもの	4
	(イ)　1Wを超えるもの	3
	ウ　その他の周波数のもの	
	(ア)　生存艇及び救命浮機の送信設備	50
	(イ)　その他の送信設備	
	A　1W以下のもの	50
	B　1Wを超えるもの	20
470 MHzを超え2,450 MHz以下	2　陸上局及び移動局	
	(1)　810 MHzを超え960 MHz以下のもの	1.5
	(2)　その他の周波数のもの	20
	13　地球局及び宇宙局（注32、33）	20
2,450 MHzを超え10,500 MHz以下	2　陸上局及び移動局	100
	3　無線測位局	
	(1)　MLS角度系	10kHz
	(3)　その他の無線測位局（注29）	1,250
10.5 GHzを超え134 GHz以下	1　無線測位局	
	(1)　車両感知用無線標定陸上局	800
	(2)　その他の無線測位局（注29）	5,000
	7　その他の無線局	300

注1　表中Hzは、電波の周波数の単位で、ヘルツを、W及びkWは、空中線電力の大きさの単位で、ワット及びキロワットを表す。

2　表中の空中線電力は、すべて平均電力（pY）とする。

7　9kHzを超え29,700kHz以下の周波数の電波を使用する単側波帯の無線電話の送信設備（地上基幹放送局、航空局及び航空機局のものを除く。）については、その電波の周波数の許容偏差は、この表に規定する値にかかわらず、次の表のとおりとする。

周　波　数　帯	無　線　局	許容偏差〔Hz〕
1　9kHzを超え526.5kHz以下及び4MHzを超え29.7MHz以下	1　固定局及び陸上局	20
	2　移動局	50
2　1,606.5kHzを超え4,000kHz以下	1　固定局及び陸上局	20
	2　移動局	40

8　F1B電波又はF1D電波29.7MHz以下を使用する海岸局又は船舶局の送信設備については、その電波の周波数の許容偏差は、この表に規定する値

にかかわらず、10Hz とする。

13　Ｊ３Ｅ電波を使用する無線電話による通信及びデジタル選択呼出装置又は狭帯域直接印刷電信装置による通信を行う海上移動業務の無線局であって、1,606.5kHz から 26,175kHz までの周波数の電波を使用するものの送信設備に使用する電波の周波数の許容偏差は、この表に規定する値にかかわらず、10Hz とする。

17　Ａ１Ａ電波を使用する送信設備については、その電波の周波数の許容偏差は、この表に規定する値にかかわらず、10（10^{-6}）とする。

24　無線通信規則付録第 18 号の表に掲げる周波数の許容偏差は、この表に規定する値にかかわらず、10（10^{-6}）とする。

25　450MHz を超え 467.5875MHz 以下の周波数の電波を使用する船上通信設備の送信設備については、その電波の周波数の許容偏差は、この表に規定する値にかかわらず、次のとおりとする。

(1)　チャネル間隔が 25kHz のもの　5（10^{-6}）

(2)　チャネル間隔が 6.25kHz のもの　1.5（16^{-6}）

28　衛星非常用位置指示無線標識、携帯用位置指示無線標識及び無線設備規則第 45 条の３の５に規定する無線設備（航海情報記録装置等を備える衛星位置指示無線標識）の送信設備に使用する次の電波の周波数の許容偏差は、この表に規定する値にかかわらず、次のとおりとする。

(1)　Ｇ１Ｂ電波又はＧ１Ｄ電波 406MHz から 406.1MHz までのもの　5kHz

(2)　Ａ３Ｘ電波 121.5 MHz のもの　50（10^{-6}）

(3)　Ｆ１Ｄ電波 161.975 MHz 及び 162.025MHz のもの　500Hz

29　無線測位局の送信設備に使用する電波の周波数の許容偏差は、この表に規定する値にかかわらず、指定周波数帯によることができる。この場合において、当該送信設備に指定する周波数及びその指定周波数帯は、総務大臣が別に定める。

32　インマルサット船舶地球局及びインマルサット携帯移動地球局の送信設備に使用する電波の周波数の許容偏差は、この表に規定する値にかかわらず、次のとおりとする。

(1)　インマルサットＣ型及びＤ型の無線設備　150 Hz

⑵　インマルサットF型の無線設備　1,250 Hz

⑶　インマルサットBGAN型の無線設備　150 Hz

⑷　インマルサットGSPS型の無線設備　0.1（10^{-6}）

33　海域で運用される構造物上に開設する無線局であって、インマルサット人工衛星局の中継により無線通信を行うものの送信設備に使用する電波の周波数の許容偏差は、この表に規定する値にかかわらず、総務大臣が別に告示する。

46　船舶自動識別装置、簡易型船舶自動識別装置、捜索救助用位置指示送信装置及びVHFデータ交換装置の送信設備に使用する電波の周波数の許容偏差は、この表に規定する値にかかわらず、次のとおりとする。

⑴　船舶自動識別装置、簡易型船舶自動識別装置及び捜索救助用位置指示送信装置の送信設備　500Hz

⑵　VHFデータ交換装置

ア　移動しない無線局　5（10^{-6}）

イ　移動する無線局　10（10^{-6}）

資料13　占有周波数帯幅の許容値（設備６条、別表２号抜粋）

第１　占有周波数帯幅の許容値の表

電波の型式	許容値	備　考 （概略である。詳細は法令を参照）
Ａ３Ｅ	6 kHz	周波数間隔が 8.33kHz の周波数を使用する航空局及び航空機局以外の無線局並びに放送関係に該当しない無線局の無線設備
Ｆ１Ｂ Ｆ１Ｄ	0.5 kHz	１　船舶局及び海岸局の無線設備であって、デジタル選択呼出し、狭帯域直接印刷電信、印刷電信又はデータ伝送に使用するもの ２　ラジオ・ブイの無線設備
	16 kHz	161.975MHz 及び 162.025MHz の周波数の電波を使用する衛星非常用位置指示無線標識、船舶自動識別装置、簡易型船舶自動識別装置及び捜索救助用位置指示送信装置
Ｆ２Ｂ	16 kHz	142MHz を超え 162.0375MHz 以下の周波数の電波を使用する無線設備
Ｆ３Ｅ	16 kHz	１　142MHz を超え 162.0375MHz 以下の周波数の電波を使用する無線局の無線設備 ２　450MHz を超え 467.58MHz 以下の周波数の電波を使用する船上通信設備
Ｇ１Ｂ	20 kHz	406MHz から 406.1MHz までの周波数の電波を使用する衛星非常用位置指示無線標識、携帯用位置指示無線標識、第 45 条の３の５に規定する無線設備（航海情報記録装置又は簡易型航海情報記録装置を備える衛星位置指示無線標識）及び航空機用救命無線機
Ｇ１Ｄ	20 kHz	406MHz から 406.1MHz までの周波数の電波を使用する衛星非常用位置指示無線標識及び第 45 条の３の５に規定する無線設備（簡易型航海情報記録装置を備える衛星位置指示無線標識）
Ｈ２Ａ Ｈ２Ｂ Ｈ２Ｄ Ｈ２Ｘ	3 kHz	海上移動業務の無線局の無線設備で 1,000Hz を超え 2,200Hz 以下の変調周波数を使用するもの（生存艇及び救命浮機の送信設備を除く。）
Ｈ３Ｅ	3 kHz	地上基幹放送局以外の無線局の無線設備
Ｊ３Ｅ	3 kHz	放送中継を行う固定局以外の無線局の無線設備

第５　インマルサット船舶地球局及びインマルサット携帯移動地球局の無線設備の占有周波数帯幅の許容値は、上記の規定にかかわらず、次のとおり指定する。この指定をする場合には、電波の型式に冠して表示する。

１　インマルサットＣ型の無線設備

⑴　変調信号の送信速度が毎秒600ビットのもの　24 kHz

⑵　変調信号の送信速度が毎秒1,200ビットのもの　48 kHz

３　インマルサットＤ型の無線設備

⑴　Ｆ１Ｄ電波を使用するもの　512Hz

⑵　Ｇ１Ｄ電波を使用するもの　30kHz

４　インマルサットＢＧＡＮ型の無線設備

⑴　変調信号の送信速度が毎秒33,600ビットのものであって、位相変調のもの　21kHz

⑵　変調信号の送信速度が毎秒67,200ビットのものであって、位相変調のもの　42kHz

⑶　変調信号の送信速度が毎秒134,400ビットのものであって、次に掲げる変調方式のもの

ア　一六値直交振幅変調　42kHz

イ　位相変調　84kHz

⑷　変調信号の送信速度が毎秒168,000ビットのものであって、位相変調のもの　95kHz

⑸　変調信号の送信速度が毎秒268,800ビットのものであって、一六値直交振幅変調のもの　84kHz

⑹　変調信号の送信速度が毎秒302,400ビットのものであって、位相変調のもの　189kHz

⑺　変調信号の送信速度が毎秒336,000ビットのものであって、次に掲げる変調方式のもの

ア　一六値直交振幅変調　95kHz

イ　位相変調　190kHz

⑻　変調信号の送信速度が毎秒420,000ビットのものであって、三二値直交振幅変調のもの　95kHz

⑼　変調信号の送信速度が毎秒504,000ビットのものであって、六四値直交振幅変調のもの　95kHz

⑽　変調信号の送信速度が毎秒604,800ビットのものであって、一六値直交振幅変調のもの　189kHz

⑾　変調信号の送信速度が毎秒672,000ビットのものであって、一六値直交振幅変調のもの　190kHz

⑿　変調信号の送信速度が毎秒840,000ビットのものであって、三二値直交振幅変調のもの　190kHz

⒀　変調信号の送信速度が毎秒1,008,000ビットのものであって、六四値直交振幅変調のもの　190kHz

５　インマルサットGSPS型の無線設備

⑴　変調信号の送信速度が毎秒16,900ビットのもの　19kHz

⑵　変調信号の送信速度が毎秒67,708ビットのもの　63kHz

資料14　スプリアス発射の強度の許容値又は不要発射の強度の許容値

（設備７条、別表３号抜粋）

2　帯域外領域におけるスプリアス発射の強度の許容値及びスプリアス領域における不要発射の強度の許容値

基本周波数帯	空中線電力	帯域外領域におけるスプリアス発射の強度の許容値	スプリアス領域における不要発射の強度の許容値
30MHz以下	50Wを超えるもの	50mW（船舶局及び船舶において使用する携帯局の送信設備にあっては、200mW）以下であり、かつ、基本周波数の平均電力より40dB低い値。ただし、単側波帯を使用する固定局及び陸上局（海岸局を除く。）の送信設備にあっては、50dB低い値	基本周波数の搬送波電力より60dB低い値
	５Wを超え50W以下		50μW以下
	１Wを超え５W以下		50μW以下。ただし、単側波帯を使用する固定局及び陸上局（海岸局を除く。）の送信設備にあっては、基本周波数の尖頭電力より50dB低い値
	１W以下	１mW以下	50μW以下
30MHzを超え54MHz以下（40MHz帯DSB）	50Wを超えるもの	１mW以下であり、かつ、基本周波数の平均電力より60dB低い値	50μW以下又は基本周波数の搬送波電力より70dB低い値
	１Wを超え50W以下		基本周波数の搬送波電力より60dB低い値
	１W以下	100μW以下	50μW以下
142MHzを超え144MHz以下及び146MHzを超え162.0375MHz以下（150MHz帯DSB、国際VHF）	50Wを超えるもの	１mW以下であり、かつ、基本周波数の平均電力より80dB低い値	50μW以下又は基本周波数の搬送波電力より70dB低い値
	１Wを超え50W以下		基本周波数の搬送波電力より60dB低い値
	１W以下	100μW以下	50μW以下
335.4MHzを超え470MHz以下（船上通信設備等）	25Wを超えるもの	１mW以下であり、かつ、基本周波数の平均電力より70dB低い値	基本周波数の搬送波電力より70dB低い値
	１Wを超え25W以下	2.5μW以下	2.5μW以下
	１W以下	25μW以下	25μW以下

注　空中線電力は、平均電力の値とする。

7　30MHzを超え335.4MHz以下の周波数のＦ１Ｄ電波、Ｆ２Ｂ電波又はＦ３Ｅ電波を使用する船舶局、船上通信局、航空機局及び船舶又は航空機に搭載して使用する携帯局の送信設備であって無線通信規則付録第18号の表に掲げる周波数の電波を使用するものの帯域外領域におけるスプリアス発射の強度の許容値及びスプリアス領域における不要発射の強度の許容値は、前表に規定する値にかかわらず、次のとおりとする。

周波数帯	空中線電力	帯域外領域におけるスプリアス発射の強度の許容値	スプリアス領域における不要発射の強度の許容値
146MHzを超え162.0375MHz以下	400Ｗを超えるもの	2.5×（P／20）μW以下	50μW以下又は基本周波数の搬送波電力より70dB低い値
	20Wを超え400W以下		2.5×（P／20）μW以下
	１Wを超え20W以下	2.5μW以下	2.5μW以下
	１W以下	100μW以下（注2）	50μW以下

注１　Pは、基本周波数の平均電力の値を表す。
　２　船舶局にあっては、帯域外領域におけるスプリアス発射の強度の許容値の規定は適用しない。

12　生存艇及び救命浮機の送信設備、双方向無線電話、船舶航空機間双方向無線電話、捜索救助用レーダートランスポンダ、捜索救助用位置指示送信装置、161.975MHz及び162.025MHzの周波数の電波を使用する衛星非常用位置指示無線標識並びに航空機用救命無線機の帯域外領域におけるスプリアス発射の強度の許容値及びスプリアス領域における不要発射の強度の許容値の規定は適用しない。

13　406MHzから406.1MHzまで及び121.5MHzの周波数の電波を使用する衛星非常用位置指示無線標識、携帯用位置指示無線標識、無線設備規則第45条の３の５に規定する無線設備（航海情報記録装置又は簡易型航海情報記録装置を備える衛星非常用位置指示無線標識）、航空機用救命無線機及び航空機用携帯無線機のスプリアス発射の強度の許容値は、総務大臣が別に告示する値とする。

14　インマルサット船舶地球局の送信設備のスプリアス発射の強度の許容値（省略）。

資料15　空中線電力の許容偏差（設備14条、海上関係抜粋）

1　空中線電力の許容偏差は、次の表の左欄に掲げる送信設備の区別に従い、それぞれ同表の右欄に掲げるとおりとする。

送　　信　　設　　備	許　容　偏　差	
	上限(%)	下限(%)
⑴　海岸局（⑵に掲げるものを除く。）、航空局又は船舶のための無線標識局の送信設備で 26.175MHz 以下の周波数の電波を使用するもの。	10	20
⑵　船舶自動識別装置、簡易型船舶自動識別装置及び VHF データ交換装置	40	30
⑶　次に掲げる送信設備 ア　生存艇又は救命浮機の送信設備 イ　双方向無線電話 ウ　船舶航空機間双方向無線電話	50	20
⑷　その他の送信設備	20	50

3　インマルサット船舶地球局の無線設備、インマルサット携帯移動地球局の無線設備、海域で運用される構造物上に開設する無線局であってインマルサット人工衛星局の中継により無線通信を行うものの無線設備のうち、1,626.5MHz を超え 1,660.5MHz 以下の周波数の電波を使用するもの、衛星非常用位置指示無線標識、捜索救助用レーダートランスポンダ、捜索救助用位置指示送信装置、携帯用位置指示無線標識及び無線設備規則第 45 条の３の５に規定する無線設備（航海情報記録装置又は簡易型航海情報記録装置を備える衛星位置指示無線標識）の空中線電力の許容偏差は、第１項の規定にかかわらず、総務大臣が別に告示する。

資料16　電波の型式の表示

電波の型式の表示は、主搬送波の変調の型式、主搬送波を変調する信号の性質、伝送情報の型式のそれぞれの記号の順に並べて表示する（施行４条の２）。

例、周波数変調でアナログ信号の単一チャネルの電話は、Ｆ３Ｅと表示とする。

主搬送波の変調の型式

分類			記号
無変調			N
振幅変調	両側波帯		A
振幅変調	単側波帯・全搬送波		H
振幅変調	〃・低減搬送波		R
振幅変調	〃・抑圧搬送波		J
振幅変調	独立側波帯		B
振幅変調	残留側波帯		C
角度変調	周波数変調		F
角度変調	位相変調		G
振幅変調及び角度変調であって同時に又は一定の順序で変調するもの			D
パルス変調	無変調パルス列		P
パルス変調	変調パルス列	振幅変調	K
パルス変調	変調パルス列	幅変調又は時間変調	L
パルス変調	変調パルス列	位置変調又は位相変調	M
パルス変調	変調パルス列	パルス期間中に搬送波を角度変調	Q
パルス変調	変調パルス列	上記の変調の組合せ又は他の方法による変調	V
上記に該当しないもので、振幅変調、角度変調又はパルス変調のうち２以上を組み合わせて、同時に、又は一定の順序で変調するもの			W
その他			X

主搬送波を変調する信号の性質

分類	記号
変調信号なし	0
デジタル信号の単一チャネルで変調のための副搬送波を使用しないもの	1
デジタル信号の単一チャネルで変調のための副搬送波を使用するもの	2
アナログ信号の単一チャネル	3
デジタル信号の２以上のチャネル	7
アナログ信号の２以上のチャネル	8
デジタル信号の１又は２以上のチャネルとアナログ信号の１又は２以上のチャネルを複合	9
その他	X

伝送情報の型式

分類	記号
無情報	N
電信（聴覚受信）	A
電信（自動受信）	B
ファクシミリ	C
データ伝送・遠隔測定・遠隔指令	D
電話（音響の放送を含む。）	E
テレビジョン（映像に限る。）	F
以上の型式の組合せ	W
その他	X

資料17　船舶局に備える予備品

1　電波法第32条の規定により船舶局の無線設備に備え付けなければならない予備品は、無線設備（空中線電力10ワット以下のもの、26.175MHzを超える周波数の電波を使用するものその他総務大臣が別に告示するものを除く。）の各装置ごとにそれぞれ次のとおりとする。ただし、各装置に共通に使用することができるものについては、装置ごとに備え付けることを要しないものとする（施行31条1項）。

(1)　送信用の真空管及び整流管	現用数と同数
(2)　送話器（コード及びプラグを含む。）（無線電話に限る。）	1個
(3)　ブレークインリレー	各種1個
(4)　空中線用線条及び空中線素子	空中線用線条にあっては現用の最長のものと同じ長さのもの1条及び空中線素子にあっては各種1個
(5)　空中線用碍子（固着して用いるものを除く。）	現用数の5分の1
(6)　蒸留水（蒸留水の補給を必要とする蓄電池を使用するものに限る。）	5リットル（義務船舶局以外は2リットルとする。）
(7)　修繕用器具及び材料	1式
(8)　ヒューズ	現用数と同数

2　電波法第37条に規定するレーダー（沿海区域を航行区域とする船舶の船舶局及び専ら海洋生物を採捕するための漁船の船舶局及び総務大臣が別に告示する船舶局に設置するものを除く。）に備え付けなければならない予備品は、1の規定にかかわらず、次のとおりとする。ただし、2台のレーダーを備え付ける船舶局にあっては、各装置に共通に使用することができるものについては、装置ごとに備え付けることを要しないものとする（施行31条2項）。

(1)　マグネトロン	1個

(2)	サイラトロン	1個
(3)	受信用の局部発振管及び高周波混合素子（集積回路に使用されているものを除く。）	各種1個
(4)	送受切換用特殊管（ＡＴＲ管を除く。）	1個
(5)	空中線駆動用電動機のブラシ	現用と同数
(6)	ヒューズ	現用と同数

3　1に掲げる無線設備であって、送信用終段電力増幅管に替えて半導体素子を使用するものについては、1の(1)の規定にかかわらず、予備品の備付けを要しないものとする（施行31条3項）。

4　2に規定するレーダーであって現用する2の(1)から(4)までに掲げるものに替えて半導体素子を使用するものについては、2の(1)から(4)までの規定にかかわらず、予備品の備付けを要しないものとする（施行31条4項）。

5　1及び2の場合において、総務大臣が特に備付けの必要がないと認めた予備品については、1から4までの規定にかかわらず、その備付けを要しないものとする（施行31条5項）。

資料18　海上無線通信士の無線設備の操作及び監督の範囲（施行令３条）

第一級海上無線通信士	１　船舶に施設する無線設備（航空局の無線設備を除く。）並びに海岸局、海岸地球局及び船舶のための無線航行局の無線設備の通信操作（モールス符号による通信操作を除く。） ２　次に掲げる無線設備の技術操作 ⑴　船舶に施設する無線設備（航空局の無線設備を除く。） ⑵　海岸局及び海岸地球局の無線設備並びに船舶のための無線航行局の無線設備（⑴に掲げるものを除く。）で空中線電力２キロワット以下のもの ⑶　海岸局及び船舶のための無線航行局のレーダーで⑴及び⑵に掲げるもの以外のもの
第二級海上無線通信士	１　船舶に施設する無線設備（航空局の無線設備を除く。）並びに海岸局、海岸地球局及び船舶のための無線航行局の無線設備の通信操作（モールス符号による通信操作を除く。） ２　次に掲げる無線設備の外部の調整部分の技術操作並びにこれらの無線設備の部品の取替えのうち簡易なものとして総務大臣が告示で定めるもの及びこれらの無線設備を構成するユニットの取替えに伴う技術操作 ⑴　船舶に施設する無線設備（航空局の無線設備を除く。） ⑵　海岸局及び海岸地球局の無線設備並びに船舶のための無線航行局の無線設備（⑴に掲げるものを除く。）で空中線電力 250 ワット以下のもの ⑶　海岸局及び船舶のための無線航行局のレーダーで⑴及び⑵に掲げるもの以外のもの
第三級海上無線通信士	（本文第４章（４－２）に掲載）
第四級海上無線通信士	次に掲げる無線設備の操作（モールス符号による通信操作及び国際通信のための通信操作並びに多重無線設備の技術操作を除く。） ⑴　船舶に施設する空中線電力250ワット以下の無線設備（船舶地球局（電気通信業務を行うことを目的とするものに限る。）及び航空局の無線設備並びにレーダーを除く。） ⑵　海岸局及び船舶のための無線航行局の空中線電力125ワット以下の無線設備 ⑶　海岸局、船舶局及び船舶のための無線航行局のレーダーの外部の転換装置で電波の質に影響を及ぼさないもの

資料19　無線従事者選解任届の様式（施行34条の４、別表３号）（総務大臣又は総合通信局長がこの様式に代わるものとして認めた場合は、それによることができる。）

主任無線従事者
無　線　従　事　者　選（解）任届

年　　月　　日

総　務　大　臣　殿

住　　所

氏名又は名称

法人番号

次のとおり主任無線従事者／無線従事者を選（解）任したので、電波法第39条第4項／第51条において準用する同法第39条第4項／第70条の9第3項において準用する同法第39条第4項／第70条の9第3項において準用する同法第51条において準用する同法第39条第4項の規定により届けます。

従事する無線局の免許等の番号、識別信号及び無線設備の設置場所	

1　選任又は解任の別			
2　同　上　年　月　日			
3　主任無線従事者又は無線従事者の別			
4　主任無線従事者が監督を行う無線設備の範囲			
5　主任無線従事者が無線局の監督以外の業務を行うときはその業務の概要			
6　（ふ　り　が　な） 氏　　名			
7　住　　所			
8　資　　格			
9　免　許　証　の　番　号			
10　無線従事者免許の年月日			
11　船舶局無線従事者証明書の番号			
12　船舶局無線従事者証明の年月日			
13　無線設備の操作又は監督に関する業務経歴の概要			

長辺　　短　辺　　（日本産業規格A列4番）

注　（省略）

資料20　無線従事者免許（免許証再交付）申請書の様式

（従事者46条、50条、別表11号）

50　20　40　60　12

無線従事者 ※□免許 □免許証再交付 申請書

年　月　日

総務大臣（　　　　　）殿

収入印紙ちょう付欄

（この欄にはりきれないときは、他を裏面下部にはってください。
また、申請者は消印しないでください）

（収入印紙を必要額を超えてはっている場合は、申請書の余白に「過納承諾　氏名」のように記入してください）

（はりきれないときは裏面下部へ）

申請資格		
氏名	フリガナ(姓)	(名)
	漢字　(姓)	(名)

無線通信士、第一級海上特殊無線技士、アマチュア無線技士にあっては、ヘボン式ローマ字による氏名が免許証に併記されます。
非ヘボン式ローマ字による氏名表記を希望する場合に限り、□にレ印を記入し、下側に活字体大文字で記入してください。　非ヘボン式を希望します。→ ※□

LAST NAME(姓)　(活字体大文字で記入)　FIRST NAME(名)

生年月日	年　月　日
住所	〒 電話　（　　） 日中の連絡先　（　　） メールアドレス

写真ちょう付欄
1　申請者本人が写っているもの
2　正面、無帽、無背景、上三分身で6ヶ月以内に撮影されたもの
3　縦30mm×横24mm
4　写真は免許証に転写されるので枠からはみ出さないようにはってください

所持人自署
無線通信士、第一級海上特殊無線技士の場合は必ず署名してください。

（この署名は免許証にそのまま転写されますから、枠にかかったり、はみ出さないようにしてください。）

□※無線従事者規則第46条の規定により、免許を受けたいので(別紙書類を添えて)申請します。　□※同時にアマチュア局に係る申請書を提出します。

国家試験合格	受験番号			（　年　月　日合格）
養成課程修了	認定施設者の名称 修了証明書の番号		実施場所(市区町村名)	（　年　月　日修了）
資格、業務経歴等	現に有する資格		修了した認定講習	※ □はい 該当する場合はその内容 □いいえ
	資格		講習の種別	
	免許証の番号		修了番号	
	免許の年月日		修了年月日	
学校卒業	学校卒業で資格を取得しようとする場合は□にレ印を記入してください。 ※→□			
欠格事由の有無	無線従事者規則第45条第1項各号のいずれかに該当しますか。（いずれかの□にレ印を必ず記入してください。）			

下の欄に住民票コード又は現に有する無線従事者免許証、電気通信主任技術者資格者証若しくは工事担任者資格者証の番号のいずれか1つを記入した場合は、氏名及び生年月日を証する書類の提出を省略することができます。

（左詰めで記入）

※記入した番号の種類（いずれかの□にレ印を記入してください。）
□　住民票コード
□　無線従事者免許証の番号
□　電気通信主任技術者資格者証の番号
□　工事担任者資格者証の番号

□※無線従事者規則第50条の規定により、免許証の再交付を受けたいので(別紙書類を添えて)申請します。　□※同時にアマチュア局に係る申請書を提出します。

再交付申請の理由	※ □汚損、破損したため □失ったため □氏名を変更したため	氏名を変更した場合は右の欄に変更前の氏名を記入してください。	変更前の氏名	フリガナ 漢字

注意
1　太枠内の所定の欄に黒インク又は黒ボールペンで記入してください。ただし、※のある欄では□枠内にレ印を記入してください。
2　この用紙は機械で読み取りますので、写真や所持人自署欄に折り目をつけたり、署名が枠にかかったり、はみ出さないようにしてください。
3　申請の際に必要な書類等は次のとおりです。

免許申請	国家試験合格	氏名及び生年月日を証する書類
	養成課程修了	修了証明書等、氏名及び生年月日を証する書類
	資格、業務経歴等	業務経歴証明書、修了証明書(認定講習を受講した場合に限る。)、氏名及び生年月日を証する書類
	学校卒業	科目履修証明書、履修内容証明書(科目確認を受けていない学校を卒業(専門職大学の前期課程にあっては、修了)した場合に限る。)、卒業証明書(専門職大学の前期課程を修了した者にあっては、修了証明書)、氏名及び生年月日を証する書類
再交付申請	氏名変更	免許証、氏名の変更の事実を証する書類
	汚損、破損	汚損、又は破損した免許証

免許証の郵送を希望するときは所要の郵便切手をはり、申請者の郵便番号、住所及び氏名を記載した返信用封筒を添えて、信書便の場合はそれに準じた方法により申請してください。

（数字の単位は、ミリメートル）　（用紙は日本産業規格A列4番・白色）

注　総務大臣又は総合通信局長がこの様式に代わるものとして認めた場合は、それによることができる。

資料21-1　無線従事者免許証の様式（従事者47条、別表13号）

（表面）

無線従事者免許証

（資格別の名称）
（英語による資格別の名称）（注１）
免許証の番号
Licence No.（注１）
免許の年月日
Date of licence grant（注１）
氏名
Name（注１）
生年月日
Date of birth（注１）

写真

上記の者は、無線従事者規則により、上記資格の免許を与えたものであることを証明する。
（注２）
交付年月日
Date of issue（注１）

総　務　大　臣
（注３）　印

（縦 54mm× 横 85mm）

（裏面）

（英語による訳文）（注１）

Signature of the
holder of the licence　（所持人自署）（注４）

（注意事項）

注１　第一級総合無線通信士、第二級総合無線通信士、第三級総合無線通信士、第一級海上無線通信士、第二級海上無線通信士、第三級海上無線通信士、第四級海上無線通信士、第一級海上特殊無線技士、航空無線通信士、第一級アマチュア無線技士、第二級アマチュア無線技士、第三級アマチュア無線技士又は第四級アマチュア無線技士の資格を有する者に交付する免許証の場合に限る。

注２　第一級総合無線通信士、第二級総合無線通信士、第三級総合無線通信士、第一級海上無線通信士、第二級海上無線通信士、第三級海上無線通信士、第四級海上無線通信士、第一級海上特殊無線技士又は航空無線通信士の資格の別に、次に掲げる事項を記載する。

(1)　第一級総合無線通信士

この免許証は、国際電気通信連合憲章に規定する無線通信規則に規定する無線通信士一般証明書、第一級無線電子証明書並びに航空移動業務及び航空移動衛星業務に関する無線電話通信士一般証明書に該当することを証明する。

(2)　第二級総合無線通信士

この免許証は、国際電気通信連合憲章に規定する無線通信規則に規定する第二級無線電信通信士証明書、制限無線通信士証明書並びに航空移動業務及び航空移動衛星業務に関する無線電話通信士一般証明書に該当することを証明する。

(3)　第三級総合無線通信士

この免許証は、国際電気通信連合憲章に規定する無線通信規則に規定する海上移動業務に関する無線電信通信士特別証明書及び無線電話通信士一般証明書に該当することを証明する。

(4)　第一級海上無線通信士

この免許証は、国際電気通信連合憲章に規定する無線通信規則に規定する第一級無線電子証明書に該当することを証明する。

(5)　第二級海上無線通信士

この免許証は、国際電気通信連合憲章に規定する無線通信規則に規定する第二級無線電子証明書に該当することを証明する。

(6)　第三級海上無線通信士

この免許証は、国際電気通信連合憲章に規定する無線通信規則に規定する一般無線通信士証明書に該当することを証明する。

(7)　第四級海上無線通信士

この免許証は、国際電気通信連合憲章に規定する無線通信規則に規定する海上移動業務に関する無線電話通信士一般証明書に該当することを証明する。

(8)　第一級海上特殊無線技士

この免許証は、国際電気通信連合憲章に規定する無線通信規則に規定する制限無線通信士証明書に該当することを証明する。

(9)　航空無線通信士

この免許証は、国際電気通信連合憲章に規定する無線通信規則に規定する航空移動業務及び航空移動衛星業務に関する無線電話通信士一般証明書に該当することを証明する。

注３　第一級海上特殊無線技士、第二級海上特殊無線技士、第三級海上特殊無線技士、レーダー級海上特殊無線技士、航空特殊無線技士、第一級陸上特殊無線技士、第二級陸上特殊無線技士、第三級陸上特殊無線技士、国内電信級陸上特殊無線技士、第三級アマチュア無線技士又は第四級アマチュア無線技士の資格を有する者に交付する免許証の場合は、所轄総合通信局長（沖縄総合通信事務所長を含む。）とする。

注４　第一級総合無線通信士、第二級総合無線通信士、第三級総合無線通信士、第一級海上無線通信士、第二級海上無線通信士、第三級海上無線通信士、第四級海上無線通信士、第一級海上特殊無線技士又は航空無線通信士の資格を有する者に交付する免許証の場合に限る。

資料21-2　船舶局無線従事者証明書の様式

（従事者54条、別表17号）（表紙、表紙の内面、２面省略）

（１頁）

船舶局無線従事者証明書
CERTIFICATE TO BE SHIP
STATION RADIO OPERATOR

日 本 国 政 府
JAPANESE
GOVERNMENT

（３頁）

証明書の番号
証明の年月日
氏　　　名
NAME：
生 年 月 日
DATE OF BIRTH：

上の者は、無線従事者規則により、船舶局無線従事者証明を受けたものであることを証明する。

年　月　日

総 務 大 臣 ㊞

（４頁）　（５頁）

経　　　歴
Record of Service

1　業 務 関 係

選任又は解任の区別及びその年月日		無線局			確認欄
選任又は解任 Employed or Dismissed	年 月 日 Date	種 別 Class of station	識別信号 Call Sign	免許番号又は国籍 Nationality	職名及び氏名 Name and Signature of Ship Master

（6頁）
（8頁）
（10頁）

（7頁）
（9頁）
（11頁）

（12頁）

2　訓練関係

修了年月日	訓練実施者	確認欄

官庁記載欄

（折目）

（裏表紙の内面）

注意事項

資料22　船舶局無線従事者証明の訓練の科目、時数、実施時期、場所

（従事者60条、別表22号）

<table>
<tr><th>区別</th><th colspan="2">科　　　目</th><th>時 数
（注1）</th><th>実施時期</th><th>場 所</th></tr>
<tr><td rowspan="6">新規訓練</td><td rowspan="4">学科</td><td>海上無線通信制度</td><td rowspan="6">18
（注2）</td><td rowspan="6">毎年1月
及び7月
（注3）</td><td rowspan="6">東 京</td></tr>
<tr><td>海上関係無線局の概要</td></tr>
<tr><td>義務船舶局等の無線設備の管理</td></tr>
<tr><td>海上無線通信の方法</td></tr>
<tr><td rowspan="2">実技</td><td>義務船舶局等の無線設備の管理</td></tr>
<tr><td>海上無線通信の方法</td></tr>
<tr><td rowspan="3">再訓練</td><td rowspan="3">学科</td><td>海上無線通信制度</td><td rowspan="3">3</td><td colspan="2" rowspan="3">総合通信局長が必要と認める時期及び場所</td></tr>
<tr><td>義務船舶局等の無線設備の管理</td></tr>
<tr><td>海上無線通信の方法</td></tr>
</table>

注1　1時数は、50分とする。

　2　証明の効力を失い、その失った日から2年を経過していない者については、12時数に短縮することができる。

　3　この実施時期のほか、臨時に行うことができる。

資料23　電波法第52条に基づく総務省令で定める無線通信の方法

（施行36条の２）

1　電波法第52条第１号の総務省令で定める方法は、次の各号に定めるものとする。（遭難通信関係）

(1)　デジタル選択呼出装置を使用して、別図第１号に定める構成により行うもの

(2)　船舶地球局の無線設備を使用して、別図第２号に定める構成により行うもの

(3)　海岸地球局が高機能グループ呼出しによって行うものであって、別図第３号に定める構成によるもの

(4)　Ｆ１Ｂ電波424kHz又は518kHzを使用して、別図第４号に定める構成により行うもの

(5)　Ａ３Ｘ電波121.5MHz及び243MHz又はＧ１Ｂ電波406.025MHz、406.028MHz、406.031MHz、406.037MHz若しくは406.04MHzを使用して、次に掲げるものを送信するもの

ア　Ａ３Ｘ電波121.5MHz及び243MHzは、300ヘルツから1,600ヘルツまでの任意の700ヘルツ以上の範囲を毎秒２回から４回までの割合で低い方向に変化する可聴周波数から成る信号

イ　Ｇ１Ｂ電波406.025MHz、406.028MHz、406.031MHz、406.037MHz及び406.04MHzは、別図第５号に定める構成による信号

(6)　Ｇ１Ｂ電波又はＧ１Ｄ電波406.025MHz、406.028MHz、406.031MHz、406.037MHz又は406.04MHz、Ａ３Ｘ電波121.5MHz並びにＦ１Ｄ電波161.975MHz及び162.025MHzを使用して、次に掲げるものを送信するもの

ア　Ｇ１Ｂ電波406.025MHz、406.028MHz、406.031MHz、406.037MHz及び406.04MHzは、別図第５号に定める構成による信号

イ　Ａ３Ｘ電波121.5MHzは、300ヘルツから1,600ヘルツまでの任意の700ヘルツ以上の範囲を毎秒２回から４回までの割合で高い方向又は低い方向に変化する可聴周波数から成る信号

ウ　Ｆ１Ｄ電波161.975MHz及び162.025MHzは、別図第６号に定める構成による信号

(7)　Ｑ０Ｎ電波を使用して、次の各号の条件に適合する周波数掃引を行うもの

ア　9,200MHzから9,500MHzまでを含む範囲を掃引するものであること。

イ　掃引の時間は、7.5マイクロ秒（±）１マイクロ秒であること。

ウ　掃引の型式は、のこぎり波形であり、その復帰時間が0.4マイクロ秒

（±）0.1 マイクロ秒であること。

(8)　捜索救助用位置指示送信装置を使用して、別図第６号に定める構成により行うもの

2　電波法第 52 条第２号の総務省令で定める方法は、次の各号に定めるものとする。（緊急通信関係）

(1)　デジタル選択呼出装置を使用して、別図第７号に定める構成により行うもの

(2)　船舶地球局の無線設備を使用して、別図第８号に定める構成により行うもの

(3)　海岸地球局が高機能グループ呼出しによって行うものであって、別図第９号に定める構成によるもの

3　電波法第 52 条第３号の総務省令で定める方法は、次の各号に定めるものとする。（安全通信関係）

(1)　デジタル選択呼出装置を使用して、別図第 10 号に定める構成により行うもの

(2)　海岸地球局が高機能グループ呼出しによって行うものであって、別図第 11 号に定める構成によるもの

(3)　Ｆ１Ｂ電波 424kHz 又は 518kHz を使用して、別図第 12 号に定める構成により行うもの

別図第１号（１の(1)関係）

1　遭難警報

同期符号	呼出しの種類（注１）	自局の識別信号	遭難の種類	遭難の位置	遭難の時刻	テレコマンド（注２）	終了符号	誤り検定符号

注１　コード番号「112」であること。

注２　引き続いて行う通報の型式をコード化したものであること。

2　遭難警報の中継

同期符号	呼出しの種類（注１）	相手局の識別表示（注２）	優先順位（注３）	自局の識別信号	テレコマンド（注４）	遭難船舶局の識別信号	遭難の種類	遭難の位置

遭難の時刻	テレコマンド（注５）	終了符号	誤り検定符号

注１　コード番号「112」は用いないこと。
注２　呼出しの種類をコード番号「116」としたときは省略すること。
注３　できる限りコード番号「112」であること。
注４　コード番号「112」であること。
注５　引き続いて行う通報の型式をコード化したものであること。

3　遭難警報に対する応答

同期符号	呼出しの種類（注１）	優先順位（注２）	自局の識別信号	テレコマンド（注３）	遭難船舶局の識別符号	遭難の種類	遭難の位置	遭難の時刻

テレコマンド（注４）	終了符号	誤り検定符号

注１　コード番号「116」であること。
注２　できる限りコード番号「112」であること。
注３　コード番号「110」であること。
注４　引き続いて行う通報の型式をコード化したものであること。

4　その他

同期符号	呼出しの種類	相手局の識別表示（注１）	優先順位（注２）	自局の識別信号	テレコマンド（注３）	通報に係る事項（注４）	終了符号	誤り検定符号

注１　呼出しの種類をコード番号「116」としたときは省略すること。
注２　コード番号「112」であること。
注３　引き続いて行う通報の型式をコード化したものであること。
注４　引き続いて行う通報の周波数等をコード化したものであること。

別図第２号（１の(2)関係）

1　インマルサットＣ型を使用するもの

呼出しの種類（注１）	自局の識別表示	相手局の識別表示	遭難の位置及び時刻	遭難の種類	通報に係る事項（注２）	誤り検定符号

注１　「10100011」（最後に送るものにあっては「10100001」）であること。
注２　船舶の進路等をコード化したものであること。

2　インマルサットF型を使用するもの

同期符号	呼出しの種類（注１）	自局の識別表示	相手局の識別表示	通報の型式（注２）	遭難の位置（注３）	誤り検定符号

注１　「11100011」であること。

注２　引き続いて行う通報の型式等をコード化したものであること。

注３　船舶の位置をコード化したものであること。

3　電波法施行規則第12条第６項第２号に規定する船舶地球局の無線設備を使用するもの

ポートのバージョン	遭難の種別	固定時間	通報の型式	遭難の位置	通報に係る事項（注１）	識別表示	遭難の時間	信頼性に関する符号	誤り検定符号

注１　船舶の進路等をコード化したものであること。

別図第３号（１の(3)関係）

通報の種類（注１）	通報の順位（注２）	通報に係る事項（注３）	自局の識別表示	グループ呼出しに係る事項	誤り検定符号	通報

注１　「00101000」であること。

注２　繰り返された回数に「111」（最後に送るものにあっては「110」）を続けたものであること。

注３　通報の印字型式をコード化したものであること。

別図第４号（１の(4)関係）

1　F１B電波 424kHz を使用するもの

同期符号	自局の識別表示	通報の種類（注１）	通報の番号（注２）	復帰改行信号	通報	終了符号

注１　第１バイト「ＹＹＢＢＢＹＢＹＢＢ」及び第２バイト「ＢＢＹＢＢＢＹＹＢＹ」であること。

注２　第１バイト「ＹＹＢＢＢＹＢＹＢＢ」及び第２バイト「ＢＢＢＢＹＹＢＹＢＹ」の組合せを３回繰り返すものであること。

2　Ｆ１Ｂ電波518kHzを使用するもの

同期符号	自局の識別表示	通報の種類（注１）	通報の番号（注２）	キャリッジ復帰信号	改行信号	通報	終了符号

注１　「ＢＢＹＹＢＹＢ」であること。

注２　「ＢＹＢＢＹＢＹ」を２回繰り返すものであること。

別図第５号（１の(5)及び(6)関係）

同期符号	通報形式の区分（注１）	識別表示の種類	自局の識別信号（注２）	誤り検定符号	通報

注１　短通報の場合は「0」、長通報の場合は「1」であること。

注２　(1)　識別表示の種類を「1」としたときは、これに代わる識別表示を使用することができる。

(2)　引き続いて遭難の位置等を送信することができる。

別図第６号（１の(6)及び(8)関係）

通報の種類（注１）	反復送信回数（注２）	装置の識別信号（注３）	航行状態（注４）	対地速度	位置精度	経度	緯度	対地針路

測位時刻	通信状態

注１　コード番号「１」であること。

注２　コード番号「０」であること。

注３　捜索救助用位置指示送信装置においては、「970$X_1X_2Y_1Y_2Y_3Y_4$」の９桁の数字であること（X_1、X_2、Y_1、Y_2、Y_3、及び Y_4 は０から９までの数字とする。以下この注において同じ。）。

衛星非常用位置指示無線標識及び衛星位置指示無線標識であって、航海情報記録装置又は簡易型航海情報記録装置を備えるものにおいては、「974$X_1X_2Y_1Y_2Y_3Y_4$」の９桁の数字であること。

注４　コード番号「14」であること。

別図第７号（２の(1)関係）

同期符号	呼出しの種類	相手局の識別表示（注１）	優先順位（注２）	自局の識別信号	テレコマンド（注３）	通報に係る事項（注４）	終了符号	誤り検定符号

注１　呼出しの種類をコード番号「116」としたときは省略すること。
注２　コード番号「110」であること。
注３　引き続いて行う通報の型式をコード化したものであること。
注４　引き続いて行う通報の周波数等をコード化したものであること。

別図第８号（２の⑵関係）

１　インマルサットＦ型を使用するもの

同期符号	呼出しの種類（注１）	自局の識別表示	相手局の識別表示	通報の型式（注２）	通報の優先度（注３）	自局の位置（注４）	誤り検定符号

注１　「01100011」であること。
注２　引き続いて行う通報の型式等をコード化したものであること。
注３　「01」であること。
注４　船舶の位置をコード化したものであること。

２　電波法施行規則第12条第６項第２号に規定する船舶地球局の無線設備を使用するもの

サービスコード（注１）	識別表示（注２）	通信先の値（注３）	優先度コード（注４）	通報の本文（注５）	停止符号	誤り検定符号

注１　安全通報のクラスを内容とすること。
注２　海上移動業務別コードであること。
注３　救助調整本部のショートコードであること。
注４　緊急通信である旨を内容とすること。
注５　通報の内容を含むこと。

別図第９号（２の⑶関係）

通報の種類（注１）	通報の順位（注２）	通報に係る事項（注３）	自局の識別表示	グループ呼出しに係る事項	誤り検定符号	通報

注１　「00101000」以外のものであること。
注２　繰り返された回数に「011」（最後に送るものにあっては「010」）を続けたものであること。
注３　通報の印字型式をコード化したものであること。

別図第10号（3の(1)関係）

同期符号	呼出しの種類	相手局の識別表示（注1）	優先順位（注2）	自局の識別信号	テレコマンド（注3）	通報に係る事項（注4）	終了符号	誤り検定符号

注1　呼出しの種類をコード番号「116」としたときは省略すること。
注2　コード番号「108」又は「102」であること。
注3　引き続いて行う通報の型式をコード化したものであること。
注4　引き続いて行う通報の周波数等をコード化したものであること。

別図第11号（3の(2)関係）

通報の種類（注1）	通報の順位（注2）	通報に係る事項（注3）	自局の識別表示	グループ呼出しに係る事項	誤り検定符号	通報

注1　「00101000」以外のものであること。
注2　繰り返された回数「101」（最後に送るものにあっては「100」）を続けたものであること。
注3　通報の印字型式をコード化したものであること。

別図第12号（3の(3)関係）

1　F1B電波424kHzを使用するもの

同期符号	自局の識別表示	通報の種類（注）	通報の番号	復帰改行信号	通報	終了符号

注　次のいずれかの組合せであること。
(1)　第1バイト「YYBBBYBYBB」及び第2バイト「YBBBBBYYBY」
(2)　第1バイト「YYBBBYBYBB」及び第2バイト「BYBBBBYYBY」
(3)　第1バイト「YYBBBYBYBB」及び第2バイト「BBYYBBYYBB」

2　F1B電波518kHzを使用するもの

同期符号	自局の識別表示	通報の種類（注）	通報の番号	キャリッジ復帰信号	改行信号	通報	終了符号

注　「BBBYYYB」、「YBYYBBB」又は「BYBYYBB」のいずれかであること。

資料 24　無線電話通信の略語（運用 14 条、別表 4 号）

無線電話通信に用いる略語	意義又は左欄の略語に相当する無線電信通信の略符号
遭難、MAYDAY 又はメーデー	$\overline{\text{SOS}}$
緊急、PAN　PAN 又はパン　パン	XXX
警報、SECURITE 又はセキュリテ	TTT
衛生輸送体、MEDICAL 又はメディカル	YYY
非常	$\overline{\text{OSO}}$
各局	CQ 又は CP
医療	MDC
こちらは	DE
どうぞ	K
了解又はOK	R 又は RRR
お待ち下さい	$\overline{\text{AS}}$
反復	RPT
ただいま試験中	EX
本日は晴天なり	VVV
訂正又はCORRECTION	$\overline{\text{HH}}$
終り	$\overline{\text{AR}}$
さようなら	$\overline{\text{VA}}$
誰かこちらを呼びましたか	QRZ ?
明りよう度	QRK
感度	QSA
そちらは・・・（周波数、周波数帯又は通信路） に変えてください	QSU
こちらは・・・（周波数、周波数帯又は通信路） に変更します	QSW
こちらは・・・（周波数、周波数帯又は通信路） を聴取します	QSX
通報が・・・（通数）通あります	QTC
通報はありません	QRU
INTERCO※	次に国際通信書による符号の集合が続きます。
通信停止遭難、SEELONCE　MAYDAY 又はシーロンス　メーデー	QRT　$\overline{\text{SOS}}$
通信停止遭難、SEELONCE　DISTRESS 又はシーロンス　ディストレス	QRT　DISTRESS
遭難通信終了、SEELONCE　FEENEE 又はシーロンス　フィニィ	QUM
沈黙一部解除※、PRU - DONCE※ 又はプルドンス※	QUZ

（注）※印を付した略語は、航空移動業務等において使用してはならない。

資料25　通話表（運用14条、別表5号）

1　和文通話表

文		字		
ア　朝日（あさひ）の　ア	イ　いろはの　イ	ウ　上野（うえの）の　ウ	エ　英語（えいご）の　エ	オ　大阪（おおさか）の　オ
カ　為替（かわせ）の　カ	キ　切手（きって）の　キ	ク　クラブの　ク	ケ　景色（けしき）の　ケ	コ　子供（こども）の　コ
サ　桜（さくら）の　サ	シ　新聞（しんぶん）の　シ	ス　すずめの　ス	セ　世界（せかい）の　セ	ソ　そろばんの　ソ
タ　煙草（たばこ）の　タ	チ　ちどりの　チ	ツ　つるかめの　ツ	テ　手紙（てがみ）の　テ	ト　東京（とうきょう）の　ト
ナ　名古屋（なごや）の　ナ	ニ　日本（にっぽん）の　ニ	ヌ　沼津（ぬまづ）の　ヌ	ネ　ねずみの　ネ	ノ　野原（のはら）の　ノ
ハ　はがきの　ハ	ヒ　飛行機（ひこうき）の　ヒ	フ　富士山（ふじさん）の　フ	ヘ　平和（へいわ）の　ヘ	ホ　保険（ほけん）の　ホ
マ　マッチの　マ	ミ　三笠（みかさ）の　ミ	ム　無線（むせん）の　ム	メ　明治（めいじ）の　メ	モ　もみじの　モ
ヤ　大和（やまと）の　ヤ	――	ユ　弓矢（ゆみや）の　ユ	――	ヨ　吉野（よしの）の　ヨ
ラ　ラジオの　ラ	リ　りんごの　リ	ル　るすいの　ル	レ　レンゲの　レ	ロ　ローマの　ロ
ワ　わらびの　ワ	ヰ　ゐどの　ヰ	――	ヱ　かぎのある　ヱ	ヲ　尾張（をわり）の　ヲ
ン　おしまいの　ン	゛　濁点（だくてん）	゜　半濁点（はんだくてん）		
数		字		
一　数字（すうじ）のひと	二　数字（すうじ）のに	三　数字（すうじ）のさん	四　数字（すうじ）のよん	五　数字（すうじ）のご
六　数字（すうじ）のろく	七　数字（すうじ）のなな	八　数字（すうじ）のはち	九　数字（すうじ）のきゅう	○　数字（すうじ）のまる
記		号		
ー　長音（ちょうおん）	、　区切点（くぎりてん）	└　段落（だんらく）	︵　下向括弧（したむきかっこ）	︶　上向括弧（うわむきかっこ）

注　数字を送信する場合には、誤りを生ずるおそれがないと認めるときは、通常の発音による（例「１５００」は、「せんごひゃく」とする。）か、又は「数字（すうじ）の」語を省略する（例「１５００」は、「ひとごまるまる」とする。）ことができる。

〔使用例〕

1　「ア」は、「朝日（あさひ）のア」と送る。

2　「バ」又は「パ」は、「はがきのハに濁点（だくてん）」又は「はがきのハに半濁点（はんだくてん）」と送る。

2 欧文通話表

(1) 文字

文字	使用する語	発音 ラテンアルファベットによる英語式の表示 (国際音標文字による表示)
A	ALFA	AL FAH(ˊælfə)
B	BRAVO	BRAH VOH (ˊbra:vou)
C	CHARLIE	CHAR LEE (ˊtʃa:li) 又は SHAR LEE (ˊʃa:li)
D	DELTA	DELL TAH (ˊdeltə)
E	ECHO	ECK OH (ˊekou)
F	FOXTROT	FOKS TROT (ˊfɔkstrɔt)
G	GOLF	GOLF (gɔlf)
H	HOTEL	HOH TELL (houˊtel)
I	INDIA	IN DEE AH (ˊindiə)
J	JULIETT	JEW LEE ETT (ˊdʒu:ljet)
K	KILO	KEY LOH (ˊki:lou)
L	LIMA	LEE MAH (ˊli:mə)
M	MIKE	MIKE (maik)
N	NOVEMBER	NO VEM BER (noˊvembə)
O	OSCAR	OSS CAH(ˊɔskə)
P	PAPA	PAH PAH(paˊpa)
Q	QUEBEC	KEH BECK(keˊbek)
R	ROMEO	ROW ME OH(ˊroumiou)
S	SIERRA	SEE AIR RAH(siˊerə)
T	TANGO	TANG GO(ˊtæŋgo)
U	UNIFORM	YOU NEE FORM(ˊju:nifɔ:m) 又は OO NEE FORM(ˊu:nifɔrm)
V	VICTOR	VIK TAH(ˊviktə)
W	WHISKEY	WISS KEY(ˊwiski)
X	X- RAY	ECKS RAY(ˊeksˊrei)
Y	YANKEE	YANG KEY(ˊjæŋki)
Z	ZULU	ZOO LOO(ˊzu:lu:)

注 ラテンアルファベットによる英語式の発音の表示において、下線を付してある部分は語勢の強いことを示す。

〔使用例〕「A」は、「AL　FAH」と送る。

(2) 数字及び記号

数字及び記号	海上移動業務			航空移動業務	
	国際通信		国内通信		発音
	使用する語	発音 ラテンアルファベットによる英語式の表示	使用する語	使用する語	ラテンアルファベットによる英語式の表示（国際音標文字による表示）
0	NADAZERO	NAH-DAH-ZAY-ROH	数字のまる	ZERO	ZE-RO (zerou)
1	UNAONE	OO-NAH-WUN	数字のひと	ONE	WUN (wʌn)
2	BISSOTWO	BEES-SOH-TOO	数字のに	TWO	TOO (tu:)
3	TERRATHREE	TAY-RAH-TREE	数字のさん	THREE	TREE (tri:)
4	KARTEFOUR	KAR-TAY-FOWER	数字のよん	FOUR	FOW-er (fɔə)
5	PANTAFIVE	PAN-TAH-FIVE	数字のご	FIVE	FIFE (faif)
6	SOXISIX	SOK-SEE-SIX	数字のろく	SIX	SIX (siks)
7	SETTESEVEN	SAY-TAY-SEVEN	数字のなな	SEVEN	SEV-en (ˊsevən)
8	OKTOEIGHT	OK-TOH-AIT	数字のはち	EIGHT	AIT (eit)
9	NOVENINE	NO-VAY-NINER	数字のきゅう	NINE	NIN-er (ˊnainə)
00				HUNDRED	HUN-dred (ˊhʌndrəd)
000				THOUSAND	TOU-SAND (tauzənd)
・(小数点)	DECIMAL	DAY-SEE-MAL	小数点	DECIMAL	DAY-SEE-MAL (desimal)
・(終点)	STOP	STOP	終点		
(			右向括弧		
)			左向括弧		
／			斜線		

注1 ラテンアルファベットによる英語式の表示において、大文字の部分は語勢の強いことを示す。
2 HUNDREDは、航空移動業務において、端数のない百位の数字の発音に使用する。
3 THOUSANDは、航空移動業務において、端数のない千位の数字又はHUNDREDの語を使用する数字における千位の数字の発音に使用する。

〔使用例〕「数字」は、次のように送る。

数字	海上移動業務（国際通信）	航空移動業務
10	OO-NAH-WUN NAH-DAH-ZAY-ROH	WUN ZE-RO
75.7	SAY-TAY-SEVEN PAN-TAH-FIVE DAY-SEE-MAL SAY-TAY-SEVEN	SEV-en FIFE DAY-SEE-MAL SEV-en
100	OO-NAH-WUN NAH-DAH-ZAY-ROH NAH-DAH-ZAY-ROH	WUN HUN-dred
118	OO-NAH-WUN OO-NAH-WUN OK-TOH-AIT	WUN WUN AIT WUN WUN AIT DAY-SEE-MAL ZE-RO（注）
118.1	OO-NAH-WUN OO-NAH-WUN OK-TOH-AIT DAY-SEE-MAL OO-NAH-WUN	WUN WUN AIT DAY-SEE-MAL WUN
118.125	OO-NAH-WUN OO-NAH-WUN OK-TOH-AIT DAY-SEE-MAL OO-NAH-WUN BEES-SOH-TOO PAN-TAH-FIVE	WUN WUN AIT DAY-SEE-MAL WUN TOO FIFE WUN WUN AIT DAY-SEE-MAL WUN TOO（注）
118.150	OO-NAH-WUN OO-NAH-WUN OK-TOH-AIT DAY-SEE-MAL OO-NAH-WUN PAN-TAH-FIVE NAH-DAH-ZAY-ROH	WUN WUN AIT DAY-SEE-MAL WUN FIFE ZE-RO WUN WUN AIT DAY-SEE-MAL WUN FIFE（注）
7600	SAY-TAY-SEVEN SOK-SEE-SIX NAH-DAH-ZAY-ROH NAH-DAH-ZAY-ROH	SEV-en TOU-SAND SIX HUN-dred
11000	OO-NAH-WUN OO-NAH-WUN NAH-DAH-ZAY-ROH NAH-DAH-ZAY-ROH NAH-DAH-ZAY-ROH	WUN WUN TOU-SAND
38143	TAY-RAH-TREE OK-TOH-AIT OO-NAH-WUN KAR-TAY-FOWER TAY-RAH-TREE	TREE AIT WUN FOW-er TREE

注　航空移動業務において、VHF周波数の認識を行う場合には、小数点の後に最大２けたまでの数字を送信するものとする。ただし、当該周波数が整数である場合には、小数点の後にZE-ROを１回送信するものとする。

資料26　義務船舶局等の運用上の補則（運用55条の２、平成４年告示第145号）

無線局運用規則第55条の２の規定に基づき、義務船舶局等の運用上の補則を次のように定める。

無線従事者は、船舶の責任者と協議し、電波法及びこれに基づく命令に定めるところによるほか、次に掲げる事項を十分に考慮して、無線通信業務の円滑な実施、無線設備の効率的な作動状態の維持その他船舶局及び船舶地球局の正常な運用体制を確保すること。

1　遭難通信、緊急通信及び安全通信を迅速かつ円滑に実施するため、これらの通信方法等について精通しておくこと。

2　最初に乗船したときは、計器、予備品、時計、業務書類、無線設備の機器ごとの操作手引書及び保守手引書が備え付けてあることを確認するとともに必要な場合は、その結果を船舶の責任者に報告すること。

3　船舶局を運用しないときは、運用開始後即時の対応ができるように、無線設備は、遭難周波数を選択しておくこと。

4　航海前には、次の事項を確認するとともに、必要な場合は船舶の責任者にその結果を報告すること。

(1)　無線設備が効率的に作動できる状態にあること。

(2)　補助電源用蓄電池の充電状況が使用に耐えること。

(3)　備付けを要する業務書類が最新のものになっていること。

(4)　電波法第60条の規定により備え付けなければならない時計が正確であること。

(5)　空中線が正しい位置にあり、損傷がなく、かつ、適切に接続されていること。

(6)　航行中に予備品を使用した場合には、その予備品が補充されていること。

5　船舶局及び船舶地球局の無線設備は、常に効率的な作動ができるように維持すること。また、無線設備の機能に異常を認めた場合は、必要に応じて船舶の責任者に報告するとともに、その事実、原因及び措置の内容を無線業務日誌に記載すること。

6　遭難通信、緊急通信及び安全通信に使用する無線設備について、関係乗組員に対して、その取扱方法等をできる限り定期的に実地に説明すること。

7　選任された主任無線従事者は、乗組員に対して定期的に無線設備の取扱方法等を実地に説明するとともに、適正に運用するように指導監督すること。

8　遭難通信中において違法な通信又は有害な混信を認めたときは、できる限りその発射源を識別し、無線業務日誌に記載し、かつ、船舶の責任者に報告すること。

9　新しい船位を定期的に入手し、その都度、無線業務日誌に記載すること。また、船位通報制度に加入している船舶は、必要な位置通報を行うこと。

10　自船が航行している区域及び必要な場合は他の区域の定期的な気象警報又は航行警報は、受信後直ちに船橋の責任者に通知すること。

11　安全のための情報は、できる限り他の船舶にも提供すること。

12　1から11までに掲げるもののほか、1978年の船員の訓練及び資格証明に関する国際会議において採択された「安全のための無線の当直及び保守に係る無線通信士のための基本的準則及び運用上の指針に関する勧告」及び「安全のための無線の当直に係る無線電話通信士のための基本的準則及び運用上の指針に関する勧告」を十分に考慮すること。

資料27　義務船舶局等の遭難通信の通信方法に関する事項

（施行28条の3、平成4年告示第69号）

電波法施行規則第28条の3の規定に基づき、義務船舶局等の遭難通信の通信方法に関する事項を次のように定める。

1　船舶の名称、船舶局の識別信号

2　船舶局における遭難警報又は遭難警報の中継の送信及び遭難自動通報設備の通報並びに船舶地球局における遭難警報又は遭難警報の中継の送信は、船舶の責任者の命令がなければ行うことができない旨の注意事項

3　デジタル選択呼出装置、狭帯域直接印刷電信装置及び無線電話により遭難通信を送信する電波

4　船舶が遭難した場合に船舶局がデジタル選択呼出装置を使用して遭難警報を送信する方法

5　船舶が遭難した場合に船舶地球局がその無線設備を使用して遭難警報を送信する方法

6　船舶が遭難した場合に衛星非常用位置指示無線標識を使用して遭難警報を送信する方法

7　船舶が遭難した場合に捜索救助用レーダートランスポンダを作動状態にする方法

8　船舶が遭難した場合に捜索救助用位置指示送信装置を作動状態にする方法

9　遭難している船舶以外の船舶が、船舶局のデジタル選択呼出装置又は船舶地球局の無線設備を使用して遭難警報の中継を送信する方法

10　船舶局は、デジタル選択呼出装置を使用して送信された遭難警報を受信したときは、直ちにこれをその船舶の責任者に通知しなければならない旨の注意事項

11　船舶局は、デジタル選択呼出装置を使用して送信された遭難警報の中継及び海岸局からナブテックス送信装置を使用して行われる遭難警報の中継を受信したときは、直ちにこれをその船舶の責任者に通知しなければならない旨の注意事項

12　船舶局は、高機能グループ呼出受信機で遭難警報の中継を受信したときは、

直ちにこれをその船舶の責任者に通知しなければならない旨の注意事項

13　船舶局は、捜索救助用レーダートランスポンダの通報を受信したときは、直ちにこれをその船舶の責任者に通知しなければならない旨の注意事項

14　船舶局は、捜索救助用位置指示送信装置の通報を受信したときは、直ちにこれをその船舶の責任者に通知しなければならない旨の注意事項

注１　容易に理解することができるように、簡単かつ明瞭に記載すること。

２　国際航海に従事する船舶の義務船舶局等に備え付ける表には、遭難通信を行うために必要な国際通信用の業務用語（国際信号書による略符号を含む。）及び欧文通話表を付記すること。ただし、国際海事機関が定める標準海事航海用語を備えている場合は、この限りでない。

資料28　無線局検査結果通知書の様式（施行39条、別表４号）

第１　電波法第10条第１項、第18条第１項又は第73条第１項本文、同項ただし書、第５項若しくは第６項の規定による検査（電波法第10条第２項、第18条第２項又は第73条第４項の規定によりその一部が省略されたものを除く。）の結果通知書の様式

第　　　号
年　月　日

無　線　局　検　査　結　果　通　知　書

（免許人等又は予備免許を受けた者）殿

（何）総合通信局長 印

識別信号		検査職員の所属	
免許等の番号			
検査年月日	年　月　日	検査職員の官職氏名	
検査地			
検査の判定	合格又は不合格	不合格の理由	
指示事項			

注　指示事項欄に記載がある場合は、電波法施行規則第39条第３項の規定により、当該指示に対応してとった措置の内容を速やかに報告してください。

長辺

短　辺　　（日本産業規格Ａ列４番）

注（省略）

第２　電波法第10条第２項、第18条第２項又は第73条第４項により検査の一部を省略した場合の検査結果通知書の様式

第　　号
年　月　日

無　線　局　検　査　結　果　通　知　書

（免許人又は予備免許を受けた者）殿

（何）総合通信局長 印

長辺

識別信号		検査年月日	
免許の番号		無線局の種別	
検査の判定	合格又は不合格	不合格の理由	
指示事項			

注　指示事項欄に記載がある場合は、電波法施行規則第39条第３項の規定により、当該指示に対応してとった措置の内容を速やかに報告してください。

短　辺　　（日本産業規格Ａ列４番）

注（省略）

資料 29　無線局検査省略通知書の様式（施行 39 条 2 項、別表 4 号の 2）

長辺

第　　号
年　月　日

無 線 局 検 査 省 略 通 知 書

（免許人）　殿

（何）総合通信局長　印

貴所属の下記無線局については、電波法第73条第３項の規定に基づき、同条第１項の規定に基づく検査を省略することとしたので通知します。

記

1　識別信号
2　免許の番号
3　検査年月日
4　無線局の種別

短　　辺　　（日本産業規格Ａ列４番）

注（省略）

資料 30　無線設備等の検査実施報告書の様式

（施行 41 条の 5、別表 5 号の 2）

無 線 設 備 等 の 検 査 実 施 報 告 書

年　　月　　日

（何）総合通信局長　殿

免許人
氏名又は名称
法人番号

長

私所属の無線局の無線設備等の検査を行つたので電波法第73条第 3 項の規定により検査結果証明書を添えて提出します。

検査年月日		無線局の種別	
免許の番号		識 別 信 号	

辺

点検年月日	
点検を行つた場所	
登録検査等事業者名	
備　　考	

短　　　　辺　　　　（日本産業規格 A 列 4 番）

注　（省略）

資料31　無線設備等の点検実施報告書の様式（施行41条の６、別表５号の３）

免許人が総合通信局長に提出する報告書の様式

無線設備等の点検実施報告書

年　　月　　日

（何）総合通信局長　殿

免許人（予備免許を受けた者を含む。）
氏名又は名称
法人番号

長辺

電波法 第10条第２項／第18条第２項／第73条第４項 の規定により、私所属の無線局について無線設備等の点検を行ったので、点検結果通知書を添えて提出します。

点検年月日		無線局の種別	
免許の番号		識　別　信　号	

点検を行った場所	
登録検査等事業者名	
備　　　　考	

短　　辺　　　　　　（日本産業規格Ａ列４番）

注　（省略）

資料32　検査結果証明書の様式（登録検査18条、別表６号）（総合通信局長が、この様式に代わるものとして認めた場合は、それによることができる。）

年　月　日

検 査 結 果 証 明 書

検査を依頼した無線局の免許人　宛て

登録検査等事業者の
氏名又は名称（注１）
登 録 の 番 号

登録検査等事業者等規則第２条第２項に規定する業務実施方法書に基づき貴所属無線局の無線設備等の検査を行い、当該検査の結果が、下表のとおりであったことを証明します。

長辺

検査年月日（注２）		判定員の氏名及び該当区分（注３）	
点検年月日		点検員の氏名及び該当区分（注３）	
無線局の種別		免許番号	
識別信号		点検場所	
検査結果	無線従事者の資格及び員数（注４）	□電波法第39条、第40条及び第50条の規定に違反していない。 □電波法第39条、第40条及び第50条の規定のいずれかに違反している。	
	時計及び書類（注５）	□電波法第60条の規定に違反していない。 □電波法第60条の規定に違反している。	
	無線局の無線設備（注６）	□工事設計に合致している。 □工事設計に合致していない。	
備　考			

短　辺　（日本産業規格Ａ列４番）

注（省略）

資料33　点検結果通知書の様式（登録検査21条、別表８号、２から４枚目省略）（総合通信局長が、この様式に代わるものとして認めた場合は、それによることができる。）

年　月　日

点 検 結 果 通 知 書

点検を依頼した無線局の免許人
又は予備免許を受けた者　　宛て

登録検査等事業者の
氏名又は名称（注１）
登　録　番　号
点検員の氏名

登録検査等事業者等規則第２条第２項に規定する業務実施方法書に基づき貴所属無線局の無線設備等の点検を行ったので、下表のとおり通知します。（注２）

点検年月日		無線局の種別	
点検場所		免許番号（注３）	
識別信号			
点検項目		点検結果	
第１　無線従事者の資格及び員数			
１　選任されている無線従事者の資格及び員数		資格名	員数
２　選任されている無線従事者の従事事実		従事の事実　有□　無□	
３　船舶局無線従事者証明書の所有及び当該証明の効力		所有　有□　無□　免除□ 効力　有□　無□	
４　主任無線従事者を選任している場合は監督の事実		監督の事実　有□　無□	
５　主任無線従事者を選任している場合は主任講習の事実		講習の受講　有□　無□ 年　月　日　受講	
６　遭難通信責任者の配置		配置　有□　無□　免除□	
第２　時計及び書類			
１　時計の備付け		備付け　有□　無□	
２　無線局免許状の備付け		備付け　有□　無□	
３　無線業務日誌の備付け、記載内容及び保存		備付け　有□　無□　免除□ 保存　有□　無□ 記載内容	
４　その他の書類の備付け		備付け書類	現行化
			されている　□ されていない　□

長辺　　短辺　　（日本産業規格Ａ列４番）

注　（省略）

資料34　人の生命又は身体の安全の確保のためその適正な運用の確保が必要な無線局（定期検査の省略の対象とならない無線局）

（登録検査15条要約）

分　　類	対象となる無線局
1　国等の機関が免許人で、国民の安心・安全を確保することを直接の目的とする無線局として、電波利用料の納付を要しないもの又は電波利用料が2分の1に減額されるもの	警察、消防、出入国管理、刑事施設等管理、航空管制、気象警報、海上保安、防衛、水防、災害対策、防災行政等の目的のために免許（承認）された無線局
2　放送局	地上基幹放送局及び衛星基幹放送局
3　地球局	一般放送及び衛星基幹放送の業務の用に供する地球局
4　人工衛星局	一般放送の業務の用に供する人工衛星局
5　船舶に開設する無線局	船舶局（旅客船の船舶局に限る。）及び船舶地球局（旅客船及び1の分類に属する無線局を開設する船舶の船舶地球局に限る。）
6　航空機に開設する無線局	航空機局及び航空機地球局
7　総務大臣が告示する無線局（平成23年告示第277号）	・公共業務用の無線局（通信事項が航空保安事務に関する事項、無線標識に関する事項、航空無線航行に関する事項、航空交通管制に関する事項又は航空機の安全及び運行管理に関する事項の無線局の場合に限る。） ・放送事業用の無線局（固定局に係るものに限る。） ・一般業務用の無線局（通信事項が飛行場における航空機の飛行援助に関する事項の無線局の場合に限る。）

資料35　無線業務日誌の様式（例）

無線設備の設置場所		
免許番号（年月日）	（　．．）	
免許の有効期限	．．まで 再免－満了前3箇月以上6箇月	
電波の型式及び周波数（記号）		W
運用許容時間	常時	
無線局管理責任者		
備考（無線局管理規程の改正・その他）		

電波利用料納付の確認（法103条の2）	納付書番号等	金額（円）	納付の日	備考
			．．	
			．．	

記号	主任従事者 従事者の別 その他	氏名	資格（略記）	選任の日	解任の日	備考
A	主任無線従事者			．．	．．	主任講習受講 ．．
B	主任無線従事者			．．	．．	主任講習受講 ．．
C	無線従事者			．．	．．	
D	無線従事者			．．	．．	
E				．．	．．	
F				．．	．．	
G				．．	．．	
H				．．	．．	

遭難自動通報設備の機能試験の記録（施行38条の4）	実施の日　年　月　日	結果記録	

―― 留意事項 ――

1　この無線業務日誌は、電波法施行規則第40条の規定に基づき刷製したものであります。
2　法第39条の規定により、この局の無線設備の操作を行うことができる無線従事者以外の者は、選任された主任無線従事者の監督下でなければ無線設備の操作を行うことができません。
3　主任無線従事者は、選任後一定期間ごとに主任講習を受けなければなりません。ただし、特定船舶局等については、受講を要しないことになっています。
4　電波の型式及び周波数には、それぞれ記号を付し、その記号を日誌に記載してもよいでしょう。

無線業務日誌の記載方法

1「無線従事者の氏名等」欄には、この頁の該当欄の記号を書きます。主任無線従事者が選任されている場合は、その監督を受けて無線設備の操作を行う者（無資格者等）を含みます。
2「電波の型式及び周波数」についても、1と同様記号で書くことができます。
3「通信事項等の区別」欄には、次の区分により該当する事項の数字または記号を書きます。
Ⓢ遭難通信　Ⓧ緊急通信　Ⓣ安全通信　Ⓞ非常通信　①空電、混信、受信感度の減退等の通信状態　②周波数の偏差を測定したときはその結果と措置　③機器の故障の事実、原因、措置　④電波の規正について指示を受けたときはその事実と措置　⑤法令違反局を認めた場合はその事実（報告）　⑥時計を標準時に合わせたときは、時計の遅速　⑦船舶の位置、方向、気象状況、安全に関する通信の概要　⑧自局の船舶の航程（発着又は寄港の時刻等）　⑨航行中正午及び午後8時における船舶の位置　⑩法第80条第3号（外国における制限）の事項、措置　⑪無線設備の機能試験　⑫電源用蓄電池（充電時間、充電電流、充電前後の電圧）　⑬レーダーの維持の概要・機能上又は操作上に現れた特異現象　⑭漁業通信　⑮その他参考となる事項

◎　無線業務日誌に関する法令の規定→裏表紙に掲載

注　無線業務日誌の欄外に上記を略記してあります。

年 月　日	通信時間（記入事項に関する時間）		無線従事者の氏名等	相手局（識別信号）	使用電波の型式等		空中線電力	通信事項の区別＊	同通信時間	通信状況					記事
	開始	終了			自局	相手				強度 自局	強度 相手	明瞭度	混信	空電	
.	:	:						○							
.	:	:						○							
.	:	:						○							
.	:	:						○							
.	:	:						○							
.	:	:						○							
.	:	:						○							
.	:	:						○							
.	:	:						○							
.	:	:						○							
.	:	:						○							
.	:	:						○							
.	:	:						○							
.	:	:						○							
.	:	:						○							
.	:	:						○							
.	:	:						○							
.	:	:						○							
.	:	:						○							

＊通信事項等の区別記号の略記：　Ⓢ遭難　Ⓧ緊急　Ⓣ安全　Ⓞ非常　①空電・混信　②周波数測定　③機器故障　④電波規正　⑤法令違反局　⑥時計照合　⑦位置　⑧航程　⑨正午、20時　⑩法80条３号　⑪機能試験　⑫蓄電池　⑬レーダー　⑭漁業通信　⑮その他

資料36　VHF海上移動周波数帯における送信周波数の表

（無線通信規則付録第18号抜粋）

ch.番号	送信周波数(MHz)		用途別使用区分				ch.番号	送信周波数(MHz)		用途別使用区分			
	船舶局	海岸局	船舶相互	港務・船舶運航 単信	港務・船舶運航 複信	公衆		船舶局	海岸局	船舶相互	港務・船舶運航 単信	港務・船舶運航 複信	公衆
60	156.025	160.625		○	○	○	75	156.775	156.775		○		
01	156.050	160.650		○	○	○	16	156.800	156.800	遭難、安全及び呼出し			
61	156.075	160.675		○	○	○	76	156.825	156.825		○		
02	156.100	160.700		○	○	○	17	156.850	156.850	○	○		
62	156.125	160.725		○	○	○	77	156.875		○			
03	156.150	160.750		○	○	○	18	156.900	161.500		○	○	○
63	156.175	160.775		○	○	○	78	156.925	161.525		○	○	○
04	156.200	160.800		○	○	○	19	156.950	161.550		○	○	○
64	156.225	160.825		○	○	○	79	156.975	161.575		○	○	○
05	156.250	160.850		○	○	○	20	157.000	161.600		○	○	○
65	156.275	160.875		○	○	○	80	157.025	161.625		○	○	○
06	156.300		○				21	157.050	161.650		○	○	○
66	156.325	160.925		○	○	○	81	157.075	161.675		○	○	○
07	156.350	160.950		○	○	○	22	157.100	161.700		○	○	○
67	156.375	156.375	○	○			82	157.125	161.725		○	○	○
08	156.400		○				23	157.150	161.750		○	○	○
68	156.425	156.425		○			83	157.175	161.775		○	○	○
09	156.450	156.450	○	○			24	157.200	161.800		○	○	○
69	156.475	156.475	○	○			84	157.225	161.825		○	○	○
10	156.500	156.500	○	○			25	157.250	161.850		○	○	○
70	156.525	156.525	遭難、安全及び呼出し（デジタル選択呼出）				85	157.275	161.875		○	○	○
11	156.550	156.550		○			26	157.300	161.900		○	○	○
71	156.575	156.575		○			86	157.325	161.925		○	○	○
12	156.600	156.600		○			1027	157.350	157.350		○		
72	156.625		○				87	157.375	157.375		○		
13	156.650	156.650	○	○			1028	157.400	157.400		○		
73	156.675	156.675	○	○			88	157.425	157.425		○		
14	156.700	156.700		○			AIS1	161.975	161.975				
74	156.725	156.725		○			AIS2	162.025	162.025				
15	156.750	156.750	○	○									

1　電波型式は、無線電話：Ｆ３Ｅ、デジタル選択呼出（ch.70）：Ｆ２Ｂ、船舶自動識別装置（AIS）による通信：Ｆ１Ｄ、占有周波数帯幅の許容値は16kHz（Ｆ１Ｄは0.5kHz）、最大空中線電力は25W（ch.75、76は１W）。

2　船舶自動識別装置による通信は、原則としてAIS１・AIS２を全海域で使用するものとする。

全世界的な海上遭難・安全通信システム（GMDSS）概念図

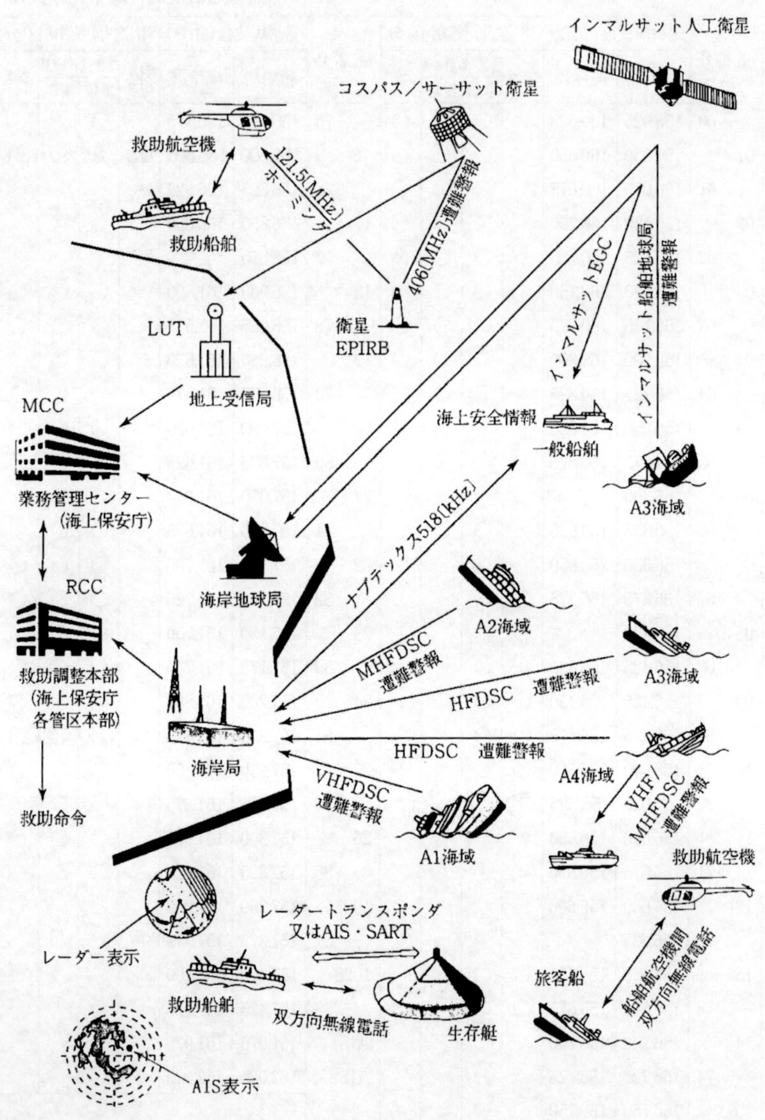

ナブテックス受信機のための
海上安全情報を送信する無線局の通信圏

施行28条1項1号
平成4年告示第66号添付図

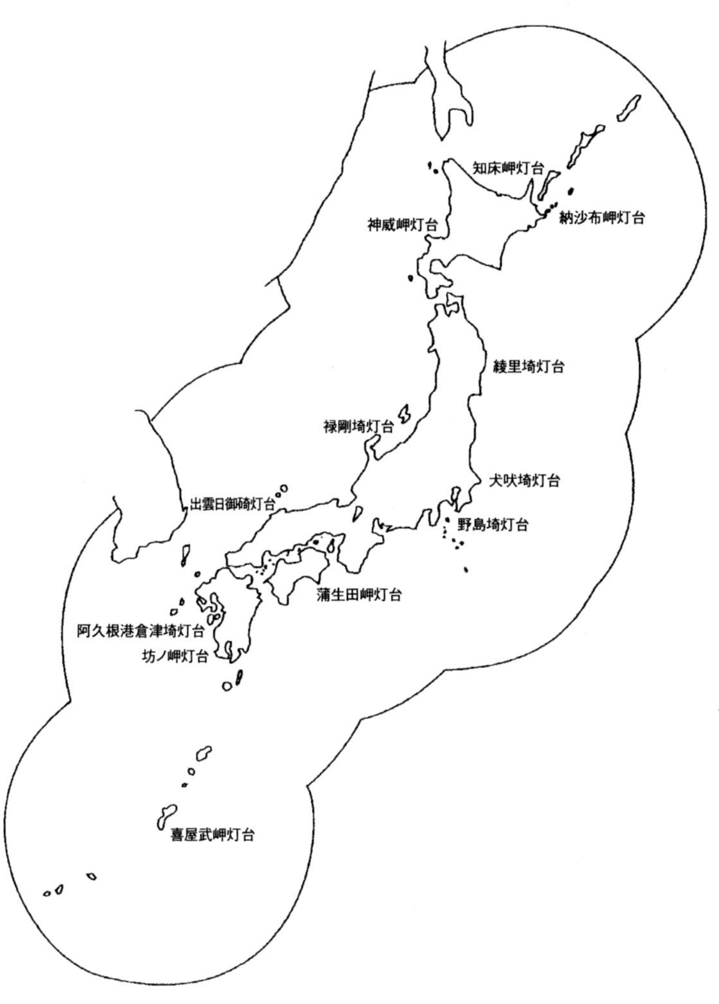

Ｆ１Ｂ電波2,187.5kＨｚによる遭難通信を行うことができる海岸局の通信圏

施行28条1項2号
平成15年告示第213号添付図

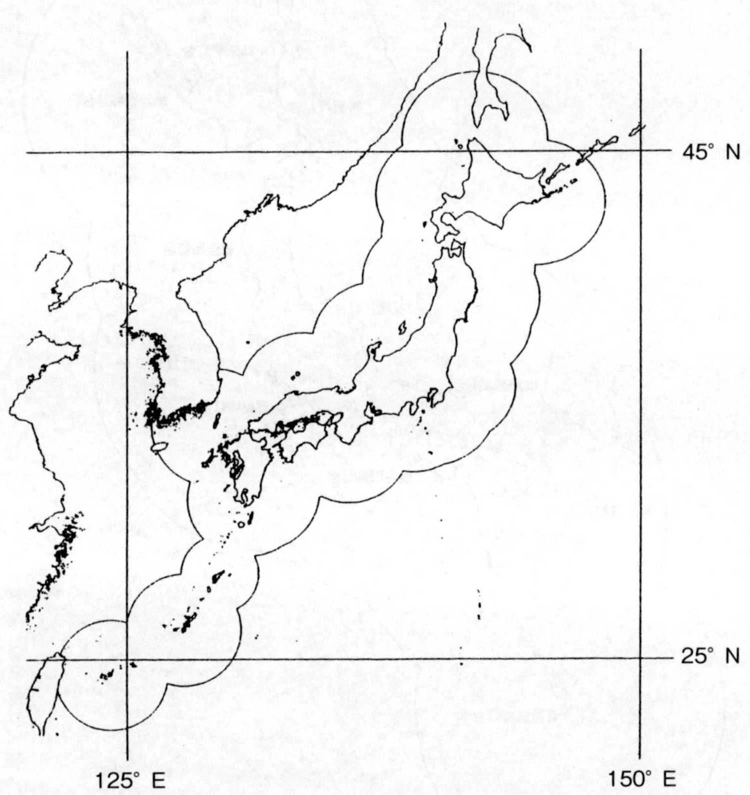

付表　海上移動業務等で使用する電波の周波数

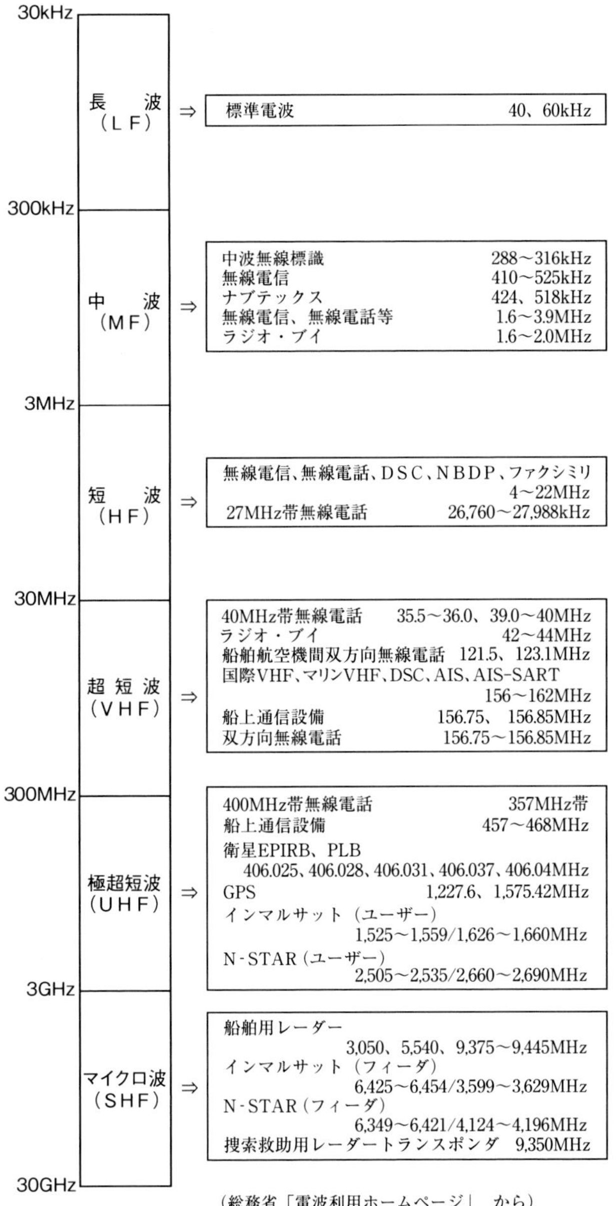

（総務省「電波利用ホームページ」から）

平成24年１月20日　初版第１刷発行
令和６年２月20日　６版第１刷発行

第三級海上無線通信士
法　　規
（電略）サホ

編集・発行　一般財団法人　情報通信振興会
〒170－8480
東京都豊島区駒込２－３－10
電　話　（03）3940-3951（販売）
（03）3940-8900（編集）
ＦＡＸ　（03）3940-4055
振替口座　00100－９－19918
URL　https://www.dsk.or.jp/

印　刷　株式会社　エム．ティ．ディ

ISBN978-4-8076-0988-8 C3055 ¥3300E